Deepen Your Mind

Deepen Your Mind

洪錦魁簡介

一位跨越電腦作業系統與科技時代的電腦專家，著作等身的作家。

- ❏ DOS 時代他的代表作品是 IBM PC 組合語言、C、C++、Pascal、資料結構。
- ❏ Windows 時代他的代表作品是 Windows Programming 使用 C、Visual Basic。
- ❏ Internet 時代他的代表作品是網頁設計使用 HTML。
- ❏ 大數據時代他的代表作品是 R 語言邁向 Big Data 之路。
- ❏ 人工智慧時代他的代表作品是機器學習彩色圖解 + 基礎數學與基礎微積分 + Python 實作

除了作品被翻譯為簡體中文、馬來西亞文外，2000 年作品更被翻譯為 Mastering HTML 英文版行銷美國，近年來作品則是在北京清華大學和台灣深智同步發行：

1：Java 入門邁向高手之路王者歸來
2：Python 最強入門邁向頂尖高手之路王者歸來
3：Python 最強入門邁向數據科學之路王者歸來
4：Python 網路爬蟲：大數據擷取、清洗、儲存與分析王者歸來
5：演算法最強彩色圖鑑 + Python 程式實作王者歸來
6：網頁設計 HTML+CSS+JavaScript+jQuery+Bootstrap+Google Map 王者歸來
7：機器學習彩色圖解 + 基礎數學篇 + Python 實作王者歸來
8：機器學習彩色圖解 + 基礎微積分篇 + Python 實作王者歸來
9：R 語言邁向 Big Data 之路
10：Excel 完整學習邁向最強職場應用王者歸來

他的近期著作分別登上天瓏、博客來、Momo 電腦書類暢銷排行榜第一名，他的書著作最大的特色是，所有程式語法會依特性分類，同時以實用的程式範例做解說，讓整本書淺顯易懂，讀者可以由他的著作事半功倍輕鬆掌握相關知識。

機器學習
彩色圖解 + 基礎數學篇 + Python 實作
第二版序

這是第二版的書籍，相較於原先第一版的書籍，第二版增加下列資料：

1：解說機器學習常用的長條圖、直方圖以及網格影像的觀念。

2：解說 LaTeX 語法，未來可以在圖表上更加活用數學公式。

3：機器學習的數據預測。

4：補充說明 Numpy 模組的機率模組 random，同時用隨機數建立圖像。

5：增加說明 Seaborn 模組，提高繪圖效率。

6：說明 Numpy 模組的 binomial( ) 函數，同時應用在二項氏定理。

7：更完整解說基礎統計的知識，例如：平均值、變異數、標準差、數據中心指標、數據離散指標、數據分布、迴歸分析、多次函數的迴歸模型。

8：三次函數觀念、數據擬合、決定係數與迴歸曲線製作，同時判斷是不是好的迴歸模型。

9：機器學習模組 scikit-learn，監督學習與無監督學習。

10：新增加約 55 個程式實例。

心中總想寫一本可以讓擁有高中數學程度即可看懂人工智能、機器學習或深度學習的書籍，或是說看了不會想睡覺的機器學習書籍，這個理念成為我撰寫這本書籍很重要的動力。

在徹底研究機器學習後，筆者體會許多基礎數學不是不會與艱難而是生疏了，如果機器學習的書籍可以將複雜公式從基礎開始一步一步推導，其實可以很容易帶領讀者進入這個領域，同時感受數學不再如此艱澀，這也是我撰寫本書時時提醒自己要留意的事項。

研究機器學習雖然有很多模組可以使用，但是如果不懂相關數學原理，坦白說筆者不會相信未來你在這個領域會有所成就，這本書講解了下列相關數學的基本知識。

- 資料視覺化使用 matplotlib
- 基礎數學模組 Math
- 基礎數學模組 Sympy
- 數學應用模組 Numpy
- 機器學習基本觀念
- 從方程式到函數
- 方程式與機器學習
- 從畢氏定理看機器學習
- 聯立方程式與聯立不等式與機器學習
- 機器學習需要知道的二次函數
- 機器學習的最小平方法
- 機器學習必須知道的集合與機率
- 機率觀念與貝式定理的運用 COVID-19 的全民普篩準確性推估
- 筆者講解指數與對數的運算規則，同時驗證這些規則
- 除了講解機器學習很重要的歐拉數 (Euler's Number)，更說明歐拉數的由來
- 認識邏輯 (logistic) 函數與 logit 函數
- 三角函數
- 大型運算子運算
- 向量、矩陣與線性迴歸

　　寫過許多的電腦書著作，本書沿襲筆者著作的特色，程式實例豐富，相信讀者只要遵循本書內容必定可以在最短時間精通機器學習的基礎數學，編著本書雖力求完美，但是學經歷不足，謬誤難免，尚祈讀者不吝指正。

洪錦魁 2021-4-20
jiinkwei@me.com

未來相關書籍

這本書是筆者機器學習系列書的起點，有關更進一步的學習，建議可以閱讀下列書籍。

機器學習
彩色圖解 + 微積分篇 + Python 實作

圖書資源說明：本書所有程式檔案

本書籍所有程式可以在深智公司網站下載。

臉書粉絲團

歡迎加入：王者歸來電腦專業圖書系列

歡迎加入：iCoding 程式語言讀書會 (Python, Java, C, C++, C#, JavaScript, 大數據, 人工智慧等不限)

目錄

目錄

第 11 章　機器學習必須懂的集合

第 16 章　對數 (logarithm)

第 17 章　歐拉數與邏輯函數

第 18 章　三角函數

第 19 章　基礎統計與大型運算子

第 21 章　機器學習的矩陣

第 1 章

資料視覺化

本章摘要

　　機器學習過程許多時候需要將資料視覺化，方便可以直覺看到目前的數據，所以本書先介紹數據圖形的繪製，所使用的工具是 matplotlib 繪圖庫模組，使用前需先安裝：

　　pip install matplotlib

　　matplotlib 是一個龐大的繪圖庫模組，本章我們只導入其中的 pyplot 子模組就可以完成許多圖表繪製，如下所示，未來就可以使用 plt 呼叫相關的方法。

　　import matplotlib.pyplot as plt

　　本章將敘述 matplotlib 的重點，更完整使用說明可以參考下列網站。

　　http://matplotlib.org

1-1　認識 mapplotlib.pyplot 模組的主要函數

　　下列是繪製圖表常用函數：

函數名稱	說明
plot(系列資料)	繪製折線圖
scatter(系列資料)	繪製散點圖
bar(系列資料)	繪製長條圖
hist(系列資料)	繪製直方圖
imshow(系列資料)	繪製圖像

　　下列是座標軸設定的常用函數。

函數名稱	說明
title(標題)	設定座標軸的標題
axis( )	可以設定座標軸的最小和最大刻度範圍
xlim(x_Min, x_Max)	設定 x 軸的刻度範圍
ylim(y_Min, y_Max)	設定 y 軸的刻度範圍
label(名稱)	設定圖表標籤圖例
xlabel(名稱)	設定 x 軸的名稱
ylabel(名稱)	設定 y 軸的名稱
xticks(刻度值)	設定 x 軸刻度值

函數名稱	說明
yticks(刻度值)	設定 y 軸刻度值
tick_params( )	設定座標軸的刻度大小、顏色
legend( )	設定座標的圖例
text( )	在座標軸指定位置輸出字串
grid( )	圖表增加格線
show( )	顯示圖表
cla( )	清除圖表

下列是圖片的讀取與儲存函數。

函數名稱	說明
imread(檔案名稱)	讀取圖片檔案
savefig(檔案名稱)	將圖片存入檔案

1-2 繪製簡單的折線圖 plot( )

這一節將從最簡單的折線圖開始解說，常用語法格式如下：

plot(x, y, lw=x, ls='x', label='xxx', color)

x：x 軸系列值，如果省略系列自動標記 0, 1, …，可參考 1-2-1 節。

y：y 軸系列值，可參考 1-2-1 節。

lw：lw 是 linewidth 的縮寫，折線圖的線條寬度，可參考 1-2-2 節。

ls：ls 是 linestyle 的縮寫，折線圖的線條樣式，可參考 1-2-6 節。

color：縮寫是 c，可以設定色彩，可參考 1-2-6 節。

label：圖表的標籤，可參考 1-2-8 節。

1-2-1　畫線基礎實作

應用方式是將含數據的串列當參數傳給 plot( )，串列內的數據會被視為 y 軸的值，x 軸的值會依串列值的索引位置自動產生。

程式實例 ch1_1.py：繪製折線的應用，square[ ] 串列有 9 筆資料代表 y 軸值，數據基本上是 x 軸索引 0- 8 的平方值序列，這個實例使用串列生成式建立 x 軸數據。

```
1   # ch1_1.py
2   import matplotlib.pyplot as plt
3
4   x = [x for x in range(9)]          # 產生0, 1, ... 8串列
5   squares = [0, 1, 4, 9, 16, 25, 36, 49, 64]
6   plt.plot(x, squares)               # 串列squares數據是y軸的值
7   plt.show()
```

執行結果

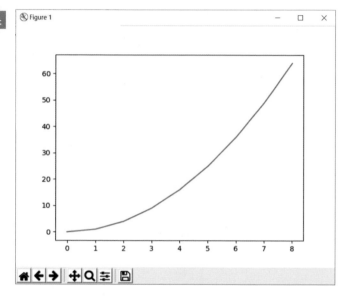

在繪製線條時，預設顏色是藍色，更多相關設定 1-2-6 節會解說。如果 x 軸的數據是 0, 1, … n 時，在使用 plot( ) 時我們可以省略 x 軸數據，可以參考下列程式實例。

程式實例 ch1_2.py：重新設計 ch1_1.py，此實例省略 x 軸數據。

```
1   # ch1_2.py
2   import matplotlib.pyplot as plt
3
4   squares = [0, 1, 4, 9, 16, 25, 36, 49, 64]
5   plt.plot(squares)          # 串列squares數據是y軸的值
6   plt.show()
```

執行結果　與 ch1_1.py 相同。

　　從上述執行結果可以看到左下角的軸刻度不是 (0,0)，我們可以使用 axis( ) 設定 x,y 軸的最小和最大刻度。

程式實例 ch1_3.py：重新設計 ch1_2.py，將軸刻度 x 軸設為 0 - 8，y 軸刻度設為 0 - 70。

```
1  # ch1_3.py
2  import matplotlib.pyplot as plt
3
4  squares = [0, 1, 4, 9, 16, 25, 36, 49, 64]
5  plt.plot(squares)           # 串列squares數據是y軸的值
6  plt.axis([0, 8, 0, 70])     # x軸刻度0-8, y軸刻度0-70
7  plt.show()
```

執行結果

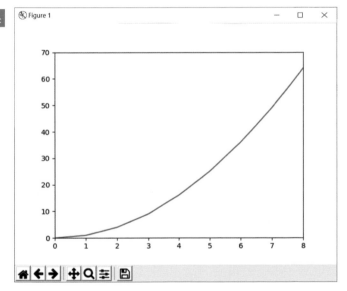

　　在做資料分析時，有時候會想要在圖表內增加隔線，這可以讓整個圖表 x 軸對應的 y 軸值更加清楚，可以使用 grid( ) 函數。

程式實例 ch1_3_1.py：增加隔線重新設計 ch1_3.py，此程式重點是第 7 行。

```
1  # ch1_3_1.py
2  import matplotlib.pyplot as plt
3
4  squares = [0, 1, 4, 9, 16, 25, 36, 49, 64]
5  plt.plot(squares)           # 串列squares數據是y軸的值
6  plt.axis([0, 8, 0, 70])     # x軸刻度0-8, y軸刻度0-70
7  plt.grid()
8  plt.show()
```

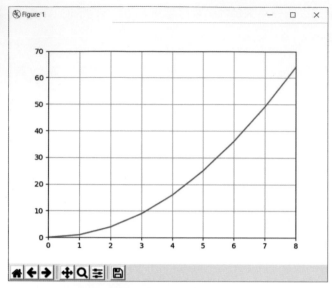

1-2-2　線條寬度 linewidth

　　使用 plot( ) 時預設線條寬度是 1，可以多加一個 linewidth(縮寫是 lw) 參數設定線條的粗細。

程式實例 ch1_4.py：設定線條寬度是 10，使用 lw=10。

```
1  # ch1_4.py
2  import matplotlib.pyplot as plt
3
4  squares = [0, 1, 4, 9, 16, 25, 36, 49, 64]
5  plt.plot(squares, lw=10)        # 串列squares數據是y軸的值，線條寬度是10
6  plt.show()
```

1-2 繪製簡單的折線圖 plot( )

 執行結果

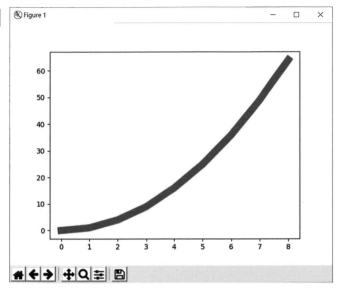

1-2-3 標題的顯示

目前 matplotlib 模組預設不支援中文顯示，筆者將在 1-5 節講解更改字型，讓圖表可以顯示中文，下列是幾個圖表重要的方法。

title(標題名稱 , fontsize= 字型大小)   # 圖表標題
xlabel(標題名稱 , fontsize= 字型大小)   # x 軸標題
ylabel(標題名稱 , fontsize= 字型大小)   # y 軸標題

上述方法可以顯示預設大小是 12 的字型，但是可以使用 fontsize 參數更改字型大小。

程式實例 ch1_5.py：使用預設字型大小為圖表與 x/y 軸建立標題。

```
1  # ch1_5.py
2  import matplotlib.pyplot as plt
3
4  squares = [0, 1, 4, 9, 16, 25, 36, 49, 64]
5  plt.plot(squares, lw=10)          # 串列squares數據是y軸的值，線條寬度是10
6  plt.title('Test Chart')
7  plt.xlabel('Value')
8  plt.ylabel('Square')
9  plt.show()
```

執行結果 可參考下方左圖。

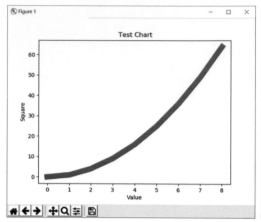 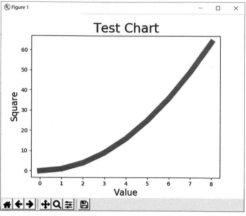

程式實例 ch1_6.py：使用設定字型大小 24 與 16 分別為圖表與 x/y 軸建立標題。

```
1   # ch1_6.py
2   import matplotlib.pyplot as plt
3
4   squares = [0, 1, 4, 9, 16, 25, 36, 49, 64]
5   plt.plot(squares, lw=10)        # 串列squares數據是y軸的值，線條寬度是10
6   plt.title('Test Chart', fontsize=24)
7   plt.xlabel('Value', fontsize=16)
8   plt.ylabel('Square', fontsize=16)
9   plt.show()
```

執行結果　可參考上方右圖。

1-2-4　座標軸刻度的設定

在設計圖表時可以使用 tick_params( ) 設計設定座標軸的刻度大小、顏色以及應用範圍。

tick_params(axis='xx', labelsize=xx, color='xx')　　　# labelsize 的 xx 代表刻度大小

如果 axis 的 xx 是 both 代表應用到 x 和 y 軸，如果 xx 是 x 代表應用到 x 軸，如果 yy 是 y 代表應用到 y 軸。color 則是設定刻度的線條顏色，例如：red 代表紅色，1-2-6 節會有顏色表。

程式實例 ch1_7.py：使用不同刻度與顏色的應用。

```
1   # ch1_7.py
2   import matplotlib.pyplot as plt
3
4   squares = [0, 1, 4, 9, 16, 25, 36, 49, 64]
5   plt.plot(squares, lw=10)          # 串列squares數據是y軸的值，線條寬度是10
6   plt.title('Test Chart', fontsize=24)
7   plt.xlabel('Value', fontsize=16)
8   plt.ylabel('Square', fontsize=16)
9   plt.tick_params(axis='both', labelsize=12, color='red')
10  plt.show()
```

執行結果

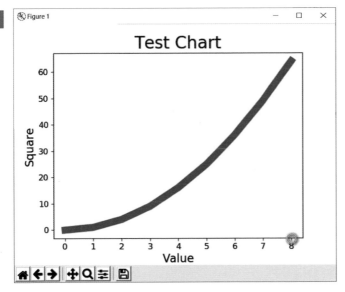

1-2-5 多組數據的應用

目前所有的圖表皆是只有一組數據，其實可以擴充多組數據，只要在 plot( ) 內增加數據串列參數即可。此時 plot( ) 的參數如下：

plot(seq, 第一組數據 , seq, 第二組數據 , …)

程式實例 ch1_8：設計多組數據圖的應用。

```
1   # ch1_8.py
2   import matplotlib.pyplot as plt
3
4   data1 = [1, 4, 9, 16, 25, 36, 49, 64]        # data1線條
5   data2 = [1, 3, 6, 10, 15, 21, 28, 36]        # data2線條
6   seq = [1,2,3,4,5,6,7,8]
```

```
7   plt.plot(seq, data1, seq, data2)              # data1&2線條
8   plt.title("Test Chart", fontsize=24)
9   plt.xlabel("x-Value", fontsize=14)
10  plt.ylabel("y-Value", fontsize=14)
11  plt.tick_params(axis='both', labelsize=12, color='red')
12  plt.show()
```

 執行結果

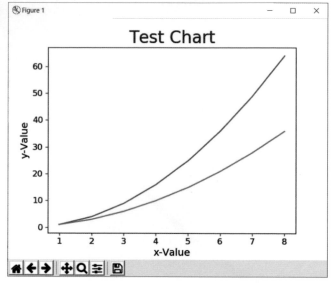

上述以不同顏色顯示線條是系統預設，我們也可以自訂線條色彩。

1-2-6　線條色彩與樣式

如果想設定線條色彩，可以在 plot( ) 內增加下列 color 顏色參數設定，下列是常見的色彩表。

色彩字元	色彩說明
'b'	blue(藍色)
'c'	cyan(青色)
'g'	green(綠色)
'k'	black(黑色)
'm'	magenta(品紅)
'r'	red(紅色)
'w'	white(白色)
'y'	yellow(黃色)

下列是常見的樣式表。

字元	說明
'-' 或 "solid"	這是預設實線
'- -' 或 'dashed'	虛線
'-.' 或 'dashdot'	虛點線
':' 或 'dotted'	點線
'.'	點標記
','	像素標記
'o'	圓標記
'v'	反三角標記
'^'	三角標記
'<'	左三角形
'>'	右三角形
's'	方形標記
'p'	五角標記
'*'	星星標記
'+'	加號標記
'_'	減號標記
'x'	X 標記
'H'	六邊形 1 標記
'h'	六邊形 2 標記

上述可以混合使用，例如：'r-.' 代表紅色虛點線。

程式實例 ch1_9.py：採用不同色彩與線條樣式繪製圖表。

```
1  # ch1_9.py
2  import matplotlib.pyplot as plt
3
4  data1 = [1, 2, 3, 4, 5, 6, 7, 8]                    # data1線條
5  data2 = [1, 4, 9, 16, 25, 36, 49, 64]               # data2線條
6  data3 = [1, 3, 6, 10, 15, 21, 28, 36]               # data3線條
7  data4 = [1, 7, 15, 26, 40, 57, 77, 100]             # data4線條
8
9  seq = [1, 2, 3, 4, 5, 6, 7, 8]
10 plt.plot(seq, data1, 'g--', seq, data2, 'r-.', seq, data3, 'y:', seq, data4, 'k.')
11 plt.title("Test Chart", fontsize=24)
12 plt.xlabel("x-Value", fontsize=14)
13 plt.ylabel("y-Value", fontsize=14)
14 plt.tick_params(axis='both', labelsize=12, color='red')
15 plt.show()
```

執行結果

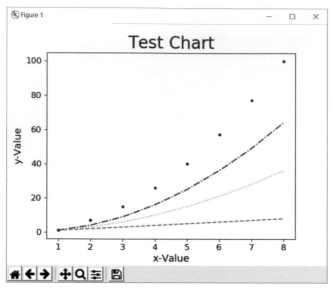

　　在上述第 10 行最右邊 'k.' 代表繪製黑點而不是繪製線條，由這個觀念讀者應該可以使用不同顏色繪製散點圖 (1-3 節會介紹另一個方法 scatter( ) 繪製散點圖)。上述格式應用是很活的，如果我們使用 '-*' 可以繪製線條，同時在指定點加上星星標記。

註　如果沒有設定顏色，系統會自行配置顏色。

程式實例 ch1_10.py：重新設計 ch1_9.py 繪製線條，同時為各個點加上標記，程式重點是第 10 行。

```
1   # ch1_10.py
2   import matplotlib.pyplot as plt
3
4   data1 = [1, 2, 3, 4, 5, 6, 7, 8]              # data1線條
5   data2 = [1, 4, 9, 16, 25, 36, 49, 64]         # data2線條
6   data3 = [1, 3, 6, 10, 15, 21, 28, 36]         # data3線條
7   data4 = [1, 7, 15, 26, 40, 57, 77, 100]       # data4線條
8
9   seq = [1, 2, 3, 4, 5, 6, 7, 8]
10  plt.plot(seq, data1, '-*', seq, data2, '-o', seq, data3, '-^', seq, data4, '-s')
11  plt.title("Test Chart", fontsize=24)
12  plt.xlabel("x-Value", fontsize=14)
13  plt.ylabel("y-Value", fontsize=14)
14  plt.tick_params(axis='both', labelsize=12, color='red')
15  plt.show()
```

執行結果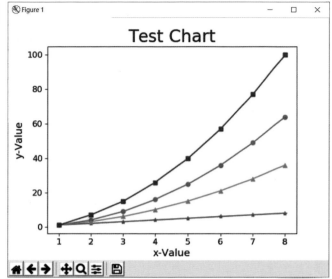

1-2-7 刻度設計

目前所有繪製圖表 x 軸和 y 軸的刻度皆是 plot( ) 方法針對所輸入的參數採用預設值設定，請先參考下列實例。

程式實例 ch1_11.py：有一個假設 3 大品牌車輛 2021-2023 的銷售數據如下：

Benz	3367	4120	5539
BMW	4000	3590	4423
Lexus	5200	4930	5350

請使用上述方法將上述資料繪製成圖表。

```
1  # ch1_11.py
2  import matplotlib.pyplot as plt
3
4  Benz = [3367, 4120, 5539]              # Benz線條
5  BMW = [4000, 3590, 4423]               # BMW線條
6  Lexus = [5200, 4930, 5350]             # Lexus線條
7
8  seq = [2021, 2022, 2023]               # 年度
9  plt.plot(seq, Benz, '-*', seq, BMW, '-o', seq, Lexus, '-^')
10 plt.title("Sales Report", fontsize=24)
11 plt.xlabel("Year", fontsize=14)
12 plt.ylabel("Number of Sales", fontsize=14)
13 plt.tick_params(axis='both', labelsize=12, color='red')
14 plt.show()
```

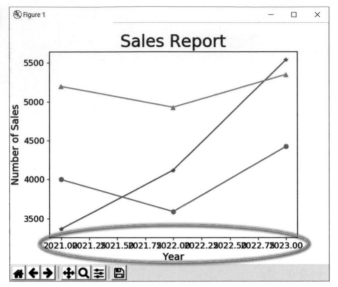

上述程式最大的遺憾是 x 軸的刻度，對我們而言，其實只要有 2021-2023 這 3 個年度的刻度即可，還好可以使用 pyplot 模組的 xticks( )/yticks( ) 分別設定 x/y 軸刻度，可參考下列實例。

程式實例 ch1_12.py：重新設計 ch1_11.py，自行設定刻度，這個程式的重點是第 9 行，將 seq 串列當參數放在 plt.xticks( ) 內。

```python
1   # ch1_12.py
2   import matplotlib.pyplot as plt
3
4   Benz = [3367, 4120, 5539]              # Benz線條
5   BMW = [4000, 3590, 4423]               # BMW線條
6   Lexus = [5200, 4930, 5350]             # Lexus線條
7
8   seq = [2021, 2022, 2023]               # 年度
9   plt.xticks(seq)                        # 設定x軸刻度
10  plt.plot(seq, Benz, '-*', seq, BMW, '-o', seq, Lexus, '-^')
11  plt.title("Sales Report", fontsize=24)
12  plt.xlabel("Year", fontsize=14)
13  plt.ylabel("Number of Sales", fontsize=14)
14  plt.tick_params(axis='both', labelsize=12, color='red')
15  plt.show()
```

執行結果

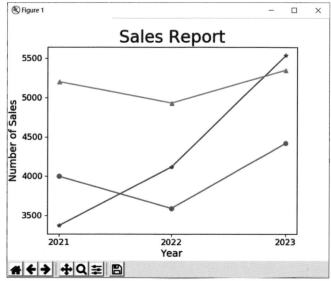

1-2-8 圖例 legend( )

本章至今所建立的圖表，坦白說已經很好了，缺點是缺乏各種線條代表的意義，在 Excel 中稱圖例 (legend)，下列筆者將直接以實例說明。

程式實例 ch1_13.py：為 ch1_12.py 建立圖例。

```python
1   # ch1_13.py
2   import matplotlib.pyplot as plt
3
4   Benz = [3367, 4120, 5539]              # Benz線條
5   BMW = [4000, 3590, 4423]               # BMW線條
6   Lexus = [5200, 4930, 5350]             # Lexus線條
7
8   seq = [2021, 2022, 2023]               # 年度
9   plt.xticks(seq)                        # 設定x軸刻度
10  plt.plot(seq, Benz, '-*', label='Benz')
11  plt.plot(seq, BMW, '-o', label='BMW')
12  plt.plot(seq, Lexus, '-^', label='Lexus')
13  plt.legend(loc='best')
14  plt.title("Sales Report", fontsize=24)
15  plt.xlabel("Year", fontsize=14)
16  plt.ylabel("Number of Sales", fontsize=14)
17  plt.tick_params(axis='both', labelsize=12, color='red')
18  plt.show()
```

執行結果

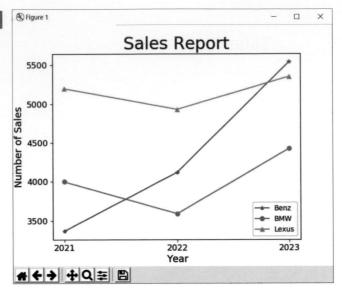

這個程式最大不同在第 10-12 行，下列是以第 10 行解說。

    plt.plot(seq, Benz, '-*', label='Benz')

上述呼叫 plt.plot( ) 時需同時設定 label，最後使用第 13 行方式執行 legend( ) 圖例的呼叫。其中參數 loc 可以設定圖例的位置，可以有下列設定方式：

'best'：0
'upper right'：1
'upper left'：2
'lower left'：3
'lower right'：4
'right'：5   (與 'center right' 相同)
'center left'：6
'center right'：7
'lower center'：8
'upper center'：9
'center'：10

如果省略 loc 設定，則使用預設 'best'，在應用時可以使用設定整數值，例如：設定 loc=0 與上述效果相同。若是顧慮程式可讀性建議使用文字串方式設定，當然也可以直接設定數字，可以小小炫耀或迷惑不懂的人吧！

程式實例 ch1_13_1.py：省略 loc 設定。

```
13  plt.legend()
```

執行結果　與 ch1_13.py 相同。

程式實例 ch1_13_2.py：設定 loc=0。

```
13  plt.legend(loc=0)
```

執行結果　與 ch1_13.py 相同。

程式實例 ch1_13_3.py：設定圖例在右上角。

```
13  plt.legend(loc='upper right')
```

執行結果　下方左圖。

 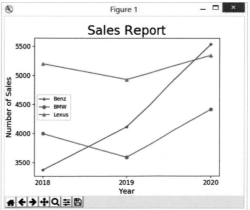

程式實例 ch1_13_4.py：設定圖例在左邊中央。

```
13  plt.legend(loc=6)
```

執行結果　上方右圖。

經過上述解說，我們已經可以將圖例放在圖表內了，如果想將圖例放在圖表外，筆者先解釋座標，在圖表內左下角位置是 (0,0)，右上角是 (1,1)，觀念如下：

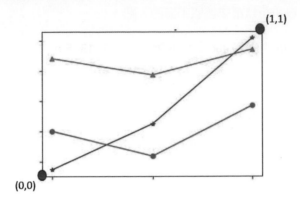

首先需使用 bbox_to_anchor( ) 當作 legend( ) 的一個參數，設定錨點 (anchor)，也就是圖例位置，例如：如果我們想將圖例放在圖表右上角外側，需設定 loc='upper left'，然後設定 bbox_to_anchor(1,1)。

程式實例 ch1_13_5.py：將圖例放在圖表右上角外側。

```
13    plt.legend(loc='upper left', bbox to anchor=(1,1))
```

執行結果 下方左圖。

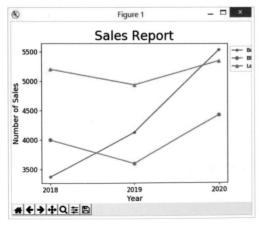

　　上述最大的缺點是由於圖表與 Figure 1 的留白不足，造成無法完整顯示圖例。Matplotlib 模組內有 tight_layout( ) 函數，可利用設定 pad 參數在圖表與 Figure 1 間設定留白。

程式實例 ch1_13_6.py：設定 pad=7，重新設計 ch1_13_5.py。

```
13  plt.legend(loc='upper left',bbox_to_anchor=(1,1))
14  plt.tight_layout(pad=7)
```

執行結果　可參考上方右圖。

　　很明顯我們改善了，圖例顯示不完整的問題了。如果將 pad 改為 h_pad/w_pad 可以分別設定高度 / 寬度的留白。

1-2-9　保存與開啟圖檔

　　圖表設計完成，可以使用 savefig( ) 保存圖檔，這個方法需放在 show( ) 的前方，表示先儲存再顯示圖表。

程式實例 ch1_14.py：擴充 ch1_13.py，在螢幕顯示圖表前，先將圖表存入目前資料夾的 out1_14.jpg。

```
1   # ch1_14.py
2   import matplotlib.pyplot as plt
3
4   Benz = [3367, 4120, 5539]              # Benz線條
5   BMW = [4000, 3590, 4423]               # BMW線條
6   Lexus = [5200, 4930, 5350]             # Lexus線條
7
8   seq = [2021, 2022, 2023]               # 年度
9   plt.xticks(seq)                        # 設定x軸刻度
10  plt.plot(seq, Benz, '-*', label='Benz')
11  plt.plot(seq, BMW, '-o', label='BMW')
12  plt.plot(seq, Lexus, '-^', label='Lexus')
13  plt.legend(loc='best')
14  plt.title("Sales Report", fontsize=24)
15  plt.xlabel("Year", fontsize=14)
16  plt.ylabel("Number of Sales", fontsize=14)
17  plt.tick_params(axis='both', labelsize=12, color='red')
18  plt.savefig('out1_14.jpg', bbox_inches='tight')
19  plt.show()
```

執行結果　讀者可以在 ch1 資料夾看到 out1_14.jpg 檔案。

　　上述 plt.savefig( ) 第一個參數是所存的檔名,第二個參數代表將圖表外多餘的空間刪除。

　　要開啟圖檔可以使用 matplotlib.image 模組,可以參考下列實例。

程式實例 ch1_15.py:開啟 out1_14.jpg 檔案。

```
1   # ch1_15.py
2   import matplotlib.pyplot as plt
3   import matplotlib.image as img
4
5   fig = img.imread('out1_14.jpg')
6   plt.imshow(fig)
7   plt.show()
```

執行結果　　上述程式可以順利開啟 out1_14.jpg 檔案。

1-2-10　在圖上標記文字

　　在繪製圖表過程有時需要在圖上標記文字,這時可以使用 text( ) 函數,此函數基本使用格式如下:

　　　　text(x, y, ' 文字串 ')

　　x, y 是文字輸出的左下角座標,x, y 不是絕對刻度,這是相對座標刻度,大小會隨著座標刻度增減。

程式實例 ch1_15_1.py:增加文字重新設計 ch1_3_1.py。

```
1   # ch1_15_1.py
2   import matplotlib.pyplot as plt
3
4   squares = [0, 1, 4, 9, 16, 25, 36, 49, 64]
5   plt.plot(squares)                # 串列squares數據是y軸的值
6   plt.axis([0, 8, 0, 70])          # x軸刻度0-8, y軸刻度0-70
7   plt.text(2, 30, 'Deepen your mind')
8   plt.grid()
9   plt.show()
```

執行結果

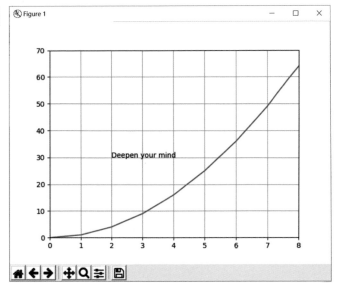

1-3　繪製散點圖 scatter( )

儘管我們可以使用 plot( ) 繪製散點圖，不過本節仍將介紹繪製散點圖常用的方法 scatter( )。

1-3-1　基本散點圖的繪製

繪製散點圖可以使用 scatter( )，最基本語法應用如下：

scatter(x, y, s, c, cmap)　　　　　　# 更多參數應用後面的小節會解說

x, y：上述相當於可以在 (x,y) 位置繪圖，可參考 1-3-1 節。

s：是繪圖點的大小，預設是 20。

c：是顏色，可以參考 1-2-6 節。

cmap：彩色圖表，可以參考 1-4-5 節。

未來將一步一步解說，這個方法的多種應用。

程式實例 ch1_16.py：在座標軸 (5,5) 繪製一個點。

```
1  # ch1_16.py
2  import matplotlib.pyplot as plt
3
4  plt.scatter(5, 5)
5  plt.show()
```

 執行結果

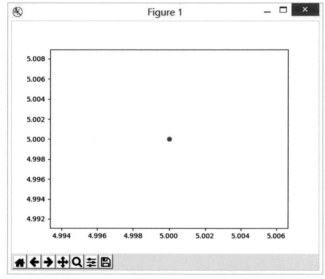

1-3-2　繪製系列點

如果我們想繪製系列點，可以將系列點的 x 軸值放在一個串列，y 軸值放在另一個串列，然後將這 2 個串列當參數放在 scatter( ) 即可。

程式實例 ch1_17.py：繪製系列點的應用。

```
1  # ch1_17.py
2  import matplotlib.pyplot as plt
3
4  xpt = [1,2,3,4,5]
5  ypt = [1,4,9,16,25]
6  plt.scatter(xpt, ypt)
7  plt.show()
```

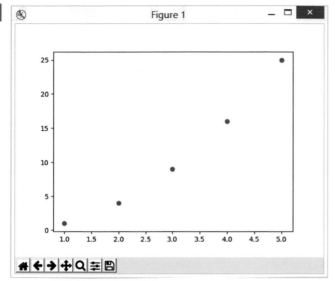

　　在程式設計時，有些系列點的座標可能是由程式產生，其實應用方式是一樣的。
另外，可以在 scatter( ) 內增加 color(也可用 c) 參數，可以設定點的顏色。

程式實例 ch1_18.py：繪製黃色的系列點，這個系列點有 100 個點，x 軸的點由
range(1,101) 產生，相對應 y 軸的值則是 x 的平方值。

```
1  # ch1_18.py
2  import matplotlib.pyplot as plt
3
4  xpt = list(range(1,101))          # 建立1-100序列x座標點
5  ypt = [x**2 for x in xpt]         # 以x平方方式建立y座標點
6  plt.scatter(xpt, ypt, color='y')
7  plt.show()
```

執行結果

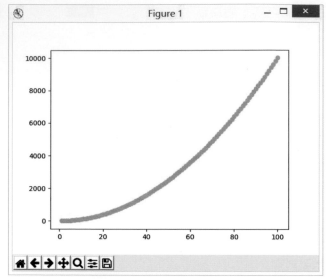

1-3-3　設定繪圖區間

可以使用 axis( ) 設定繪圖區間，語法格式如下：

axis([xmin, xmax, ymin, ymax])　　　　# 分別代表 x 和 y 軸的最小和最大區間

程式實例 ch1_19.py：設定繪圖區間為 [0,100,0,10000] 的應用，讀者可以將這個執行結果與 ch1_18.py 做比較。

```
1   # ch1_19.py
2   import matplotlib.pyplot as plt
3
4   xpt = list(range(1,101))              # 建立1-100序列x座標點
5   ypt = [x**2 for x in xpt]            # 以x平方方式建立y座標點
6   plt.axis([0, 100, 0, 10000])        # 留意參數是串列
7   plt.scatter(xpt, ypt, color=(0, 1, 0))  # 綠色
8   plt.show()
```

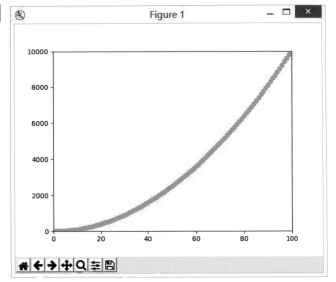

上述程式第 5 行是依據 xpt 串列產生 ypt 串列值的方式，由於在網路上大部分的文章大多使用陣列方式產生圖表串列，所以下一節筆者將對此做說明，期待可為讀者建立基礎。

1-4 Numpy 模組

Numpy 是 Python 的一個擴充模組，主要是可以支援多維度空間的陣列與矩陣運算，本節筆者將使用其最簡單產生陣列功能做解說，由此可以將這個功能擴充到數據圖表的設計。Numpy 模組的第一個字母模組名稱 n 是小寫，使用前我們需導入 numpy 模組，如下所示：

import numpy as np

1-4-1 建立一個簡單的陣列 linspace( ) 和 arange( )

這在 Numpy 模組中最基本的就是 linspace( ) 方法，使用它可以很方便產生相同等距的陣列，它的語法如下：

linspace(start, end, num)   # 這是最常用簡化的語法

start 是起始值，end 是結束值，num 是設定產生多少個等距點的陣列值，num 的預設值是 50。

在網路上閱讀他人使用 Python 設計的圖表時，另一個常看到產生陣列的方法是 arange( )，語法如下：

arange(start, stop, step)　　　　　　　　# start 和 step 是可以省略

start 是起始值如果省略預設值是 0，stop 是結束值但是所產生的陣列不包含此值，step 是陣列相鄰元素的間距如果省略預設值是 1。

程式實例 ch1_20.py：建立 0, 1, …, 9, 10 的陣列。

```
1   # ch1_20.py
2   import numpy as np
3
4   x1 = np.linspace(0, 10, num=11)      # 使用linspace()產生陣列
5   print(type(x1), x1)
6   x2 = np.arange(0,11,1)               # 使用arange()產生陣列
7   print(type(x2), x2)
8   x3 = np.arange(11)                   # 簡化語法產生陣列
9   print(type(x3), x3)
```

執行結果

```
=========== RESTART: D:/Python Machine Learning Math/ch1/ch1_20.py ===========
<class 'numpy.ndarray'> [ 0.  1.  2.  3.  4.  5.  6.  7.  8.  9. 10.]
<class 'numpy.ndarray'> [ 0  1  2  3  4  5  6  7  8  9 10]
<class 'numpy.ndarray'> [ 0  1  2  3  4  5  6  7  8  9 10]
```

1-4-2　繪製波形

在國中數學中我們有學過 sin( ) 和 cos( ) 觀念，其實有了陣列數據，我們可以很方便繪製 sin 和 cos 的波形變化。

程式實例 ch1_21.py：繪製 sin( ) 和 cos( ) 的波形，在這個實例中呼叫 plt.scatter( ) 方法 2 次，相當於也可以繪製 2 次波形圖表。

```
1   # ch1_21.py
2   import matplotlib.pyplot as plt
3   import numpy as np
4
5   xpt = np.linspace(0, 10, 500)         # 建立含500個元素的陣列
6   ypt1 = np.sin(xpt)                    # y陣列的變化
7   ypt2 = np.cos(xpt)
8   plt.scatter(xpt, ypt1, color=(0, 1, 0)) # 綠色
```

```
 9  plt.scatter(xpt, ypt2)                    # 預設顏色
10  plt.show()
```

 執行結果

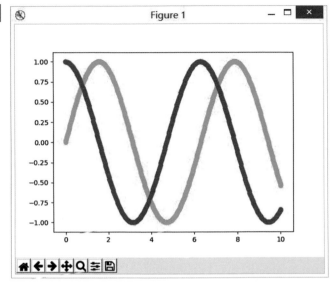

其實一般在繪製波形時，最常用的還是 plot( ) 方法。

程式實例 ch1_22.py：使用系統預設顏色，繪製不同波形的應用。

```
 1  # ch1_22.py
 2  import matplotlib.pyplot as plt
 3  import numpy as np
 4
 5  left = -2 * np.pi
 6  right = 2 * np.pi
 7  x = np.linspace(left, right, 100)
 8
 9  f1 = 2 * np.sin(x)              # y陣列的變化
10  f2 = np.sin(2*x)
11  f3 = 0.5 * np.sin(x)
12
13  plt.plot(x, f1)
14  plt.plot(x, f2)
15  plt.plot(x, f3)
16  plt.show()
```

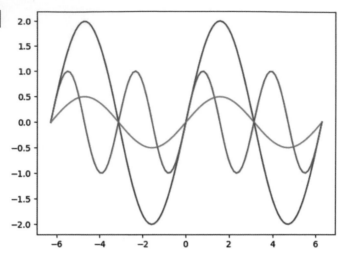

1-4-3　建立不等寬度的散點圖

在 scatter( ) 方法中，(x,y) 的資料可以是串列也可以是矩陣，預設所繪製點大小 s 的值是 20，這個 s 可以是一個值也可以是一個陣列資料，當它是一個陣列資料時，利用更改陣列值的大小，我們就可以建立不同大小的散點圖。

在我們使用 Python 繪製散點圖時，如果將 2 個點之間繪了上百或上千個點，則可以產生繪製線條的視覺，如果再加上每個點的大小是不同，且依一定規律變化，則可以有特別效果。

程式實例 ch1_23.py：建立一個不等寬度的圖形。

```
1  # ch1_23.py
2  import matplotlib.pyplot as plt
3  import numpy as np
4
5  xpt = np.linspace(0, 5, 500)                      # 建立含500個元素的陣列
6  ypt = 1 - 0.5*np.abs(xpt-2)                        # y陣列的變化
7  lwidths = (1+xpt)**2                               # 寬度陣列
8  plt.scatter(xpt, ypt, s=lwidths, color=(0, 1, 0)) # 綠色
9  plt.show()
```

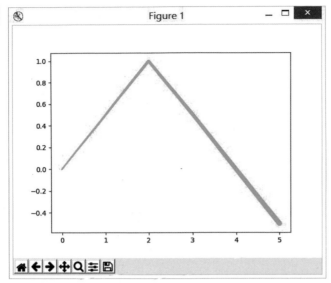

1-4-4 填滿區間 Shading Regions

在繪製波形時，有時候想要填滿區間，此時可以使用 matplotlib 模組的 fill_between( ) 方法，基本語法如下：

    fill_between(x, y1, y2, color, alpha, options, …)   # options 是其它參數

上述會填滿所有相對 x 軸數列 y1 和 y2 的區間，如果不指定填滿顏色會使用預設的線條顏色填滿，通常填滿顏色會用較淡的顏色，所以可以設定 alpha 參數將顏色調淡。

程式實例 ch1_24.py：填滿區間的應用 "0 – y"，所使用的 y 軸值函數式 sin(3x)。

```
1   # ch1_24.py
2   import matplotlib.pyplot as plt
3   import numpy as np
4
5   left = -np.pi
6   right = np.pi
7   x = np.linspace(left, right, 100)
8   y = np.sin(3*x)                    # y陣列的變化
9
10  plt.plot(x, y)
11  plt.fill_between(x, 0, y, color='green', alpha=0.1)
12  plt.show()
```

執行結果

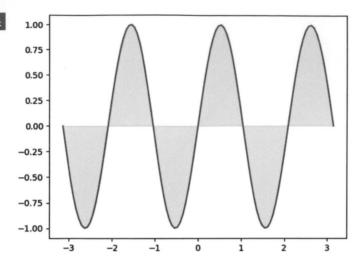

程式實例 ch1_25.py：填滿區間的應用 "-1 − y"，所使用的 y 軸值函數式 sin(3x)。

```
1   # ch1_25.py
2   import matplotlib.pyplot as plt
3   import numpy as np
4
5   left = -np.pi
6   right = np.pi
7   x = np.linspace(left, right, 100)
8   y = np.sin(3*x)                        # y陣列的變化
9
10  plt.plot(x, y)
11  plt.fill_between(x, -1, y, color='yellow', alpha=0.3)
12  plt.show()
```

執行結果

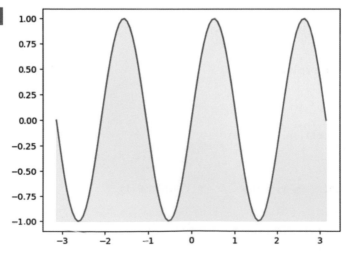

1-4-5　色彩映射 color mapping

　　至今我們針對一組陣列 (或串列) 所繪製的圖皆是單色，若是以 ch1_23.py 第 8 行為例，色彩設定是 color=(0,1,0)，這是固定顏色的用法。在色彩的使用中是允許色彩也是陣列 (或串列) 隨著數據而做變化，此時色彩的變化是根據所設定的色彩映射值 (color mapping) 而定，例如有一個色彩映射值是 rainbow 內容如下：

　　在陣列 (或串列) 中，數值低的值顏色在左邊，會隨者數值變高顏色往右邊移動。當然在程式設計中，我們需在 scatter( ) 中增加 color 設定參數是 c，這時 color 的值就變成一個陣列 (或串列)。然後我們需增加參數 cmap(英文是 color map)，這個參數主要是指定使用那一種色彩映射值。

程式實例 ch1_26.py：色彩映射的應用。

```
1  # ch1_26.py
2  import matplotlib.pyplot as plt
3  import numpy as np
4
5  x = np.arange(100)
6  y = x
7  t = x
8  plt.scatter(x, y, c=t, cmap='rainbow')
9  plt.show()
```

執行結果

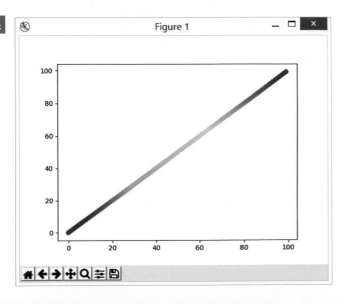

　　有時候我們在程式設計時，色彩映射也可以設定是根據 x 軸的值做變化，或是 y 軸的值做變化，整個效果是不一樣的。

程式實例 ch1_27.py：重新設計 ch1_23.py，主要是設定差別是固定點的寬度為 50，將色彩改為依 y 軸值變化，同時使用 hsv 色彩映射表。

```
8    plt.scatter(xpt, ypt, s=50, c=ypt, cmap='hsv')        # 色彩隨y軸值變化
```

執行結果　如下方左圖。

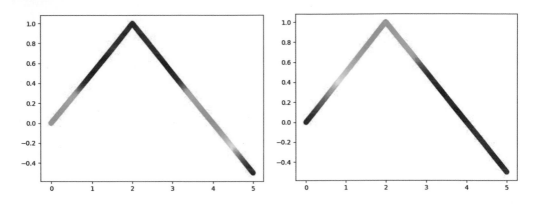

程式實例 ch1_28.py：重新設計 ch1_27.py，主要是將將色彩改為依 x 軸值變化。

```
8    plt.scatter(xpt, ypt, s=50, c=xpt, cmap='hsv')        # 色彩隨x軸值變化
```

執行結果　如上方右圖。

　　目前 matplotlib 協會所提供的色彩映射內容如下：

❑　序列色彩映射表

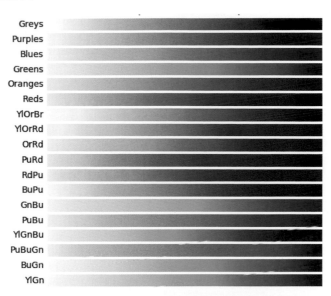

❑　序列 2 色彩映射表

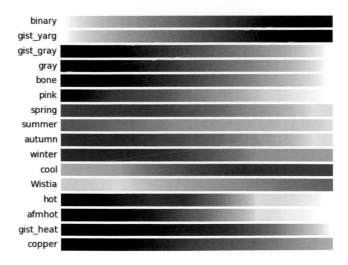

❑　直覺一致的色彩映射表

❏　發散式的色彩映射表

❏　定性色彩映射表

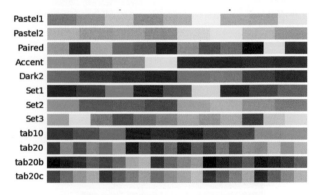

❏　雜項色彩映射表

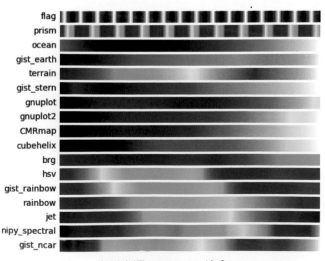

資料來源 matplotlib 協會

http://matplotlib.org/examples/color/colormaps_reference.html

如果有一天你做大數據研究時，當收集了無數的數據後，可以將數據以圖表顯示，然後用色彩判斷整個數據趨勢。在結束本節之前，筆者舉一個使用 colormap 繪製陣列數據的實例，這個程式會使用下列方法。

imshow(img, cmap='xx')

參數 img 可以是圖片，或是矩形陣列數據，此例是陣列數據。這個函數常用在機器學習可以檢測神經網路的輸出。

程式實例 ch1_29.py：繪製矩形陣列數據資料。

```python
1   # ch1_29.py
2   import matplotlib.pyplot as plt
3   import numpy as np
4
5   img = np.array([[0, 1, 2, 3],
6                   [4, 5, 6, 7],
7                   [8, 9 , 10, 11],
8                   [12, 13, 14, 15]])
9
10  plt.imshow(img, cmap='Blues')
11  plt.colorbar()
12  plt.show()
```

 執行結果

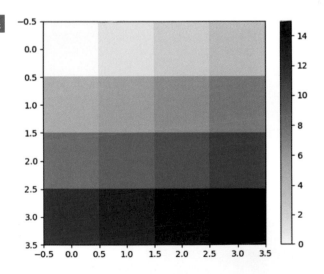

上述第 11 行 plt.colorbar( ) 函數是在圖右邊增加顏色條 (colorbar)。上述是建立簡單的二維陣列數據圖像，如果要建立比較複雜的圖像可以使用 Numpy 模組的 meshgrid( ) 函數，這個函數簡單的語法如下：

meshgrid(x1, x2, …, xn)：可以將數據組成二維陣列，下列是此函數的簡單實例。

```
>>> import numpy as np
>>> x = np.array([1,2,3])
>>> y = np.array([4,5,6])
>>> xx, yy = np.meshgrid(x,y)
>>> xx
array([[1, 2, 3],
       [1, 2, 3],
       [1, 2, 3]])
>>> yy
array([[4, 4, 4],
       [5, 5, 5],
       [6, 6, 6]])
```

程式實例 ch1_29_1.py：建立 $\sqrt{x^2 + y^2}$ 的網格影像。註：有關本程式第 4 行中文字型的設定，將在下一節解說。

```
1   # ch1_29_1.py
2   import matplotlib.pyplot as plt
3   import numpy as np
4   plt.rcParams["font.family"] = ["Microsoft JhengHei"]     # 微軟正黑體
5
6   pts = np.arange(-2, 2, 0.01)
7   x, y = np.meshgrid(pts, pts)
8   z = np.sqrt(x**2 + y**2)
9
10  ticks = np.arange(0, 500, 100)
11  seq = np.arange(-2, 3)
12
13  plt.imshow(z, cmap='rainbow')
14  plt.xticks(ticks, seq)
15  plt.yticks(ticks, seq)
16
17  plt.colorbar()
18  plt.title(r"建立$\sqrt{x^2 + y^2}$網格影像")
19  plt.show()
```

 執行結果

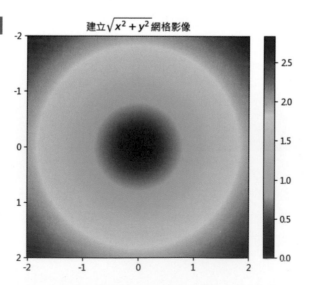

1-4-6 matplotlib 支援顯示 Latex

Latex 原文是 LaTeX，程式實例 ch1_29_1.py 另一個特色是第 18 行，在繪圖系統內筆者增加了顯示$\sqrt{x^2 + y^2}$，其實這是 Latex 語法公式，matplotlib 的 text 本文是支援 Latex 語法，這一行內容如下：

plt.title(r' 建立 $\sqrt{x^2 + y^2})$ 網格影像 ')

上述重點就是轉義字元 r，兩個 $ 之間的字元建立的 Latex 公式，sqrt 會建立開根號符號，^ 建立次方效果。Matplotlib 支援基本數學公式，如果需要更完整的學習需要安裝 LaTeX 軟體，下列筆者將舉一個較為常用的數學公式，如果需要更多應用讀者應該參考相關書籍。

程式實例 ch1_29_2.py：Latex 數學公式的應用。

```
1  # ch1_29_2.py
2  import matplotlib.pyplot as plt
3  import numpy as np
4
5  plt.rcParams["font.family"] = ["Microsoft JhengHei"]    # 微軟正黑體
6  plt.title('Latex使用')
7  plt.text(0.4, 0.6,r"$\int_0^5 f(x)\mathrm{d}x$",fontsize=20,color="blue")
8  plt.text(0.4, 0.3,r"$\sum_{n=1}^\infty\frac{-e^{2\pi}}{3^n}!$",fontsize=20)
9  plt.show()
```

執行結果

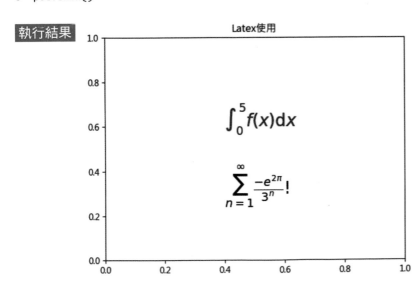

1-4-7　imshow( ) 函數支援顯示圖片

此外，imshow( ) 函數的第一個參數也可以是圖片，下列是筆者使用 scikit-image 模組的圖片實例，使用前需安裝此模組：

pip install scikit-image

程式實例 ch1_30.py：顯示太空人艾琳科斯林的圖片。

```
1  # ch1_30.py
2  import matplotlib.pyplot as plt
3  from skimage import data
4
5  img = data.astronaut()
6  plt.imshow(img)
7  plt.show()
```

執行結果

在這個模組內有許多圖片，下列是圖片檔名。

skimage.data.camera( )：相機。

skimage.data.coffee( )：咖啡杯。

skimage.data.coins( )：系列希臘硬幣。

1-5　圖表顯示中文

一個圖表無法顯示中文，坦白說讀者內心一定感覺有缺憾，至少筆者感覺如此。
matplotlib 無法顯示中文主要是安裝此模組時所配置的檔案：

> ~Python37\Lib\site-packages\matplotlib\mpl-data\matplotlibrc

註　上述 37 是 Python 版本編號，可能會因為你安裝的版本而有不同的結果。

筆者不鼓勵更改系統內建檔案。筆者將使用動態配置方式處理，讓圖表顯示中文
字型。其實可以在程式內增加下列程式碼，rcParams( ) 方法可以為 matplotlib 配置中
文字型參數，在呼叫 matplotlib 模組前先加上下列指令，就可以顯示中文了。

```
plt.rcParams["font.family"] = ["Microsoft JhengHei"]      # 微軟正黑體
plt.rcParams["font.family"] = ["Microsoft YaHei"]         # 微軟雅黑體
plt.rcParams["axes.unicode_minus"] = False                # 可以顯示負號
```

如果是 Mac 系統可以使用 Aqua Kana 字型，Linux 系統可以使用 Nato Sans CJK JP
字體。

程式實例 ch1_31.py：重新設計 ch1_13.py，以中文顯示報表。

```
1  # ch1_31.py
2  import matplotlib.pyplot as plt
3
4  plt.rcParams["font.family"] = ["Microsoft JhengHei"]    # 微軟正黑體
5
6  Benz = [3367, 4120, 5539]              # Benz線條
7  BMW = [4000, 3590, 4423]               # BMW線條
8  Lexus = [5200, 4930, 5350]             # Lexus線條
9
10 seq = [2021, 2022, 2023]               # 年度
11 plt.xticks(seq)                        # 設定x軸刻度
12 plt.plot(seq, Benz, '-*', label='Benz')
13 plt.plot(seq, BMW, '-o', label='BMW')
14 plt.plot(seq, Lexus, '-^', label='Lexus')
15 plt.legend(loc='best')
16 plt.title("銷售報表", fontsize=24)
17 plt.xlabel("年度", fontsize=14)
18 plt.ylabel("銷售量", fontsize=14)
19 plt.tick_params(axis='both', labelsize=12, color='red')
20 plt.show()
```

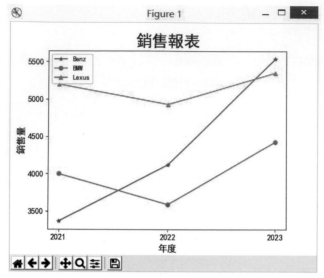

1-6　長條圖與直方圖

　　其實也可以將長條圖與直方圖的圖表稱頻率分布圖，這類圖表對於了解數據分佈很有幫助。

1-6-1　繪製長條圖 bar( )

　　在長條圖的製作中，我們可以使用 bar( ) 方法，常用的語法如下：

　　　bar(x, y, width)

　　x 是一個串列主要是長條圖 x 軸位置，y 是串列代表 y 軸的值，width 是長條圖的寬度，預設是 0.85。至於其它繪圖參數可以在此使用，例如：xlabel(x 軸標籤)、ylabel(y 軸 標 籤)、xticks(x 軸 刻 度 標 籤)、yticks(y 軸 刻 度 標 籤)、color(顏色)、legend(圖例)。

程式實例 ch1_32.py：有一個選舉，James 得票 135、Peter 得票 412、Norton 得票 397，用長條圖表示。

```
1   # ch1_32.py
2   import numpy as np
3   import matplotlib.pyplot as plt
```

```
 4  plt.rcParams["font.family"] = ["Microsoft JhengHei"]      # 微軟正黑體
 5
 6  votes = [135, 412, 397]           # 得票數
 7  N = len(votes)                    # 計算長度
 8  x = np.arange(N)                  # 長條圖x軸座標
 9  width = 0.35                      # 長條圖寬度
10  plt.bar(x, votes, width)          # 繪製長條圖
11
12  plt.ylabel('票數')
13  plt.title('選舉結果')
14  plt.xticks(x, ('James', 'Peter', 'Norton'))
15  plt.yticks(np.arange(0, 450, 30))
16  plt.show()
```

執行結果

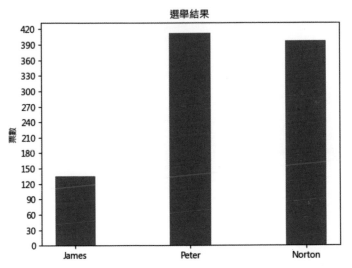

　　上述程式第 11 行是列印 y 軸的標籤，第 12 行是列印長條圖的標題，第 13 行則是列印 x 軸各長條圖的標籤，第 14 行是設定 y 軸刻度。

1-6-2　繪製直方圖 hist( )

　　這也是一個直方圖的製作，特別適合在統計分佈數據繪圖，它的語法如下：

　　　　h = hist(x, bins, color, options …)　　　　　# 傳回值 h 可有可無

　　在此只介紹常用的參數，x 是一個串列或陣列是每個 bins 分佈的數據。bins 則是箱子 (可以想成長條) 的個數或是可想成組別個數。color 則是設定長條顏色。options 有許多，density 可以是 True 或 False，如果是 True 表示 y 軸呈現的是佔比，每個直方條狀的佔比總和是 1。

　　傳回值 h 是元組，可以不理會，如果有設定傳回值，則 h 值所傳回的 h[0] 是 bins
的數量陣列，每個索引記載這個 bins 的 y 軸值，由索引數量也可以知道 bins 的數量，
相當於是直方長條數。h[1] 也是陣列，此陣列記載 bins 的 x 軸值。

程式實例 ch1_33.py：以 hist 長條圖列印擲骰子 10000 次的結果，需留意由於是隨機
數產生骰子的 6 個面，所以每次執行結果皆會不相同，這個程式同時列出 hist( ) 的傳
回值，也就是骰子出現的次數。

```
1   # ch1_33.py
2   import matplotlib.pyplot as plt
3   from random import randint
4   plt.rcParams["font.family"] = ["Microsoft JhengHei"]      # 微軟正黑體
5
6   def dice_generator(times, sides):
7       ''' 處理隨機數 '''
8       for i in range(times):
9           ranNum = randint(1, sides)                  # 產生1-6隨機數
10          dice.append(ranNum)
11
12  times = 10000                                       # 擲骰子次數
13  sides = 6                                           # 骰子有幾面
14  dice = []                                           # 建立擲骰子的串列
15  dice_generator(times, sides)                        # 產生擲骰子的串列
16
17  h = plt.hist(dice, sides)                           # 繪製hist圖
18  print("bins的y軸 ",h[0])
19  print("bins的x軸 ",h[1])
20  plt.ylabel('頻率')
21  plt.title('測試 10000 次')
22  plt.show()
```

執行結果

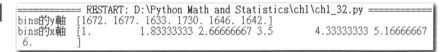

```
============ RESTART: D:\Python Math and Statistics\ch1\ch1_32.py ============
bins的y軸  [1672. 1677. 1633. 1730. 1646. 1642.]
bins的x軸  [1.         1.83333333 2.66666667 3.5        4.33333333 5.16666667
 6.        ]
```

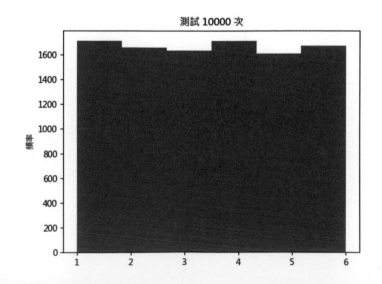

這一節將先講解 Numpy 的指數與對數運算，更多指數與對數的意義與函數圖形將在第 15 至 17 章解說。

1-7-1　次方運算 power( )

Numpy 的 power( ) 函數可以取代 Python 語法的 "**" 運算，下列是語法：

> power(x1, x2)：x1 是底數，x2 是指數，x1 和 x2 參數也可以是陣列，整個函數相當於是執行 x1 的 x2 次方。

程式實例 ch1_34.py：power( ) 次方的計算。

```
1   # ch1_34.py
2   import numpy as np
3
4   # 計算 3 的 2 次方
5   x = np.power(3, 2)
6   print("計算 3 的 2 次方")
7   print(x)
8
9   # 底數是陣列
10  print("底數是陣列, 指數是 3")
11  x1 = np.arange(6)
12  print(f"x1 = {x1}")
13  y1 = np.power(x1,3)
14  print(f"y1 = {y1}")
15
16  # 底數和指數皆是陣列
17  print("底數是 x1 和指數是 x2 皆是陣列")
18  print(f"x1 = {x1}")
19  x2 = [1,2,3,3,2,1]
20  print(f"x2 = {x2}")
21  y2 = np.power(x1,x2)
22  print(f"y2 = {y2}")
```

執行結果

```
============== RESTART: D:\Python Math and Statistics\ch1\ch1_34.py ==============
計算 3 的 2 次方
9
底數是陣列, 指數是 3
x1 = [0 1 2 3 4 5]
y1 = [  0   1   8  27  64 125]
底數是 x1 和指數是 x2 皆是陣列
x1 = [0 1 2 3 4 5]
x2 = [1, 2, 3, 3, 2, 1]
y2 = [ 0  1  8 27 16  5]
```

1-7-2　指數函數 exp( )

在 Numpy 模組中有為歐拉數 (e) 為底數的次方操作，其語法如下：

exp(x)：底數是 e，x 是次方，x 也可以是陣列。

程式實例 ch1_35.py：exp( ) 以 e 為底數的指數函數計算。

```
1   # ch1_35.py
2   import numpy as np
3
4   # 計算 e 的次方
5   y1 = np.exp(1)
6   print(y1)
7
8   # 次方是陣列
9   y2 = np.exp([1,2,3])
10  print(y2)
```

執行結果

```
=========== RESTART: D:\Python Math and Statistics\ch1\ch1_35.py ===========
2.718281828459045
[ 2.71828183   7.3890561   20.08553692]
```

相關函數是 exp2(x)，可以計算底數是 2，指數是 x 的次方。

程式實例 ch1_36.py：exp2( ) 以 2 為底數的指數函數計算。

```
1   # ch1_36.py
2   import numpy as np
3
4   # 計算 2 的次方
5   y1 = np.exp2([1])
6   print(y1)
7
8   # 次方是陣列
9   y2 = np.exp2([1,2,3])
10  print(y2)
```

執行結果

```
=========== RESTART: D:\Python Math and Statistics\ch1\ch1_36.py ===========
[2.]
[2. 4. 8.]
```

1-7-3　對數函數

Numpy 模組常見的對數函數有下列幾種。

log(x)：底數是 e。

log2(x)：底數是 2。

log10(x)：底數是 10。

此外，在這個函數中，也可以使用 e 代表底數，可以參考下列實例第 7 行。

程式實例 ch1_37.py：log( ) 對數函數計算。

```
1  # ch1_37.py
2  import numpy as np
3
4  y1 = np.log(np.e)
5  print(y1)
6
7  y2 = np.log([0, 1, np.e, np.e**5])
8  print(y2)
```

執行結果

```
============ RESTART: D:\Python Math and Statistics\ch1\ch1_37.py ============
1.0

Warning (from warnings module):
  File "D:\Python Math and Statistics\ch1\ch1_37.py", line 7
    y2 = np.log([0, 1, np.e, np.e**5])
RuntimeWarning: divide by zero encountered in log
[-inf  0.   1.   5.]
```

程式實例 ch1_38.py：log2( ) 和 log10( ) 對數函數計算。

```
1  # ch1_38.py
2  import numpy as np
3
4  y1 = np.log2([0, 1, 2, 2**5])
5  print(y1)
6
7  y2 = np.log10([10, 1000, 5])
8  print(y2)
```

執行結果

```
============ RESTART: D:\Python Math and Statistics\ch1\ch1_38.py ============
Warning (from warnings module):
  File "D:\Python Math and Statistics\ch1\ch1_38.py", line 4
    y1 = np.log2([0, 1, 2, 2**5])
RuntimeWarning: divide by zero encountered in log2
[-inf  0.   1.   5.]
[1.    3.    0.69897]
```

第 2 章

數學模組 Math 和 Sympy

本章摘要

Python 語言的標準數學模組 Math，這個模組內有與數學有關的變數與函數，此外，本章也將介紹解線性代數與符號數學常用的模組 Sympy。

2-1　數學模組的變數

在使用前 Math 模組前，請先導入此模組。

```
import math
```

常用數學模組的變數有：

pi：數學的圓週率

e：自然對數的底

實例 ch2_1.py：列出數學的圓週率 pi 和自然對數的底 e。

```
1   # ch2_1.py
2   import math
3
4   print('pi = {}'.format(math.pi))
5   print('e  = {}'.format(math.e))
```

執行結果

```
============ RESTART: D:/Python Machine Learning Math/ch2/ch2_1.py ===========
pi = 3.141592653589793
e  = 2.718281828459045
```

2-2　一般函數

下列是常用的一般函數。

函數名稱	說明
ceil(x)	可以得到不小於 x 的最小整數
floor(x)	可以得到不大於 x 的最大整數
gcd(x, y)	可以得到 x 和 y 的最大公約數
pow(x, y)	可以得到 x 的 y 次方
sqrt(x)	可以得到 x 的平方根

程式實例 ch2_2.py：ceil( ) 和 floor( ) 的應用。

```
 1  # ch2_2.py
 2  import math
 3
 4  print('ceil(2.1)   = {}'.format(math.ceil(2.1)))
 5  print('ceil(2.9)   = {}'.format(math.ceil(2.9)))
 6  print('ceil(-2.1)  = {}'.format(math.ceil(-2.1)))
 7  print('ceil(-2.9)  = {}'.format(math.ceil(-2.9)))
 8  print('floor(2.1)  = {}'.format(math.floor(2.1)))
 9  print('floor(2.9)  = {}'.format(math.floor(2.9)))
10  print('floor(-2.1) = {}'.format(math.floor(-2.1)))
11  print('floor(-2.9) = {}'.format(math.floor(-2.9)))
```

執行結果

```
=========== RESTART: D:/Python Machine Learning Math/ch2/ch2_2.py ===========
ceil(2.1)   = 3
ceil(2.9)   = 3
ceil(-2.1)  = -2
ceil(-2.9)  = -2
floor(2.1)  = 2
floor(2.9)  = 2
floor(-2.1) = -3
floor(-2.9) = -3
```

程式實例 ch2_3.py：求最大公約數 gcd( ) 的應用。

```
 1  # ch2_3.py
 2  import math
 3
 4  print('gcd(16, 40) = {}'.format(math.gcd(16, 40)))
 5  print('gcd(28, 56) = {}'.format(math.gcd(28, 63)))
```

執行結果

```
=========== RESTART: D:\Python Machine Learning Math\ch2\ch2_3.py ===========
gcd(16, 40) = 8
gcd(28, 56) = 7
```

程式實例 ch2_4.py：使用 pow( ) 求 x 的 y 次方。

```
 1  # ch2_4.py
 2  import math
 3
 4  print('pow(2, 3) = {}'.format(math.pow(2, 3)))
 5  print('pow(2, 5) = {}'.format(math.pow(2, 5)))
```

執行結果

```
=========== RESTART: D:\Python Machine Learning Math\ch2\ch2_4.py ===========
pow(2, 3) = 8.0
pow(2, 5) = 32.0
```

程式實例 ch2_5.py：使用 sqrt( ) 求 x 的平方根。

```
1  # ch2_5.py
2  import math
3
4  print('sqrt(4) = {}'.format(math.sqrt(4)))
5  print('sqrt(8) = {}'.format(math.sqrt(8)))
```

執行結果
```
=========== RESTART: D:/Python Machine Learning Math/ch2/ch2_5.py ===========
sqrt(4) = 2.0
sqrt(8) = 2.8284271247461903
```

2-3 log( ) 函數

下列是 log( ) 函數。

函數名稱	說明
log2(x)	可以得到 2 為底的 x 對數
log10(x)	可以得到 10 為底的 x 對數
log(x)	可以得到 e 為底的對數
log(x[,base])	可以得到 base 為底的 x 對數

程式實例 ch2_6.py：log( ) 函數的應用。

```
1  # ch2_6.py
2  import math
3
4  print('log2(4)     = {}'.format(math.log2(4)))
5  print('log10(100)  = {}'.format(math.log10(100)))
6  print('log(e)      = {}'.format(math.log(math.e)))
7  print('log(2, 4)   = {}'.format(math.log(4, 2)))
8  print('log(10, 100) = {}'.format(math.log(100, 10)))
```

執行結果
```
=========== RESTART: D:/Python Machine Learning Math/ch2/ch2_6.py ===========
log2(4)     = 2.0
log10(100)  = 2.0
log(e)      = 1.0
log(2, 4)   = 2.0
log(10, 100) = 2.0
```

2-4 三角函數

下列是常用的三角函數。

函數名稱	說明
sin(x)	得到 sin(x) 的值
cos(x)	得到 cos(x) 的值
tan(x)	得到 tan(x) 的值
radians(x)	將 x 角度轉成弧度
degrees(x)	將 x 弧度轉成角度

除了 math 模組，在數學運算很有名的 numpy 模組，也提供與上述一樣的模組，可以執行三角函數的運算。不過使用時前面要加上模組名稱，例如：

math.sin(x)   # 使用 math 模組
np.sin(x)   # 使用 numpy 模組同時用 np 替代名稱

註　本書第 18 章會有三角函數更完整的說明。

程式實例 ch2_7.py：sin( ) 和 cos( ) 的應用。

```
1  # ch2_7.py
2  import matplotlib.pyplot as plt
3  import numpy as np
4
5  xpt = np.linspace(0, 10, 500)        # 建立含500個元素的陣列
6  ypt1 = np.sin(xpt)                   # y陣列的變化
7  ypt2 = np.cos(xpt)
8
9  plt.plot(xpt, ypt1, label='sin')     # 預設顏色
10 plt.plot(xpt, ypt2, label='cos')     # 預設顏色
11 plt.xlabel('rad')
12 plt.ylabel('value')
13 plt.title('Sin and Cos function')
14 plt.grid()
15 plt.legend(loc='best')
16
17 plt.show()
```

執行結果

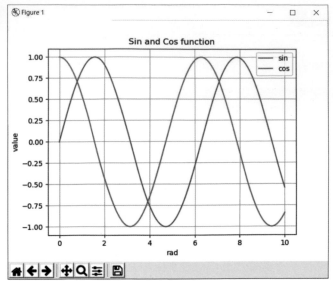

弧度是圓周長與圓半徑的比,對於 30 度或 390 度轉成弧度後輸入三角函數,所獲得的值是一樣的。

```
>>> math.sin(math.radians(30))
0.49999999999999994
>>> math.sin(math.radians(390))
0.5
```

第一個輸出是浮點數問題,可以視為 0.5。

2-5　Sympy 模組

Sympy 模組常用於解線性代數問題,也可以用此模組繪製圖表,本節將一一說明。在使用前請先安裝此模組。

pip install sympy

2-5-1　定義符號

一般數學運算變數使用方式如下:

```
>>> x = 1
>>> x + x + 2
4
```

上述我們定義 x = 1，當執行 x + x + 2 時，變數 x 會由 1 代入，所以可以得到 4。使用 Sympy 可以設計含變數的表達式，不過在使用前必須用 Symbol 類別定義此變數符號，可以參考下列方式：

```
>>> from sympy import Symbol
>>> x = Symbol('x')
```

當定義好了以後，我們再執行一次 x + x + 2，可以看到不一樣的輸出。

```
>>> from sympy import Symbol
>>> x = Symbol('x')
>>> x + x + 2
2*x + 2
```

註　上述必須先導入 Symbol。

經過 Symbol 類別定義後，對於 Python 而言 x 仍是變數，但是此變數內容將不是變數，而是符號。x 是變數你也可以設定不同名稱，等於 Symbol('x')，如下所示：

```
>>> y = Symbol('x')
>>> y + y + 2
2*x + 2
```

不過上述方式會混淆，所以建議變數名稱與 Symbol('x') 參數名稱相符較佳。

註　2-5 節會敘述 SymPy 模組內許多方法，也可以直接導入所有方法學習，可以避免錯誤，如下所示：

from sympy import *

2-5-2　name 屬性

使用 Symbol 類別定義一個變數名稱後，未來可以使用 name 屬性瞭解所定義的符號。

```
>>> x = Symbol('x')
>>> x.name
'x'
```

或是：

```
>>> y = Symbol('x')
>>> y.name
'x'
```

2-5-3　定義多個符號變數

假設想定義 a, b, c 等 3 個符號變數，可以使用下列方式：

```
>>> a = Symbol('a')
>>> b = Symbol('b')
>>> c = Symbol('c')
```

或是，使用下列 symbols( ) 方法簡化程式：

```
>>> from sympy import symbols
>>> a, b, c = symbols('a, b, c')
>>> a.name
'a'
>>> b.name
'b'
>>> c.name
'c'
```

2-5-4　符號的運算

當定義符號後就可以對此進行基本運算：

```
>>> x = Symbol('x')
>>> y = Symbol('y')
>>> z = 5 * x + 6 * y + x * y
>>> z
x*y + 5*x + 6*y
```

2-5-5　將數值代入公式

若是想將數值代入公式，可以使用 subs({x:n, …})，subs( ) 方法的參數是字典，可以參考下列實例：

```
>>> x = Symbol('x')
>>> y = Symbol('y')
>>> eq = 5 * x + 6 * y
>>> result = eq.subs({x:1, y:2})
>>> result
17
```

2-5-6　將字串轉為數學表達式

若是想建立通用的數學表達式，可以參考下列實例：

```
>>> from sympy import sympify
>>> x = Symbol('x')
>>> eq = input('請輸入公式 : ')
請輸入公式 : x**3 + 2*x**2 + 3*x + 5
>>> eq = sympify(eq)
```

上述所輸入的 x**3 + 2*x**2 + 3*x + 5 是字串，sympify( ) 方法會將此字串轉為數學表達式，公式 eq 經過上述轉換後，我們可以針對此公式操作。

```
>>> 2 * eq
2*x**3 + 4*x**2 + 6*x + 10
```

由於 eq 已經是數學表達式，所以我們也可以使用 subs( ) 法代入此公式做運算。

```
>>> eq
x**3 + 2*x**2 + 3*x + 5
>>> result = eq.subs({x:1})
>>> result
11
```

2-5-7　解一元一次方程式

Sympy 模組也可以解下列一元一次方程式：

y = ax + b

例如：求解下列公式：

3x + 5 = 8

上述問題可以使用 solve( ) 方法求解，在使用 Sympy 模組時，請先將上述公式轉為下列表達式：

eq = 3x + 5 − 8

可以參考下列實例與結果：

```
>>> from sympy import solve, Symbol
>>> x = Symbol('x')
>>> eq = 3*x + 5 - 8
>>> solve(eq)
[1]
```

上述解一元一次方程式時，所獲得的結果是以串列 (list) 方式傳回，下列是延續上述實例的結果。

```
>>> ans = solve(eq)
>>> print(type(ans))
<class 'list'>
>>> ans
[1]
>>> ans[0]
1
```

2-5-8　解一元二次方程式

Sympy 模組也可以解下列一元二次方程式：

$y = ax^2 + bx + c$

例如：求解下列公式：

$x^2 + 5x = 0$

上述問題可以使用 solve( ) 方法求解，在使用 Sympy 模組時，請先將上述公式轉為下列表達式：

$eq = x^2 + 5x$

可以參考下列實例與結果：

```
>>> from sympy import solve, Symbol
>>> x = Symbol('x')
>>> eq = x**2 + 5*x
>>> solve(eq)
[-5, 0]
```

上述解一元二次方程式時，所獲得的結果是以串列 (list) 方式傳回，下列是延續上述實例的結果。

```
>>> ans = solve(eq)
>>> print(type(ans))
<class 'list'>
>>> ans
[-5, 0]
>>> ans[0]
-5
>>> ans[1]
0
```

其實解一元更高次方程式，也可以依上述觀念類推。

2-5-9　解含未知數的方程式

Sympy 模組也可以解下列含未知數的一元二次方程式：

$$ax^2 + bx + c = 0$$

上述問題可以使用 solve( ) 方法求解，在使用 Sympy 模組時，請先定義 x, a, b, c 變數，將上述公式轉為下列表達式：

$$eq = ax^2 + bx + c$$

可以參考下列實例與結果：

```
>>> from sympy import solve, symbols
>>> x, a, b, c = symbols('x, a, b, c')
>>> eq = a*x*x + b*x + c
>>> solve(eq, x)
[(-b + sqrt(-4*a*c + b**2))/(2*a), -(b + sqrt(-4*a*c + b**2))/(2*a)]
```

上述 solve( ) 需有第 2 個參數 x，這是告訴 solve( ) 應該解哪一個符號。

2-5-10　解聯立方程式

有一個聯立方程式如下：

$$3x + 2y = 6$$
$$9x + y = 3$$

可以使用下列方式求解。

```
>>> from sympy import solve, symbols
>>> eq1 = 3*x + 2*y - 6
>>> eq2 = 9*x + y - 3
>>> solve((eq1, eq2))
{x: 0, y: 3}
```

上述所得到的解是使用字典格式出現，如上所示，下列是更進一步驗證上述資料格式的結果。

```
>>> ans = solve((eq1, eq2))
>>> print(type(ans))
<class 'dict'>
>>> print(ans)
{x: 0, y: 3}
>>> print(ans[x])
0
>>> print(ans[y])
3
```

下列是使用 subs( ) 方法將解代入方程式驗證的結果。

```
>>> eq1.subs({x:ans[x], y:ans[y]})
0
>>> eq2.subs({x:ans[x], y:ans[y]})
0
```

有時候在解聯立方程式時，所獲得的解是以分數表達方式呈現，請參考下列聯立方程式：

$$3x + 2y = 10$$
$$9x + y = 3$$

下列是求解的結果。

```
>>> from sympy import solve, symbols
>>> x, y = symbols('x, y')
>>> eq1 = 3*x + 2*y - 10
>>> eq2 = 9*x + y -3
>>> solve((eq1, eq2))
{x: -4/15, y: 27/5}
```

在有些場合上述分數表達方式 -4/15 或是 27/5 是無法使用，例如：使用 matplotlib 繪製座標圖時，無法使用上述分數格式，這時可以使用 float( ) 強制將分數轉成實數表達式使用。

```
>>> ans = solve((eq1, eq2))
>>> ans[x]
-4/15
>>> float(ans[x])
-0.26666666666666666
>>> ans[y]
27/5
>>> float(ans[y])
5.4
```

2-5-11 繪製座標圖的基礎

使用 Sympy 的數學模組需要導入 sympy.plotting 的 plot 模組，如下所示：

```
from sympy.plotting import plot
```

未來就可以繪圖，可以參考下列繪製 y = 2x – 5 實例。

```
>>> from sympy import Symbol
>>> from sympy.plotting import plot
>>> x = Symbol('x')
>>> plot(2*x-5)
```

下列是所繪製的圖形。

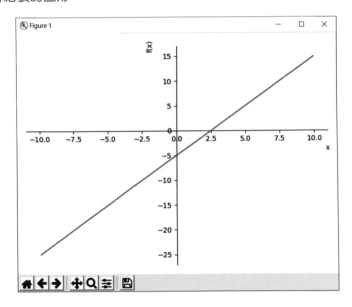

其實上述繪圖與 matplotlib 模組類似，這是因為 Sympy 背後是使用 matplotlib 模組繪圖，不過使用 Sympy 繪圖可以省略 show( ) 函數顯示座標圖，

2-5-12 設定繪圖的 x 軸區間

使用 Sympy 繪圖，模組會自動預設繪圖區間，此例 x 軸是在 -10 ～ 10 之間，不過可以使用在 plot( ) 內增加參數方式更改此繪圖區間，下列是設定 -5 ～ 5 之間。

```
>>> from sympy import Symbol
>>> from sympy.plotting import plot
>>> x = Symbol('x')
>>> plot((2*x-5), (x, -5, 5))
```

下列是所繪製的圖形。

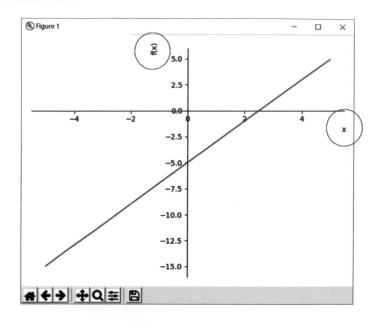

2-5-13　增加繪圖標題與軸標題

從上一小節的執行結果可以看到，預設圖表沒有標題，x 軸預設標題是 x，y 軸預設標題是 f(x)。在 plot( ) 內可以使用 title 建立圖表標題，使用 xlabel 建立 x 座標標題，使用 ylable 建立 y 座標標題。下列圖表建立下列標題：

title：Sympy

x 軸：x
y 軸：2x-5

```
>>> from sympy import Symbol
>>> from sympy.plotting import plot
>>> x = Symbol('x')
>>> plot((2*x-5), (x, -5, 5), title='Sympy', xlabel='x', ylabel='2x-5')
```

下列是所繪製的圖形。

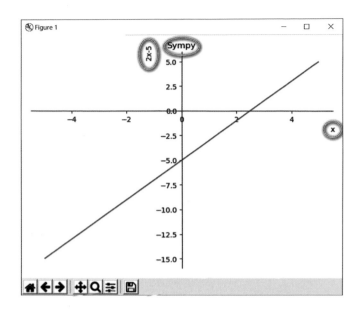

2-5-14 多函數圖形

座標圖也可以有多個函數，可以參考下列實例。

```
>>> from sympy import Symbol
>>> from sympy.plotting import plot
>>> x = Symbol('x')
>>> plot(2*x-5, 3*x + 2)
```

下列是所繪製的圖形。

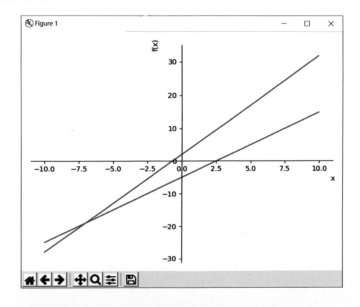

2-5-15　plot( ) 的 show 參數

在 plot( ) 方法內可以建立 show 參數，預設是顯示圖形，如果設定 show=False，可以不顯示圖形。

```
>>> from sympy import Symbol
>>> from sympy.plotting import plot
>>> x = Symbol('x')
>>> plot(2*x-5, 3*x + 2, show=False)
```

上述程式沒有顯示圖形。

2-5-16　使用不同顏色繪圖

使用 Sympy 建立圖形，預設是使用藍色，可以使用其他色彩，下列第 2 條方程式是使用紅色。

```
>>> from sympy import Symbol
>>> from sympy.plotting import plot
>>> x = Symbol('x')
>>> line = plot(2*x-5, 3*x + 2, show=False)
>>> line[1].line_color = 'r'
>>> line.show()
```

下列是所繪製的圖形。

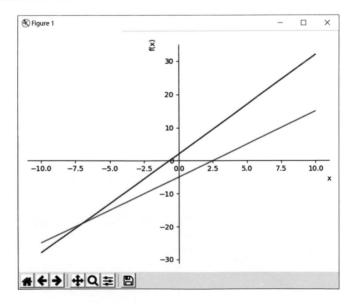

2-5-17 圖表增加圖例

在 plot( ) 內增加 legend=True，即可以在圖表內增加圖例。

```
>>> from sympy import Symbol
>>> from sympy.plotting import plot
>>> x = Symbol('x')
>>> line = plot(2*x-5, 3*x + 2, legend=True, show=False)
>>> line[1].line_color = 'r'
>>> line.show()
```

下列是所繪製的圖形。

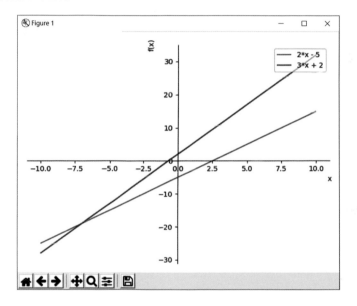

第 3 章

機器學習基本觀念

本章摘要

人工智慧 (Artificial Intelligence，簡稱 AI)，在大陸稱人工智能。簡單的說是指透過電腦程式來呈現的人類智慧的技術，然後將此技術應用在各種不同的領域。不過人工智慧的範圍太廣了，因此本書將集中介紹機器學習 (Machine Learning) 需要的基礎數學、機率、部份線性代數與基礎統計知識。

3-1　人工智慧、機器學習、深度學習

其實在人工智慧時代，最先出現的觀念是人工智慧，然後是機器學習，機器學習成為人工智慧的重要領域後，在機器學習的概念中又出現了一個重要分支：深度學習 (Deep Learning)，其實深度學習也驅動機器學習與人工智慧研究領域的發展，成為當今資訊科學界最熱門的學科。

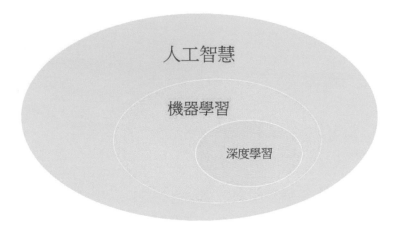

上述也是這 3 個名詞彼此的關係，

3-2　認識機器學習

機器學習的原始理論主要是設計和分析一些可以讓電腦自動學習的演算法，進而產生可以預測未來趨勢或是尋找數據間的規律然後獲得我們想要的結果。若是用演算法看待，可以將機器學習視為是滿足下列的系統。

1：機器學習是一個函數，函數模型是由真實數據訓練產生。
2：機器學習函數模型產生後，可以接收輸入數據，映射結果數據。

3-3 機器學習的種類

機器學習的種類有下列 3 種。

1： 監督學習 (supervised learning)

2： 無監督學習 (unsupervised learning)

3： 強化學習 (reinforcement learning)

3-3-1 監督學習

對於監督學習而言會有一批訓練數據 (training data)，這些訓練數據有輸入（也可想成數據的特徵），以及相對應的輸出數據（也可想成目標），然後使用這些訓練數據可以建立機器學習的模型。

```
x1 -> y1
x2 -> y2
x3 -> y3
...
...
xn -> yn
```

建立機器學習模型

$y = ax + b$

訓練數據　　　　　　　　　　　　　　　　　　機器學習模型

接下來可以給測試數據 (testing data)，將測試數據輸入機器學習的模型，然後可以產生結果數據。

```
x1
x2
x3
```

$y = ax + b$

```
1
5
10
```

測試數據　　　　　機器學習模型　　　　　假設結果值

3-3-2 無監督學習

訓練數據沒有答案，由這些訓練數據的特性系統可以自行摸索建立機器學習的模型。例如：根據數據特性所做的群集 (clustering) 分析，就是一個典型的無監督學習的方法。

假設有一系列數據資料如下：

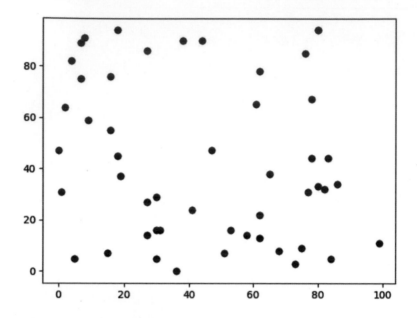

經過群集 (clustering) 分析的結果，可以得到下列結果。

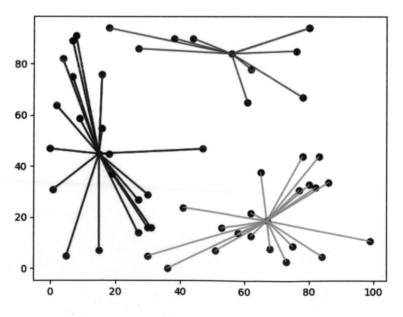

3-3-3 強化學習

這類方法沒有訓練資料與標準答案供探測未知的領域，機器必須在給予的環境中自我學習，然後評估每個行動所獲得的回饋是正面或負面，進而調整下一次的行動，類似這個讓機器逐步調整探索最後正確解答的方式稱強化學習。例如：打敗世界圍棋棋王的 AlphaGo 就是典型的強化學習的實例。

3-3-4 本書的教學目標

在 3-3-1 節至 3-3-3 節中，監督學習是目前應用最廣泛、最容易理解的機器學習方法，監督學習相關的數學方法也是本書講解的主要內容。

3-4 機器學習的應用範圍

目前機器學習已經廣泛應用在我們的周遭，例如：

❑ 電腦視覺

❑ 語音辨識

❑ 手寫辨識

❑ 自然語言處理

❑ 生物特徵辨識

❑ 醫學診斷

❑ 證券分析

❑ DNA 序列檢測

❑ 機器人

❑ 無人駕駛

第 4 章

機器學習的基礎數學

本章摘要

經過上述分析，可以使用下列方式計算開此餐廳的利潤。

利潤 = 毛利

- 員工薪資
- 餐廳租金
- 雜項開銷 (水費、電費)

更進一步可以將上述公式細分成下列公式：

利潤 = 來客數 * 平均單價 * 平均毛利
- 員工人數 * 平均薪資
- 餐廳租金
- 雜項開銷 (水費、電費)

上述是基本的**數學模型**。

4-6-2　經營數字預估

假設客戶所點餐品的平均消費是 375 元，餐廳的平均毛利是 80%，每個月水電費的開銷是 15000 元，餐廳租金是 60000 元，員工人數是 3 人，平均薪資是 35000 元，請計算每天平均應有多少客戶，才可以損益兩平。

所謂的損益兩平是假設利潤是 0，有了上述數字，假設來客數是 x，可以擴充前一小節的數學模型如下：

$0 = x * 375 * 0.8$

- 3 * 35000　　　　　　　　　　# 薪資支出
- 60000　　　　　　　　　　　# 餐廳租金
- 15000　　　　　　　　　　　# 水電開銷

4-6-3　經營績效的計算

經過前一節的數字預估，可以得到下列公式：

$0 = x * 300 - 105000 - 60000 - 15000$

進一步推導可以得到下列公式：

$0 = x * 300 - 180000$

將兩邊公式加上 180000，可以得到下列結果：

$180000 = 300 * x$

現在將兩邊公式除以 300，可以得到下列結果：

$600 = x$

在公式撰寫過程，通常會將變數放在等號左邊，所以上述公式寫法可以改為下列方式：

$x = 600$

經過計算最後得到每個月的來客數需有 600 人，這間餐廳才可以損益兩平，假設一個月是 30 天，則每天平均來客數需有 20 人，餐廳才可以損益兩平。經過上述的數學運算，可以很精確計算出經營餐廳需要考量的數學運算，如果每天來客數無法達到 20人，這時就需要考量提高客單價或是增加毛利率，否則勉強去做，最後可能虧損收場。

4-7　基礎數學的結論

4-6 節筆者舉了開餐廳，計算需要多少來客數方可損益兩平的實例，整個實例主要是使用基礎數學將抽象的概念轉為數字，然後執行計算，在未來機器學習的實務上，我們也必須發揮這個精神，將實際案例使用數學解說，逐步解析就可以獲得我們想要的結果。

第 **5** 章

認識方程式 / 函數 / 座標圖形

本章摘要

5-1　認識方程式

在學習機器學習過程常須先將所觀察的現象用方程式描述，例如：如果將 20 個蘋果分給小朋友，每個小孩 3 顆，最後剩下 2 顆，請問有多少個小孩，這時可以用下列方程式表示：

$20 = 3 * x + 2$　　　　　　　　　　　　# x 變數是小孩的人數

兩邊減 2，可以得到下列結果：

$18 = 3 * x$

將變數放在左邊，可以得到下列結果：

$3 * x = 18$

兩邊除以 3，可以得到下列結果：

$x = 6$

5-2　方程式文字描述方法

在寫方程式時，文字表達方式與程式表達方式，有一些潛規則：

1：　數字在前面

$x * 5$

文字習慣省略乘法符號 (*)，用 5x 表示。

程式習慣用 5 * x 表示。

2：　指數表示

$x * x * x$

文字習慣用 x^3 表示。

程式習慣可用 x * x * x 、 x**3 或是 math.pow(x, 3) 表示。

3：　變數依字母排列

　　z * y * x

文字習慣用 xyz 表示。

程式習慣可用 x * y * z 表示。

4：　省略 1

　　1 * x

文字習慣用 x 表示。

程式習慣可用 x 表示。

5-3　一元一次方程式

所謂的一元一次方程式是指一個方程式中只有一個變數，同時變數的指數是 1，下列是實例：

　　$ax + b = 0$ 　　　　　　　　　　# a 或 b 是常數

或是實際數字公式如下：

　　$3x - 18 = 0$

在座標平面系統一元一次方程式的圖形是一條直線，上述公式我們也可將 3 當作是方程式的 a，將 -18 當做是方程式的 b。

5-4　函數

現在如果將前一小節的公式進行更進一步處理：

　　$3x - 18 = 0$

上述 0 用 y 代替：

　　$3x - 18 = y$

將 y 放在左邊，可以得到下列結果：

y = 3x – 18

或是使用下列方式表達：

y = f(x) = 3x-18

上述相當於將不同的 x 值代入，可以看到不同的函數 f(x) 值，在座標系統這個也稱做是 y 值。

其實這就是函數，我們先前有說一元一次方程式圖形是一條直線，如果我們將 x 用 1 – 10 代入，就可以驗證結果。

程式實例 ch5_1.py：繪製下列一元一次方程式的圖形。

```
1  # ch5_1.py
2  import matplotlib.pyplot as plt
3  x = [x for x in range(0, 11)]
4  y = [(3 * y -18) for y in x]
5  plt.plot(x, y, '-*')
6  plt.xlabel("children")
7  plt.ylabel("Apple")
8  plt.grid()                              # 加格線
9  plt.show()
```

執行結果

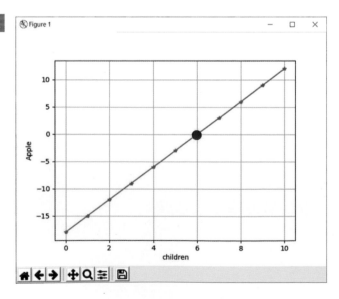

上述紅色點是筆者事後畫上去的，若是以數學觀念來說，相當於是下列一元一次方程式的解：

$$3x - 18 = 0$$

在這個小孩子分蘋果的實例，相當於有 6 個小孩時，蘋果的數量是剛好平均分配，否則就會有蘋果太多或不足的情況。上述 x 軸刻度是 0, 2, … 10 只顯示偶數，這是系統預設，有時候在繪製上述圖形時，我們希望標出 0 ～ 10 每個單一數字，可以使用 xticks( ) 方法。同時我們也可以使用 axis( ) 方法，標記圖表 x 軸和 y 軸的刻度範圍。

程式實例 ch5_2.py：標記刻度範圍，同時也標記每個單一數字，方便追蹤每個小孩數量與蘋果數量的關係。

```
1  # ch5_2.py
2  import matplotlib.pyplot as plt
3  x = [x for x in range(0, 11)]
4  y = [(3 * y -18) for y in x]
5  plt.xticks(x)                         # 標記每個單一x數字
6  plt.axis([0, 10, -20, 15])            # 標記刻度範圍
7  plt.plot(x, y, '-*')
8  plt.xlabel("children")
9  plt.ylabel("Apple")
10 plt.grid()                            # 加格線
11 plt.show()
```

執行結果

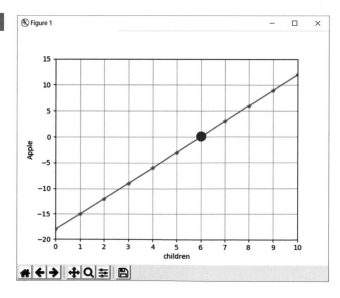

5-5 ## 座標圖形分析

5-5-1　座標圖形與線性關係

在 4-6 節筆者有解說經營餐廳的實例，所獲得的基本數學公式如下：

$$0 = x * 300 - 18000$$

可以用下列函數代表此一元一次方程式：

$$y = f(x) = 300x - 180000$$

x 代表每月來客數，180000 代表餐廳的費用開銷，假設我們將費用開銷使用萬元做單位，函數可以更改如下：

$$y = f(x) = 0.03x - 18$$

程式實例 ch5_3.py：繪製經營餐廳的績效圖形，筆者此例計算來客數從 0 ～ 1000。

```
1  # ch5_3.py
2  import matplotlib.pyplot as plt
3  import numpy as np
4
5  x = np.linspace(0, 1000, 100)
6  y = 0.03 * x - 18
7  plt.axis([0, 1000, -20, 15])          # 標記刻度範圍
8  plt.plot(x, y)
9  plt.xlabel("Customers")
10 plt.ylabel("Profit")
11 plt.grid()                             # 加格線
12 plt.show()
```

執行結果

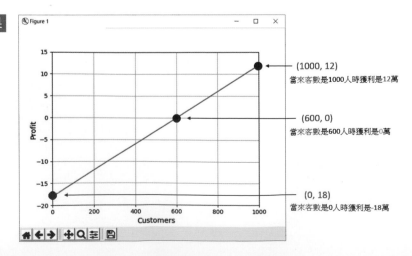

(1000, 12)
當來客數是1000人時獲利是12萬

(600, 0)
當來客數是600人時獲利是0萬

(0, 18)
當來客數是0人時獲利是-18萬

有了經營餐廳的數學公式，從上述實例可以很清楚看到不同來客數對獲利的影響，基本結論是來客數越多獲利越好。此外，從上述圖形可以看到直線上的每一個點 (x, y) 所代表的是該點的來客數 (x 軸) 與餐廳的獲利 (y 軸)，來客數對獲利的影響與這條直線有關，這在機器學習中稱線性關係。

5-5-2　斜率與截距的意義

在一元一次的線性圖形中，所繪製的直線最重要的組成如下：

斜率 (slope)：一條直線的傾斜程度，斜率的特色是不論從直線那 2 個點算出來的斜率皆是相同的。

截距 (intercept)：又可細分為 x 截距和 y 截距，一條直線與 x 軸相交點的 x 座標稱 x 截距，一條直線與 y 軸相交點的 y 座標稱 y 截距。

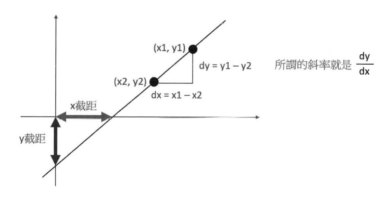

5-5-3　細看斜率

通常線條更傾斜，可以產生較大的斜率。線條平緩，產生的斜率較小。

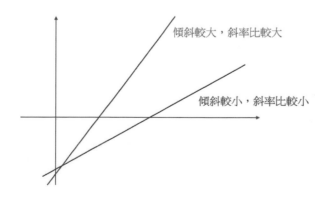

斜率可以有正斜率與負斜率，由左下往右上的斜率稱正斜率，由左上往右下的斜率稱負斜率。

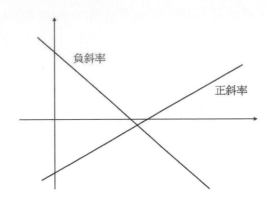

5-5-4　細看 y 截距

所謂的 y 截距是指一個函數，當 x = 0 時，此函數線條與 y 軸相交點的 y 軸值，可以參考下圖：

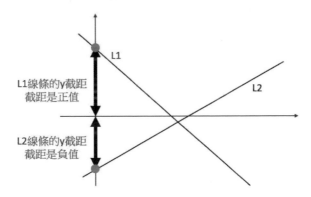

如果使用數學公式代表：

　　y = f(x) = ax + b

則 y 截距就是：

　　y = f(0) = 0x + b = b

其實可以說對於直線方程式 ax + b，y 截距就是函數公式的常數項目 b，也可以說 ax + b 的直線與 y 軸的相交點是 (0, b)。

5-5-5　細看 x 截距

所謂的 x 截距是指一個函數，此函數線條與 x 軸相交點的 x 軸值，可以參考下圖：

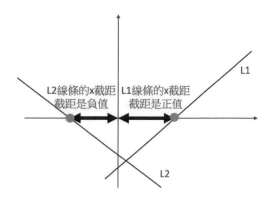

對於下列線性方程式：

　y = f(x) = ax + b

x 截距相當於是讓 y = f(x) = 0，所以此 x 截距又稱根，對於線性方程式而言，可以用下列推導此值。

　y = ax + b

y 是 0，所以可以得到：

　0 = ax + b

可以推導如下：

　ax = -b

兩邊除以 a，可以得到：

　x = -b / a

x 截距與 y 截距不同對於 y = f(x) 的函數，可能有多個 x 截距，例如：對於一元二次方程式而言，可能產生 2 個與 x 軸相交的點，這時就會產生 2 個 x 截距。

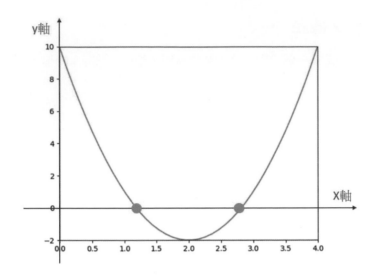

註　未來筆者會介紹一元二次方程式。

5-6 將線性函數應用在機器學習

5-6-1 再看直線函數與斜率

對於下列線性方程式：

y = f(x) = ax + b

其實函數 ax 的 a 的值就是此直線的斜率，下列將用簡單的程式實例解說。

程式實例 ch5_4.py：繪製下列函數圖形，同時驗證 a，此例是 2，是此函數直線的斜率。

y = f(x) = 2x

```
1  # ch5_4.py
2  import matplotlib.pyplot as plt
3
4  x = [x for x in range(0, 11)]
5  y = [2 * y for y in x]
6  plt.xticks(x)
7  plt.axis([0, 10, 0, 20])          # 標記刻度範圍
8  plt.plot(x, y)
9  plt.grid()                        # 加格線
10 plt.show()
```

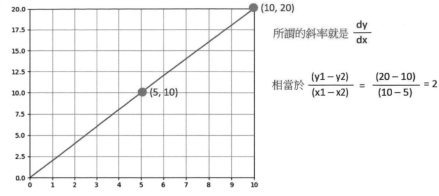

所謂的斜率就是 $\dfrac{dy}{dx}$

相當於 $\dfrac{(y1-y2)}{(x1-x2)} = \dfrac{(20-10)}{(10-5)} = 2$

5-6-2　機器學習與線性迴歸

　　在機器學習過程會搜集許多數據，我們可以使用 f(x) = ax + b 當作是線性迴歸分析函數，適度的調整函數的 a 和 b 的值，然後找出與數據點最近的一條直線，或是稱最近的函數。

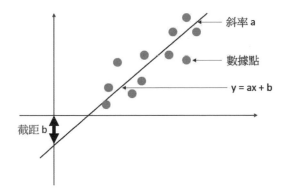

5-6-3　相同斜率平行移動

　　所謂的平行線是指斜率相同的線條，在機器學習過程，如果想要建立斜率不變平行移動線性函數，可以只要調整 f(x) = ax + b 的截距值 b 即可，可以參考下列實例。

程式實例 ch5_5.py：使用更改 y 截距值 b，產生平行移動的線性函數，請留意第 6(斜率相同 y 截距是 -2) 和 7 行 (斜率相同 y 截距是 2)。

```
1  # ch5_5.py
2  import matplotlib.pyplot as plt
3
4  x = [x for x in range(0, 11)]
5  y1 = [2 * y for y in x]
6  y2 = [(2 * y - 2) for y in x]
7  y3 = [(2 * y + 2) for y in x]
8  plt.xticks(x)
9  plt.plot(x, y1, label='L1')
10 plt.plot(x, y2, label='L2')
11 plt.plot(x, y3, label='L3')
12 plt.legend(loc='best')
13 plt.grid()                          # 加格線
14 plt.show()
```

執行結果

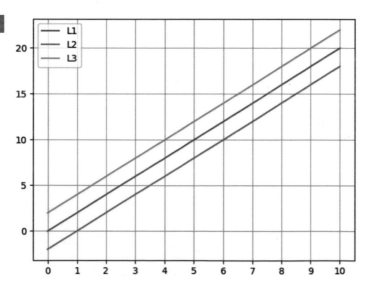

5-6-4 不同斜率與相同截距

在機器學習過程，如果想要建立不同斜率與相同截距的線性函數，可以調整 f(x) = ax + b 的斜率值 a 即可，可以參考下列實例。

程式實例 ch5_6.py：使用更改斜率值 a，可以調整線性函數的線條。

```python
1  # ch5_6.py
2  import matplotlib.pyplot as plt
3
4  x = [x for x in range(0, 11)]
5  y1 = [2 * y for y in x]
6  y2 = [3 * y for y in x]
7  y3 = [4 * y for y in x]
8  plt.xticks(x)
9  plt.plot(x, y1, label='L1')
10 plt.plot(x, y2, label='L2')
11 plt.plot(x, y3, label='L3')
12 plt.legend(loc='best')
13 plt.grid()                          # 加格線
14 plt.show()
```

執行結果

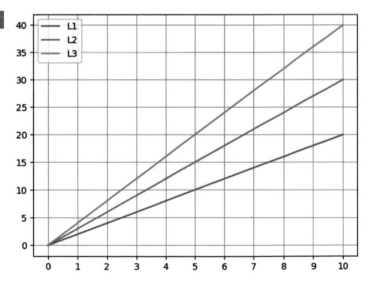

5-6-5　不同斜率與不同截距

在機器學習過程，如果想要建立不同斜率與截距的線性函數，可以同時調整 f(x) = ax + b 的斜率值 a 和截距值 b 即可，可以參考下列實例。

程式實例 ch5_7.py：使用更改斜率值 a 和截距值 b，可以調整線性函數的線條。

```
 1  # ch5_7.py
 2  import matplotlib.pyplot as plt
 3
 4  x = [x for x in range(0, 11)]
 5  y1 = [2 * y for y in x]
 6  y2 = [3 * y + 2 for y in x]
 7  y3 = [4 * y - 3 for y in x]
 8  plt.xticks(x)
 9  plt.plot(x, y1, label='L1')
10  plt.plot(x, y2, label='L2')
11  plt.plot(x, y3, label='L3')
12  plt.legend(loc='best')
13  plt.grid()                          # 加格線
14  plt.show()
```

執行結果

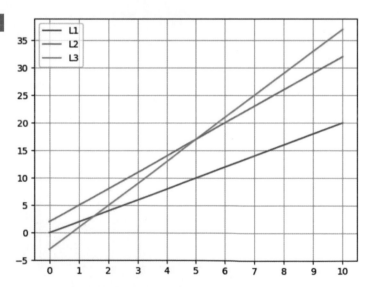

第 **6** 章

從聯立方程式看機器學習的數學模型

本章摘要

在機器學習的過程我們會先獲得數據，應該如何將所獲得的數據轉為數學模型，這是很重要的過程，這一章筆者以實例說明將數據轉為聯立方程式的數學模型，然後使用數學方法和 Python 程式實例解說，同時使用 Matplotlob 繪製圖形，讀者可以更清楚掌握相關知識。

6-1 數學觀念建立連接兩點的直線

在前一章的內容我們知道直線是由斜率和截距決定，有時候會碰上已知資料是座標上有 2 個點，我們可以將這 2 個點連成一條直線，下列是直線的函數：

y = ax + b

對我們而言已知是座標的 2 個點，這時相當於是已知 x 和 y，然後我們必須由已知的 x 和 y，最後求斜率 (a) 和截距 (b)。6-1 節和 6-2 節將講解這方面的應用，然後由這個知識點，我們可以更進一步推估未來業績。

6-1-1 基礎觀念

座標上有 2 個點，我們可以將這 2 個點連成一條直線，如下所示：

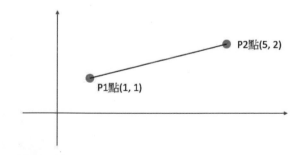

對於 P1(1, 1) 點可以得到 y = f(x) = ax + b -- >　1 = a + b　　# 公式 1

對於 P2(5, 2) 點可以得到 y = f(x) = ax + b -- >　2 = 5a + b　　# 公式 2

對公式 1 而言已知 y = 1，x = 1，公式 2 而言已知 y = 2，x = 5，接下來個小節筆者將會講解求斜率 (a) 和截距 (b)，以及最後做數據推估。

6-1-2 聯立方程式

我們可以將上述點 p1 和 p2 的函數，寫成下列公式：

$a + b = 1$ ---- 公式 1

$5a + b = 2$ ---- 公式 2

上述就是聯立方程式表達方式。

6-1-3 使用加減法解聯立方程式

觀念是將等號兩邊的公式相加減，這時等號依舊成立，在相加減過程重點是將一個變數 a 或 b 減去，這時就可以輕易計算出另一個變數值。假設現在想先計算變數 a 的值，所以必須使用加減法將 b 減去。

下列是將公式 1 減去公式 2，可以得到下列結果。

$$
\begin{array}{r}
a + b = 1 \\
- 5a + b = 2 \\
\hline
-4a = -1 \\
a = 0.25
\end{array}
$$

公式 1 – 公式 2

可以得到 a 的值

然後將 a 的值 0.25 代入 $a + b = 1$，如下所示：

$0.25 + b = 1$

所以可以得到：

$b = 0.75$

現在我們可以得到 6-1-1 節連接 P1 和 P2 點的直線是：

$y = f(x) = 0.25x + 0.75$

6-1-4 使用代入法解聯立方程式

所謂的代入法，是先由一個公式計算一個變數的值，然後將此變數值代入另一個公式內，例如：以公式 1 而言如下所示：

$a + b = 1$

可以獲得下列變數 b 的值。

b = 1 − a

然後將上述公式代入公式 2，目前公式 2 如下：

5a + b = 2

代入結果公式如下：

5a + (1 − a) = 2

推導結果如下：

4a + 1 = 2

兩邊減 1，可以得到：

4a = 1

最後得到：

a = 0.25

有了 a 值，剩餘步驟可以參考 6-1-3 節。

6-1-5　使用 Sympy 解聯立方程式

從 6-1-2 節可以得到下列聯立方程式：

a + b = 1　　　---- 公式 1
5a + b = 2　　　---- 公式 2

我們可以使用 2-5 節介紹的 sympy 模組內的 Symbol 類別和 solve( ) 方法解此聯立方程式，請先定義變數符號。

a = Symbol('a')　　　# 定義變數 a
b = Symbol('b')　　　# 定義變數 b

然後定義公式，定義時需設定右邊是 0，下列是實例：

eq1 = a + b- 1

eq2 = 5*a + b- 2

然後可以將 eq1 和 eq2 代入 solve( )，就可以回傳字典格式的 a 和 b 的解。

程式實例 ch6_1.py：解下列聯立方程式。

a + b = 1
5a + b = 2

```
1   # ch6_1.py
2   from sympy import Symbol, solve
3
4   a = Symbol('a')                     # 定義公式中使用的變數
5   b = Symbol('b')                     # 定義公式中使用的變數
6   eq1 = a + b - 1                     # 方程式 1
7   eq2 = 5 * a + b - 2                 # 方程式 2
8   ans = solve((eq1, eq2))
9   print(type(ans))
10  print(ans)
11  print('a = {}'.format(ans[a]))
12  print('b = {}'.format(ans[b]))
```

執行結果

```
=========== RESTART: D:\Python Machine Learning Math\ch6\ch6_1.py ===========
<class 'dict'>
{a: 1/4, b: 3/4}
a = 1/4
b = 3/4
```

6-2 機器學習使用聯立方程式推估數據

6-2-1 基本觀念

在 5-5-1 節筆者講解了餐廳經營績效分析，我們獲得了 2 個數據點：

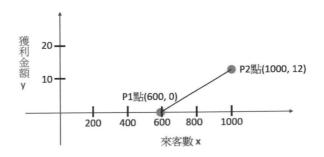

1： 當來客數是 600 時，可以損益兩平，此時可以得到下列函數：

y = f(600) = 0 = 600a + b   ----- 公式 1

2： 當來客數是 1000 時，可以獲利 12 萬，此時可以得到下列函數：

y = f(1000) = 12 = 1000a + b   ----- 公式 2

將公式 1 減去公式 2，可以得到下列結果：

-12 = -400a

進一步推導可以得到：

a = 12 / 400 = 0.03   # 這是斜率

將 a = 0.03 代入公式 1，可以得到：

b = - 600 * 0.03 = -18   # 這是截距

由上述數據我們得到了下列公式：

y = f(x) = 0.03x -18

這也是 4-6 節和 5-5-1 節所獲得的經營餐廳函數。

程式實例 ch6_2.py：解下列聯立方程式。

600a + b = 0
1000a + b = 12

請在 Python Shell 輸出上述 a 和 b 的值，當解出 a 與 b 值後，用這 2 個值，建立下列函數：

y = ax + b

請繪製 x 從 0 ～ 2500 的函數圖形，請繪製 f(600) 和 f(1000) 的座標點。

```
1  # ch6_2.py
2  import matplotlib.pyplot as plt
3  from sympy import Symbol, solve
4  import numpy as np
5
6  a = Symbol('a')                    # 定義公式中使用的變數
```

```
 7  b = Symbol('b')                        # 定義公式中使用的變數
 8  eq1 = a + b - 1                         # 方程式 1
 9  eq2 = 5 * a + b - 2                     # 方程式 2
10  ans = solve((eq1, eq2))
11  print('a = {}'.format(ans[a]))
12  print('b = {}'.format(ans[b]))
13
14  pt_x1 = 600
15  pt_y1 = ans[a] * pt_x1 + ans[b]         # 計算x=600時的y值
16  pt_x2 = 1000
17  pt_y2 = ans[a] * pt_x2 + ans[b]         # 計算x=1000時的y值
18
19  x = np.linspace(0, 2500, 250)
20  y = ans[a] * x + ans[b]
21  plt.plot(x, y)                          # 繪函數直線
22  plt.plot(pt_x1, pt_y1, '-o')            # 繪點 pt1
23  plt.text(pt_x1+60, pt_y1-10, 'pt1')     # 輸出文字pt1
24  plt.plot(pt_x2, pt_y2, '-o')            # 繪點 pt2
25  plt.text(pt_x2+60, pt_y2-10, 'pt2')     # 輸出文字pt2
26  plt.xlabel("Customers")
27  plt.ylabel("Profit")
28  plt.grid()                              # 加格線
29  plt.show()
```

執行結果

```
=========== RESTART: D:\Python Machine Learning Math\ch6\ch6_2.py ===========
a = 1/4
b = 3/4
```

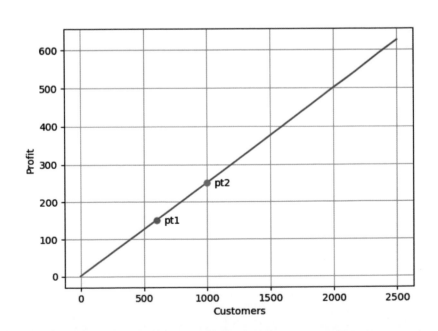

6-2-2　數據推估

其實有了經營餐廳的函數，可以推估 2 個方面的數據：

❑　推估數據 1

假設經過網路宣傳將來客數拉高到 1500 人時，可以使用該公式計算獲利金額，上述 1500 將是變數 x 的值：

$$y = f(1500) = 0.03 * 1500 - 18$$

經過推導可以得到：

$$y = f(1500) = 27$$

所以可以得到來客數是 1500 人時，獲利是 27 萬。

程式實例 ch6_3.py：使用下列函數。

$$y = f(x) = 0.03x - 18$$

請繪製 x 從 0 ～ 2500 的函數圖形，請標記來客數是 1500 人時的座標點，相當於計算 f(1500)，同時在 Python Shell 視窗輸出來客數是 1500 人時的獲利金額。

```
1   # ch6_3.py
2   import matplotlib.pyplot as plt
3   import numpy as np
4   a = 0.03
5   b = -18
6   x = np.linspace(0, 2500, 250)
7   y = a * x + b
8   pt_x = 1500
9   pt_y = a * pt_x + b
10  print('f(1500) = {}'.format(pt_y))
11  plt.plot(x, y)                          # 繪函數直線
12  plt.plot(pt_x, pt_y, '-o')              # 繪點 f(1500)
13  plt.text(pt_x-150, pt_y+3, 'f(1500)')   # 輸出文字f(1500)
14  plt.xlabel("Customers")
15  plt.ylabel("Profit")
16  plt.grid()                              # 加格線
17  plt.show()
```

執行結果

```
=========== RESTART: D:/Python Machine Learning Math/ch6/ch6_3.py ===========
f(1500) = 27.0
```

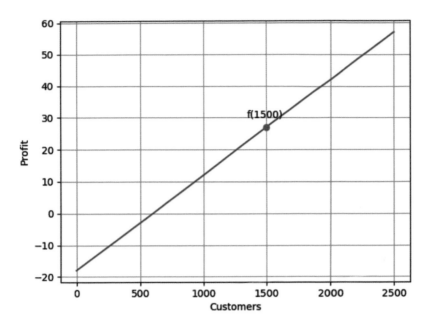

❑　推估數據 2

假設想將獲利拉高到 48 萬時，應該要有多少來客數：可以使用該公式預估獲利金額 48 萬，這是 y 值，然後計算 x 值：

y = f(x) = 48 = 0.03 * x − 18

經過推導可以得到：

x = (48 + 18) / 0.03

上述公式可以得到：

x = 66 / 0.03 = 2200

所以可以得到獲利是 48 萬時，來客數必須有 2200 人。

程式實例 ch6_4.py：計算獲利拉高到 48 萬需有多少來客數，請使用 Python Shell 視窗輸出，同時繪製此點。

```
1   # ch6_4.py
2   import matplotlib.pyplot as plt
3   import numpy as np
4   a = 0.03
5   b = -18
6   x = np.linspace(0, 2500, 250)
7   y = a * x + b
8   pt_y = 48
9   pt_x = (pt_y + 18) / 0.03
10  print('獲利48萬需有 {} 來客數'.format(int(pt_x)))
11  plt.plot(x, y)                                      # 繪函數直線
12  plt.plot(pt_x, pt_y, '-o')                          # 繪點
13  plt.text(pt_x-150, pt_y+3, '('+str(int(pt_x))+','+str(pt_y)+')')
14  plt.xlabel("Customers")
15  plt.ylabel("Profit")
16  plt.grid()                                          # 加格線
17  plt.show()
```

執行結果

```
=========== RESTART: D:/Python Machine Learning Math/ch6/ch6_4.py ===========
獲利48萬需有 2200 來客數
```

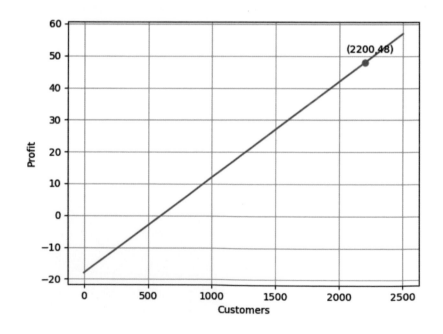

6-3 從 2 條直線的交叉點推估科學數據

在 5-6-3 節筆者有解說相同斜率的線條是平行線,兩條線如果斜率不同,就一定有一個交叉點。這個交叉點就是滿足 2 條直線的點,也就是我們追求的解答。

在實際的應用中,我們必須將所碰上的問題,儘可能從所遇上的問題,找出數學特徵,然後使用符合特徵條件的線性函數的觀念求解。

6-3-1 雞兔同籠

古代孫子算經有一句話,"今有雞兔同籠,上有三十五頭,下有百足,問雞兔各幾何?",這是古代的數學問題,表示有 35 個頭,100 隻腳,然後籠子裡面有幾隻雞與幾隻兔子。雞有 1 隻頭、2 隻腳,兔子有 1 隻頭、4 隻腳,這一小節筆者將使用基礎數學的聯立方程式解此問題。

如果使用基礎數學,將 x 代表 chicken,y 代表 rabbit,可以用下列公式推導。

chicken + rabbit = 35　　　　　　　相當於---- >　　x + y = 35
2 * chicken + 4 * rabbit = 100　　　相當於---- >　　2x + 4y = 100

上述公式可以處理成下列:

公式 1:x + y = 35

公式 2:2x + 4y = 100

我們可以將公式 1 左和右邊乘以 2,可以得到下列:

2x + 2y = 70　　　　　　　　　　# 假設是公式 3

將公式 2 減去上述公式 3,可以得到下列結果:

2y = 30

所以可以得到 y 等於 15,相當於兔子是 15 隻,將此 y 代入公式 1,可以得到下列結果:

x + 15 = 35

公式兩邊減去 15，可以得到：

x = 20

所以最後雞是 20 隻，兔子是 15 隻，可以滿足此雞兔同籠的問題。

程式實例 ch6_5.py：使用下列聯立方程式，繪製雞兔同籠的問題，同時得出雞和兔子的數量。

公式 1：x + y = 35

公式 2：2x + 4y = 100

對公式 1 而言，函數可以用下列方式表達：

y = f(x) = 35 − x

對公式 2 而言，函數可以用下列方式表達：

y = f(x) = 25 − 0.5x

```python
1  # ch6_5.py
2  import matplotlib.pyplot as plt
3  from sympy import Symbol, solve
4  import numpy as np
5
6  x = Symbol('x')                        # 定義公式中使用的變數
7  y = Symbol('y')                        # 定義公式中使用的變數
8  eq1 = x + y - 35                       # 方程式 1
9  eq2 = 2 * x + 4 * y - 100              # 方程式 2
10 ans = solve((eq1, eq2))
11 print('雞 = {}'.format(ans[x]))
12 print('兔 = {}'.format(ans[y]))
13
14 line1_x = np.linspace(0, 100, 100)
15 line1_y = [35 - y for y in line1_x]
16 line2_x = np.linspace(0, 100, 100)
17 line2_y = [25 - 0.5 * y for y in line2_x]
18
19 plt.plot(line1_x, line1_y)             # 繪函數直線公式 1
20 plt.plot(line2_x, line2_y)             # 繪函數直線公式 2
21
22 plt.plot(ans[x], ans[y], '-o')         # 繪交叉點
23 plt.text(ans[x]-5, ans[y]+5, '('+str(ans[x])+','+str(ans[y])+')')
24 plt.xlabel("Chicken")
25 plt.ylabel("Rabbit")
26 plt.grid()                             # 加格線
27 plt.show()
```

執行結果
```
================ RESTART: D:/Python Machine Learning Math/ch6/ch6_5.py ============
雞 = 20
兔 = 15
```

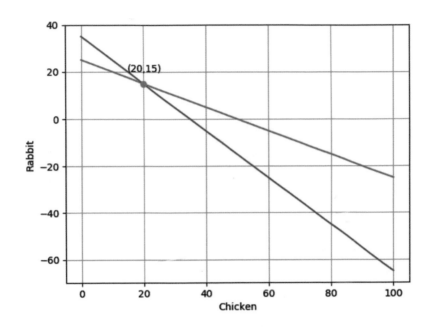

6-3-2 達成業績目標

有一家公司有 2 位業務員，分別是資深業務員 (Senior Salesman) 和菜鳥業務員 (Junior Salesman)，資深業務員外出一天拜訪客戶可以創造 4 萬元業績，菜鳥業務員外出一天可以創造 2 萬元業績，其中一天只有一位業務員可以外出，公司設定目標想在 100 天內完成 350 萬的業績，在這個情況下應該要如何完成目標。

假設菜鳥業務員是變數 x，資深業務員是變數 y，從上述條件分析，首先可以得到下列公式：

x + y = 100　　　# 公式 1- 菜鳥業務員和資深業務員總工作天數

菜鳥業務員一天可以創造 2 萬業績，資深業務員一天可以創造 4 萬業績，目標是創造 350 萬業績，所以可以得到下列公式：

2x + 4y = 350　　　# 公式 2- 菜鳥和資深業務員的業績總和

未來若是想繪製此問題的直線可以使用上述公式 1 和公式 2。

接下來筆者要解上述公式 1 和公式 2 的聯立方程式，可以將公式 1 兩邊乘以 2，可以得到下列公式 3 的結果。

$2x + 2y = 200$ 　　　　　　　　　# 公式 3

將公式 2 減去公式 3，可以得到下列結果。

$2y = 150$

進一步可以得到下列結果。

$y = 75$ 　　　　　　　　　　　# 相當於資深業務員要外出 75 天

由於 $x + y = 100$，所以可以得到下列結果。

$x = 25$ 　　　　　　　　　　　# 相當於菜鳥業務員要外出 25 天

程式實例 ch6_6.py：請參考本節觀念繪製下列聯立方程式的線條。

$x + y = 100$
$2x + 4y = 350$

然後在 Python Shell 視窗列出菜鳥和資深業務員需外出天數，同時繪出上述聯立方程式的圖形，最後標記交叉點，這個交叉點分別是菜鳥業務員和資深業務員需要工作的天數。

```
1   # ch6_6.py
2   import matplotlib.pyplot as plt
3   from sympy import Symbol, solve
4   import numpy as np
5
6   x = Symbol('x')                      # 定義公式中使用的變數
7   y = Symbol('y')                      # 定義公式中使用的變數
8   eq1 = x + y - 100                    # 方程式 1
9   eq2 = 2 * x + 4 * y - 350            # 方程式 2
10  ans = solve((eq1, eq2))
11  print('菜鳥業務員須外出天數 = {}'.format(ans[x]))
12  print('資深業務員須外出天數 = {}'.format(ans[y]))
13
14  line1_x = np.linspace(0, 100, 100)
15  line1_y = [100 - y for y in line1_x]
16  line2_x = np.linspace(0, 100, 100)
17  line2_y = [(350 - 2 * y) / 4 for y in line2_x]
```

```
18
19  plt.plot(line1_x, line1_y)              # 繪函數直線公式 1
20  plt.plot(line2_x, line2_y)              # 繪函數直線公式 2
21
22  plt.plot(ans[x], ans[y], '-o')          # 繪交叉點
23  plt.text(ans[x]-5, ans[y]+5, '('+str(ans[x])+','+str(ans[y])+')')
24  plt.xlabel("Junior Salesman")
25  plt.ylabel("Senior Salesman")
26  plt.grid()                              # 加格線
27  plt.show()
```

執行結果

```
============ RESTART: D:/Python Machine Learning Math/ch6/ch6_6.py ============
菜鳥業務員須外出天數 = 25
資深業務員須外出天數 = 75
```

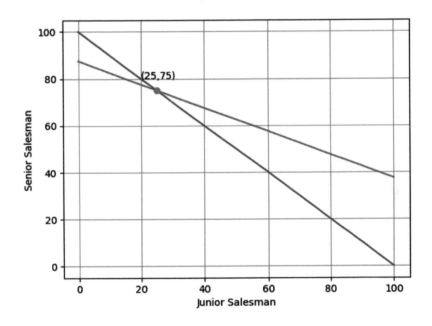

6-4 兩條直線垂直交叉

6-4-1 基礎觀念

座標平面上有兩條線，如下所示：

$y_1 = a_1x + b_1$　　　　　　　　# Line 1

$y_2 = a_2x + b_2$　　　　　　　　# Line 2

我們已經知道當兩條線的斜率相同，也就是 $a_1 = a_2$，表示兩條線是平行，其實如果 a1 * a2 = -1，表示兩條線是垂直。

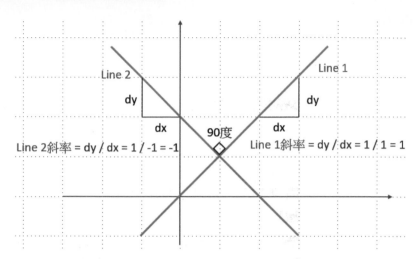

上述座標圖含有底色虛線框，假設每格單位是 1，可以看到 Line 1 的斜率是 $a_1 = 1$，這條線經過 (0, 0)，所以可以得到 Line 1 的函數是如下：

$y_1 = x$　　　　　　　　　　　# Line 1

對 Line 2 而言，dy / dx =-1，可以看到 Line 2 的斜率是 $a_2 = -1$，這條線經過 (0, 2)，所以可以得到 Line 2 的函數是如下：

$y_2 = a_2 x + 2$

將 a_2 用 -1 代入：

$y_2 = -x + 2$　　　　　　　　　# Line 2

上述我們用實際的圖形驗證了當 2 個圖形的斜率相乘是 -1，則這兩條直線是垂直交叉。

程式實例 ch6_7.py：繪製下列垂直相交的線條。

$y_1 = x$　　　　　　　　　　　# Line 1
$y_2 = -x + 2$　　　　　　　　　# Line 2

然後在 Python Shell 視窗輸出這兩條線的交叉點，同時也在繪製這兩條線時標記交叉點，同時列出交叉點的座標。

```python
1  # ch6_7.py
2  import matplotlib.pyplot as plt
3  from sympy import Symbol, solve
4  import numpy as np
5
6  x = Symbol('x')                        # 定義公式中使用的變數
7  y = Symbol('y')                        # 定義公式中使用的變數
8  eq1 = x - y                            # 方程式 1
9  eq2 = -x -y + 2                        # 方程式 2
10 ans = solve((eq1, eq2))
11 print('x = {}'.format(ans[x]))
12 print('y = {}'.format(ans[y]))
13
14
15 line1_x = np.linspace(-5, 5, 10)
16 line1_y = [y for y in line1_x]
17 line2_x = np.linspace(-5, 5, 10)
18 line2_y = [-y + 2 for y in line2_x]
19
20 plt.plot(line1_x, line1_y)             # 繪函數直線公式 1
21 plt.plot(line2_x, line2_y)             # 繪函數直線公式 2
22
23 plt.plot(ans[x], ans[y], '-o')         # 繪交叉點
24 plt.text(ans[x]-0.5, ans[y]+0.3, '('+str(ans[x])+','+str(ans[y])+')')
25 plt.xlabel("x-axis")
26 plt.ylabel("y-axis")
27 plt.grid()                             # 加格線
28 plt.axis('equal')                      # 讓x, y軸距長度一致
29 plt.show()
```

執行結果
```
=========== RESTART: D:/Python Machine Learning Math/ch6/ch6_7.py ===========
x = 1
y = 1
```

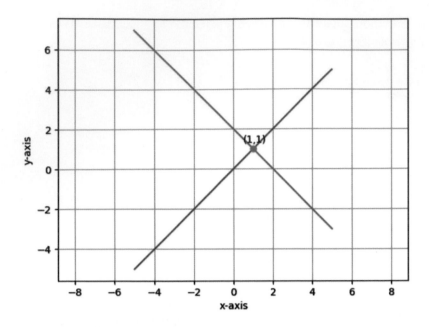

上述第 28 行內容如下：

　　plt.axis('equal')

　　因為 matplotlib 模組會自行調整圖表的 x 和 y 軸的長寬比例，上述 equal 參數可以控制 x 和 y 軸的比例相同。

6-4-2　求解座標某一點至一條線的垂直線

　　假設有一個直線函數 $y = 0.5x - 0.5$ 如下：

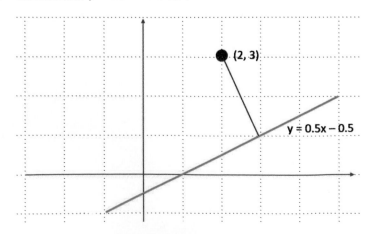

現在我們要計算通過 (2, 3) 點同時和 y = 0.5x − 0.5 垂直的線條，首先依據前一小節觀念可以計算此線條的斜率：

　　a * 0.5 = -1　　　　　　　　　　# 計算此線條的斜率

可以推導如下：

　　a = -2　　　　　　　　　　　　# 新線條的斜率

因為新線條通過 (2, 3)，所以可以用下列公式計算新線條的截距：

　　y = ax + b

將 3 代入 y，將 -2 代入 x，現在公式如下：

　　3 = -2 * 2 + b

進一步推導可以得到：

　　b = 3 + 4 = 7

最後可以得到此新線條的函數如下：

　　y = -2x + 7

程式實例 ch6_8.py：繪製下列垂直相交的線條。

　　y = 0.5x − 0.5　　　　　　　　　　　　　# Line 1
　　y = -2x + 7　　　　　　　　　　　　　　# Line 2

然後在 Python Shell 視窗輸出這兩條線的交叉點，同時也在繪製這兩條線時標記交叉點，同時列出交叉點的座標。

```
1   # ch6_8.py
2   import matplotlib.pyplot as plt
3   from sympy import Symbol, solve
4   import numpy as np
5
6   x = Symbol('x')                    # 定義公式中使用的變數
7   y = Symbol('y')                    # 定義公式中使用的變數
8   eq1 = 0.5 * x - y - 0.5            # 方程式 1
9   eq2 = -2 * x - y + 7              # 方程式 2
10  ans = solve((eq1, eq2))
11  print('x = {}'.format(ans[x]))
```

```
12  print('y = {}'.format(ans[y]))
13
14
15  line1_x = np.linspace(-5, 5, 10)
16  line1_y = [(0.5 * y - 0.5) for y in line1_x]
17  line2_x = np.linspace(-5, 5, 10)
18  line2_y = [(-2 * y + 7) for y in line2_x]
19
20  plt.plot(line1_x, line1_y)                  # 繪函數直線公式 1
21  plt.plot(line2_x, line2_y)                  # 繪函數直線公式 2
22
23  plt.plot(ans[x], ans[y], '-o')              # 繪交叉點
24  plt.text(ans[x]-0.7, ans[y]+0.5, '('+str(int(ans[x]))+','+str(int(ans[y]))+')')
25  plt.xlabel("x-axis")
26  plt.ylabel("y-axis")
27  plt.grid()                                  # 加格線
28  plt.axis('equal')                           # 讓x, y軸距長度一致
29  plt.show()
```

執行結果

```
=========== RESTART: D:/Python Machine Learning Math/ch6/ch6_8.py ===========
x = 3.00000000000000
y = 1.00000000000000
```

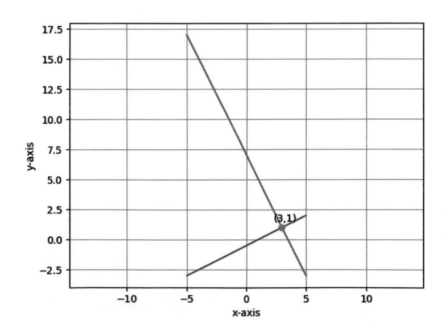

第 7 章

從畢氏定理看機器學習

本章摘要

畢氏定理的原理是：直角三角形兩垂直邊長 (或是稱較短兩邊) 的平方和，等於斜邊長的平方，其實這個定理在機器學習中可以擴展到許多應用。

7-1　驗證畢氏定理

7-1-1　認識直角三角形

假設有一個直角三角形，短邊長的兩邊長分別是 a 和 b，斜邊長是 c，如下所示：

如果建立 4 個相同的直角三角形，然後將頭尾相連接，可以形成下列圖形：

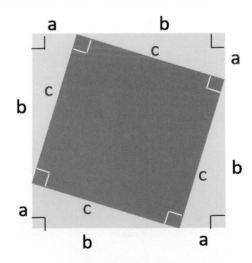

在畢氏定理中，較短的兩邊長的平方和等於第三邊的平方，所以我們可以得到下列結果：

$c^2 = a^2 + b^2$

7-1-2　驗證畢氏定理

在上述藍色的方塊中可以看到這是一個直角正方形，邊長是 c，所以可到藍色正方形的面積是：

$$c^2$$

從上圖看也可以得到整個邊長 (a + b) 也組成了一個正方形，這個較大的正方形面積是：

$$(a + b)^2$$

上述 4 個直角三角形的面積和是：

$$4 * (a * b) / 2 = 2 * a * b = 2ab$$

從上圖可以看到，如果將大的正方形減去 4 個直角三角形的面積和，等於藍色正方形的面積，所以可以得到下列公式：

$$c^2 = (a + b)^2 - 2ab$$

展開 $(a + b)^2$，可以得到：

$$c^2 = a^2 + 2ab + b^2 - 2ab$$

所以最後可以得到下列結果：

$$c^2 = a^2 + b^2$$

7-2　將畢氏定理應用在性向測試

7-2-1　問題核心分析

有一家公司的人力部門錄取了一位新進員工，同時為新進員工做了英文和社會的性向測驗，這位新進員工的得分，分別是英文 60 分、社會 55 分。

公司的編輯部門有人力需求，參考過去編輯部門員工的性向測驗，英文是 80 分，社會是 60 分。

這個時候畢氏定理仍可以應用，此時距離公式如下：

$$\sqrt{(dist\_x)^2 + (dist\_y)^2 + (dist\_z)^2}$$

在此例，可以用下列方式表達：

$$\sqrt{(英文差距)^2 + (社會差距)^2 + (數學差距)^2}$$

上述觀念主要是說明在三維空間下，要計算 2 點的距離，可以計算 x、y、z 軸的差距的平方，先相加，最後開根號即可以獲得兩點的距離。

7-4　將畢氏定理應用在更高維的空間

在機器學習中常看到群集 (Cluster)、分類 (Classify)、支援向量機 (Support Vector Machine) 的應用中，皆會使用更高維的畢氏定理，也就是說我們可以將畢氏定理擴充到 n 度空間，雖然當數據超過 3 維空間就已經超過我們想像的範圍。所以可以將畢氏定理擴充成下列公式：

$$\sqrt{d1^2 + d2^2 + \cdots dn^2}$$

7-5　電影分類

每年皆有許多電影上市，也有一些視頻公司不斷在自己頻道上推出新片上市，同時有些視頻公司追蹤到用戶所看影片，同時可以推薦類似電影給用戶。這一節筆者就是要解說應用畢氏定理的觀念，使用 Python 加上 KNN 演算法，判斷相類似的影片。

7-5-1　規劃特徵值

首先我們可以將影片分成下列特徵 (feature)，每個特徵給予 0-10 的分數，如果影片某特徵很強烈則給 10 分，如果幾乎無此特徵則給 0 分，下列是筆者自訂的特徵表。未來讀者熟悉後，可以自訂這部分特徵表。

影片名稱	愛情、親情	跨國拍攝	出現刀、槍	飛車追逐	動畫
xxx	0-10	0-10	0-10	0-10	0-10

下列是筆者針對影片玩命關頭打分數的特徵表。

影片名稱	愛情、親情	跨國拍攝	出現刀、槍	飛車追逐	動畫
玩命關頭	5	7	8	10	2

上述針對影片特徵打分數，又稱特徵提取 (feature extraction)，此外，特徵定義越精確，對未來分類可以更精準。下列是筆者針對最近影片的特徵表。

影片名稱	愛情、親情	跨國拍攝	出現刀、槍	飛車追逐	動畫
復仇者聯盟	2	8	8	5	6
決戰中途島	5	6	9	2	5
冰雪奇緣	8	2	0	0	10
雙子殺手	5	8	8	8	3

7-5-2　將 KNN 演算法應用在電影分類的精神

有了影片特徵表後，如果我們想要計算某部影片與玩命關頭的相似度，可以使用畢氏定理觀念。在計算公式中，如果我們使用 2 部影片與玩命關頭做比較，則稱 2 近鄰演算法，上述我們使用 4 部影片與玩命關頭做比較，則稱 4 近鄰演算法。例如：下列是計算復仇者聯盟與玩命關頭的相似度公式：

$$\text{dist} = \sqrt{(5-2)^2 + (7-8)^2 + (8-8)^2 + (10-5)^2 + (2-6)^2}$$

上述 dist 是兩部影片的相似度，接著我們可以為 4 部影片用同樣方法計算與玩命關頭之相似度，dist 值越低代表兩部影片相似度越高，所以我們可以經由計算獲得其他 4 部影片與玩命關頭的相似度。

7-5-3　專案程式實作

程式實例 ch7_1.py：列出 4 部影片與玩命關頭的相似度，同時列出那一部影片與玩命關頭的相似度最高。

```
1  # ch7_1.py
2  import math
3
4  film = [5, 7, 8, 10, 2]          # 玩命關頭特徵值
5  film_titles = [                  # 比較影片片名
6      '復仇者聯盟',
```

```
 7         '決戰中途島',
 8         '冰雪奇緣',
 9         '雙子殺手',
10     ]
11     film_features = [                    # 比較影片特徵值
12         [2, 8, 8, 5, 6],
13         [5, 6, 9, 2, 5],
14         [8, 2, 0, 0, 10],
15         [5, 8, 8, 8, 3],
16     ]
17
18     dist = []                            # 儲存影片相似度值
19     for f in film_features:
20         distances = 0
21         for i in range(len(f)):
22             distances += (film[i] - f[i]) ** 2
23         dist.append(math.sqrt(distances))
24
25     min = min(dist)                      # 求最小值
26     min_index = dist.index(min)          # 最小值的索引
27
28     print("與玩命關頭最相似的電影 : ", film_titles[min_index])
29     print("相似度值 : ", dist[min_index])
30     for i in range(len(dist)):
31         print("影片 : %s, 相似度 : %6.2f" % (film_titles[i], dist[i]))
```

執行結果
```
========== RESTART: D:/Python Machine Learning Math/ch7/ch7_1.py ==========
與玩命關頭最相似的電影 :  雙子殺手
相似度值 :  2.449489742783178
影片 : 復仇者聯盟, 相似度 :   7.14
影片 : 決戰中途島, 相似度 :   8.66
影片 : 冰雪奇緣, 相似度 :  16.19
影片 : 雙子殺手, 相似度 :   2.45
```

從上述可以得到雙子殺手與玩命關頭最相似，冰雪奇緣與玩命關頭差距最遠。

7-5-4　電影分類結論

了解以上結果，其實還是要提醒電影特徵值的項目與評分，最為關鍵，只要有良好的篩選機制，我們可以獲得很好的結果，如果您從事影片推薦工作，可以由本程式篩選出類似影片推薦給讀者。

第 8 章

聯立不等式與機器學習

本章摘要

8-1　聯立不等式的基本觀念

在 6-3-2 節筆者介紹資深業務員一天可以創造 4 萬元業績，菜鳥業務員一天可以創造 2 萬元業績問題。在真實的職場應用裡，不會要求剛好在 100 天完成，只要是在 100 天之內完成階算是符合要求，所以以下皆是符合要求的條件：

資深業務員外出 87 天創造 348 萬，菜鳥業務員外出 1 天創造 2 萬業績，只要 88 天即可完成創造 350 業績需求。或是資深業務員外出 86 天創造 344 萬，菜鳥業務員外出 3 天創造 6 萬業績，只要 88 天即可完成創造 350 業績需求，… 等，這表示符合 100 天之內達成業績目標的方法有許多。

註　菜鳥業務員外出時間少，將造成培養時間拉長。

這時聯立方程式的公式將改為不等式，如下所示：

```
x + y <= 100                        # 100 天之內達成目標皆是解答
2x + 4y = 350
```

上述 <= 符號是小於或等於。

線性的聯立方程式通常是找出座標上的線條交叉點，這個交叉點就是符合 2 條線性的規則。線性的聯立不等式則是產生區域，只要是在此區域的點皆是符合條件的結果。

8-2　聯立不等式的線性規劃

8-2-1　案例分析

一家軟體公司推出商用軟體與 App 軟體銷售，總經理室規劃時面臨下列問題：

1：　研發商用軟體的成本是 90 萬，後續包裝介面設計成本是 50 萬。

2：　研發 App 軟體的成本是 150 萬，後續包裝介面設計成本是 20 萬。

3：　公司研發成本的上限是 1200 萬。

4：　公司包裝介面 (未來簡稱包裝) 設計成本的上限是 350 萬。

不論是商用軟體與 App 軟體推出後皆可以售出，同時每個案件獲利皆是 50 萬，總經理室面臨的是應如何調配生產，可以創造最大的獲利。

8-2-2 用聯立不等式表達

假設商用軟體生產數量是 x，App 軟體生產數量是 y，x 和 y 必須是整數。現在我們可以獲得下列不等式：

```
x >= 0                          # 商用軟體生產數量
y >= 0                          # App 軟體生產數量
```

下列 2 個不等式是本問題的重點：

```
90x + 150y <= 1200              # 研發費用的限制
50x + 20y <= 350                # 包裝費用的限制
```

其實可以將上述公式簡化如下：

```
3x + 5y <= 40                   # 研發費用的限制
5x + 2y <= 35                   # 包裝費用的限制
```

為了方便用圖表表達，可以將上述研發和包裝限制的不等式改為左邊是 y 的公式：

```
y <= (40 − 3x) / 5
y <= (35 − 5x) / 2
```

更進一步推導可以得到：

```
y <= 8 − 0.6x
y <= 17.5 − 2.5x
```

8-2-3 在座標軸上繪不等式的區域

根據前一小節的實例我們獲得了下列不等式：

```
x >= 0                          # 商用軟體生產數量
y >= 0                          # App 軟體生產數量
y <= 8 − 0.6x                   # 研發費用的限制
y <= 17.5 − 2.5x                # 包裝費用的限制
```

下列是根據上述不等式所繪製的座標圖。

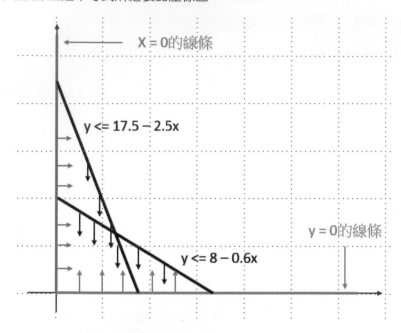

上述圖表線條有箭頭，箭頭方向表示滿足不等式的區域，對於不等式我們現在可以得到下列結論：

1：x >= 0，水藍色線條右邊滿足此不等式。

2：y >= 0，綠色線條上方滿足此不等式。

3：y <= 8 − 0.6x，紫色線條下方滿足此區域。

4：y <= 17.5 − 2.5x，深紅色線條下方滿足此區域。

經過上述圖表說明，我們可以得到下列黃色圖表區域可以同時滿足上述 4 個條件。

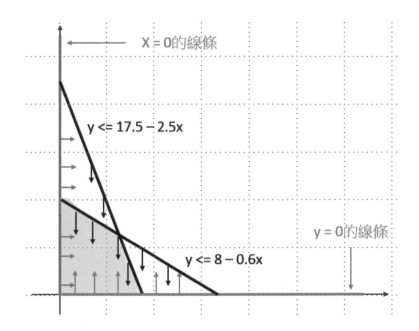

8-2-4 目標函數

目標函數是一個通過重疊區域的直線，就這個實例而言，是找出銷售產品的最大利潤，由於商用軟體的獲利金額是 50 萬，App 軟體的獲利金額也是 50 萬，假設獲利是 z，則可以得到下列目標函數。

$z = 50x + 50y$　　　　　　　# 因為商用和 App 軟體的生產數量分別是 x, y

對這一題而言，相當於要在上述黃色的重疊區域內，找出可以產生最大 z 值的 x, y。現在一樣將上述公式改為 $y = ax + b$ 函數，所以可以得到下列結果：

$50y = -50x + z$

進一步推導可以得到：

$y = -x + 0.02z$

所以可以得到目標函數的斜率是 -1，截距是 0.02z，斜率不會更改，截距可以更改。假設要獲利 600 萬 (z)，則可以得到下列函數：

$y = -x + 0.02 * 600$

經過計算，現在可以得到下列結果。

$y = -x + 12$

經過計算，上述目標函數經過 (12, 0) 和 (0, 12)，現在可以繪出下列目標函數。

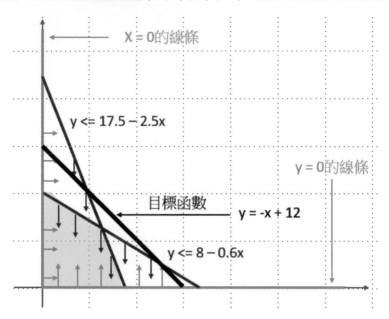

8-2-5 平行移動目標函數

現在有了目標函數，同時目標函數的斜率是固定，會變動的只有截距，如果讓截距變大目標函數的線條將往右移動，這時會遠離黃色目標區域，所以可以知道必須讓目標函數往左移，相當於是讓截距變小，才可以往黃色目標區域移動。

所以現在讓目標函數往左平行移動，當接觸到黃色區域時，很可能就是目標函數的最大獲利值，現在請參考下列座標圖。

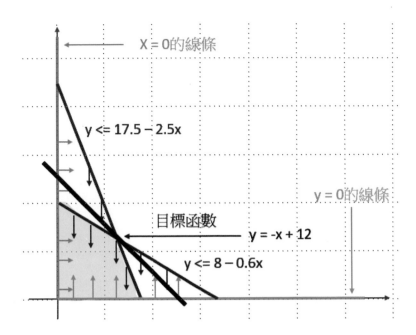

現在可以得到目標函數已經接觸到滿足 4 個不等式的黃色區域的右上角，這個右上角也是研發限制和包裝限制函數的交叉點，下列是先將不等式轉成等式，現在相當於要解下列聯立方程式：

y = 8 – 0.6x   # 研發限制
y = 17.5 – 2.5x   # 包裝限制

上述經過代入法運算，可以得到下列結果：

x = 5
y = 5

所以可以得到 (5, 5) 是交叉點。

8-2-6　將交叉點座標代入目標函數

目標函數內容如下：

z = 50x + 50y

將 x = 5，y = 5 代入目標函數，可以得到下列結果。

$$z = 50 * 5 + 50 * 5 = 500$$

所以可以得到依據研發限制和包裝限制下，可以得到最大獲利是 500 萬。

8-3　Python 計算

程式實例 ch8_1.py：請參考 8-2-5 節的下列內容計算 x 和 y 值：

$$y = 8 - 0.6x \qquad \text{\# 研發限制}$$
$$y = 17.5 - 2.5x \qquad \text{\# 包裝限制}$$

然後參考 8-2-6 節的內容計算最大獲利值。

$$z = 50x + 50y \qquad \text{\# 求目標函數的最大獲利值}$$

```
1   # ch8_1.py
2   import matplotlib.pyplot as plt
3   from sympy import Symbol, solve
4   import numpy as np
5
6   x = Symbol('x')                          # 定義公式中使用的變數
7   y = Symbol('y')                          # 定義公式中使用的變數
8   eq1 = 8 - 0.6 * x - y                     # 方程式 1
9   eq2 = 17.5 - 2.5 * x - y                  # 方程式 2
10  ans = solve((eq1, eq2))
11  print('x = {}'.format(int(ans[x])))
12  print('y = {}'.format(int(ans[y])))
13
14  z = 50 * int(ans[x]) + 50 * int(ans[y])
15  print('最大獲利 = {} 萬'.format(z))
```

執行結果

```
=========== RESTART: D:\Python Machine Learning Math\ch8\ch8_1.py ===========
x = 5
y = 5
最大獲利 = 500 萬
```

程式實例 ch8_2.py：參考下列內容，繪製等式線條。

$$x >= 0 \qquad \text{\# 商用軟體生產數量}$$
$$y >= 0 \qquad \text{\# App 軟體生產數量}$$
$$y <= 8 - 0.6x \qquad \text{\# 研發費用的限制}$$
$$y <= 17.5 - 2.5x \qquad \text{\# 包裝費用的限制}$$

然後繪製下列通過 (5, 5) 的目標函數線條，同時標記 (5, 5) 點。

$y = -x + 0.02z$

因為最大獲利是 500 萬，所以目標函數內容如下：

$y = -x + 10$

```python
1   # ch8_2.py
2   import matplotlib.pyplot as plt
3   import numpy as np
4
5   plt.plot([0, 0], [20, 0])                # 繪函數直線公式 1
6   plt.plot([0, 0], [0, 20])                # 繪函數直線公式 2
7
8   line3_x = np.linspace(0, 20, 20)
9   line3_y = [(8 - 0.6 * y) for y in line3_x]
10
11  line4_x = np.linspace(0, 20, 20)
12  line4_y = [(17.5 - 2.5 * y) for y in line4_x]
13
14  lineobj_x = np.linspace(0, 20, 20)
15  lineobj_y = [10 - y for y in lineobj_x]
16
17  plt.axis([0, 20, 0, 20])
18
19  plt.plot(line3_x, line3_y)               # 繪函數直線公式 3
20  plt.plot(line4_x, line4_y)               # 繪函數直線公式 4
21  plt.plot(lineobj_x, lineobj_y)           # 繪目標函數直線公式
22
23  plt.plot(5, 5, '-o')                     # 繪交叉點
24  plt.text(4.5, 5.5, '(5, 5)')             # 輸出(5, 5)
25  plt.xlabel("Research")
26  plt.ylabel("UI")
27  plt.grid()                               # 加格線
28  plt.show()
```

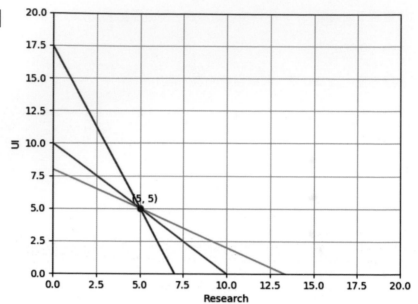

第 9 章

機器學習需要知道的二次函數

本章摘要

9-1 二次函數的基礎數學

9-1-1 解一元二次方程式的根

在國中數學中,我們可以看到下列一元二次方程式:

$$ax^2 + bx + c = 0 \qquad \text{# 方程式}$$
$$f(x) = y = ax^2 + bx + c \qquad \text{# 函數}$$

上述 x 的最高次數是二次方,而且 a 不等於 0,我們稱上述是二次方程式,如果是函數則稱二次函數。如果 x 最高項次數是三次方則稱三次方程式,⋯ 可以依此類推,如果 x 最高向次數是 n 次方則稱 n 次方程式。對於二次方程式可以用下列方式獲得根。

我們可以先將方程式用下列方式表達:

$$ax^2 + bx = -c$$

將上述二次方程式兩邊乘以 4a,可以得到下列結果。

$$4a^2x^2 + 4abx = -4ac$$

在方程式兩邊同時加上 b^2,可以得到下列結果。

$$4a^2x^2 + 4abx + b^2 = -4ac + b^2$$

兩邊同時開根號,可以得到下列結果。

$$2ax + b = \pm\sqrt{-4ac + b^2}$$

將 b 移至方程式右邊,然後將 2a 移至方程式右邊,可以得到下列結果:

$$x = \frac{-b \pm \sqrt{-4ac + b^2}}{2a}$$

習慣性會將 $-4ac + b^2$ 寫成 $b^2 - 4ac$,如下所示:

$$x = \frac{-b \pm \sqrt{b^2 - 4ac}}{2a}$$

有時候會將上述稱作是求根 (root),所以有的人會將上述用下列方式表達:

$$r1 = \frac{-b + \sqrt{b^2 - 4ac}}{2a} \qquad r2 = \frac{-b - \sqrt{b^2 - 4ac}}{2a}$$

上述方程式計算 x 值或稱求根有 3 種狀況：

1： 如果上述 $b^2 - 4ac > 0$

那麼這個一元二次方程式有 2 個實數根。

2： 如果上述 $b^2 - 4ac = 0$

那麼這個一元二次方程式有 1 個實數根。

3： 如果上述 $b^2 - 4ac < 0$

那麼這個一元二次方程式沒有實數根，是產生複數根。

實數根的幾何意義是與 x 軸交叉點 (相當於 y=0) 的 x 座標。

程式實例 ch9_1.py：使用硬工夫解下列一元二次方程式。

$$x^2 - 2x - 8 = 0$$

```
1  # ch9_1.py
2  a = 1
3  b = -2
4  c = -8
5
6  r1 = (-b + (b**2-4*a*c)**0.5)/(2*a)
7  r2 = (-b  (b**2-4*a*c)**0.5)/(2*a)
8  print("r1 = %6.4f,  r2 = %6.4f" % (r1, r2))
```

執行結果

```
=========== RESTART: D:/Python Machine Learning Math/ch9/ch9_1.py ===========
r1 = 4.0000,  r2 = -2.0000
```

我們也可以使用 sympy 模組求解上述一元二次方程式。

程式實例 ch9_2.py：重新設計 ch9_1.py，這次使用 sympy 模組。

```
1  # ch9_2.py
2  from sympy import *
3
4  x = Symbol('x')
5  f = Symbol('f')
6  f = x**2 - 2*x - 8
7  root = solve(f)
8  print(root)
```

執行結果

```
=========== RESTART: D:/Python Machine Learning Math/ch9/ch9_2.py ===========
[-2, 4]
```

上述 ch9_2.py 使用 Sympy 模組解一元二次方程式雖然好用，但是有的實數根有時無法獲得實數結果，可以參考下列實例。

程式實例 ch9_3.py：使用 Sympy 模組解下列一元二次方程式。

$$f(x) = 3(x-2)^2 - 2$$

```
1   # ch9_3.py
2   from sympy import *
3
4   x = Symbol('x')
5   f = Symbol('f')
6   f = 3*(x-2)**2 - 2
7   root = solve(f)
8   print(root)
```

執行結果

```
=========== RESTART: D:\Python Machine Learning Math\ch9\ch9_3.py ===========
[2 - sqrt(6)/3, sqrt(6)/3 + 2]
```

上述得到的是需要進一步運算的公式。

9-1-2　繪製一元二次方程式的圖形

在一元二次方程式中，也可以使用拋物線繪製此方程式圖形：

$$y = f(x) = ax^2 + bx + c$$

如果 a > 0，代表函數拋物線開口向上。

程式實例 ch9_4.py：繪製下列二次函數圖形，同時標記和輸出兩個根。

$$y = 3x^2 - 12x + 10$$

```
1    # ch9_4.py
2    import matplotlib.pyplot as plt
3    import numpy as np
4
5    def f(x):
6        ''' 求解方程式 '''
7        return (3*x**2 - 12*x + 10)
8
9    a = 3
10   b = -12
11   c = 10
12   r1 = (-b + (b**2-4*a*c)**0.5)/(2*a)          # r1
13   r1_y = f(r1)                                  # f(r1)
```

```
14  plt.text(r1-0.2, r1_y+0.3, '('+str(round(r1,2))+','+str(0)+')')
15  plt.plot(r1, r1_y, '-o')                    # 標記
16  print('root1 = ', r1)                       # print(r1)
17  r2 = (-b - (b**2-4*a*c)**0.5)/(2*a)          # r2
18  r2_y = f(r2)                                 # f(r2)
19  plt.text(r2-0.2, r2_y+0.3, '('+str(round(r2,2))+','+str(0)+')')
20  plt.plot(r2, r2_y, '-o')                     # 標記
21  print('root2 = ', r2)                        # print(r2)
22
23  # 繪製此函數圖形
24  x = np.linspace(0, 4, 50)
25  y = 3*x**2 - 12*x + 10
26  plt.plot(x, y)
27  plt.show()
```

執行結果

```
=========== RESTART: D:\Python Machine Learning Math\ch9\ch9_4.py ===========
root1 =  2.8164965809277263
root2 =  1.183503419072274
```

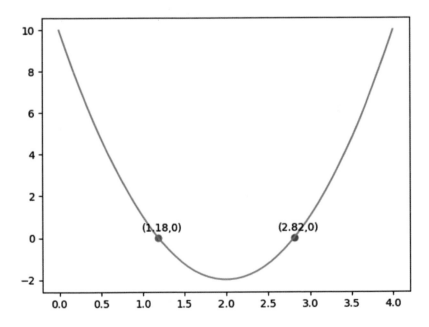

如果 a < 0，代表函數曲線開口向下。

程式實例 ch9_5.py：繪製下列函數圖形，同時標記和輸出兩個根。

$$f(x) = -3x^2 + 12x - 9$$

```
1   # ch9_5.py
2   import matplotlib.pyplot as plt
3   import numpy as np
4
5   def f(x):
6       ''' 求解方程式 '''
7       return (-3*x**2 + 12*x - 9)
8
9   a = -3
10  b = 12
11  c = -9
12  r1 = (-b + (b**2-4*a*c)**0.5)/(2*a)          # r1
13  r1_y = f(r1)                                 # f(r1)
14  plt.text(r1-0.2, r1_y+0.3, '('+str(round(r1,2))+','+str(0)+')')
15  plt.plot(r1, r1_y, '-o')                     # 標記
16  print('root1 = ', r1)                        # print(r1)
17  r2 = (-b - (b**2-4*a*c)**0.5)/(2*a)          # r2
18  r2_y = f(r2)                                 # f(r2)
19  plt.text(r2-0.3, r2_y+0.3, '('+str(round(r2,2))+','+str(0)+')')
20  plt.plot(r2, r2_y, '-o')                     # 標記
21  print('root2 = ', r2)                        # print(r2)
22
23  # 繪製此函數圖形
24  x = np.linspace(0, 4, 50)
25  y = -3*x**2 + 12*x - 9
26  plt.plot(x, y)
27  plt.show()
```

執行結果

```
=========== RESTART: D:/Python Machine Learning Math/ch9/ch9_5.py ===========
root1 =  1.0
root2 =  3.0
```

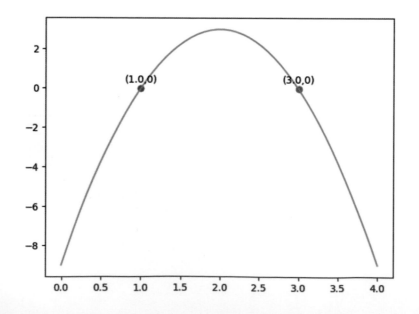

9-1-3 一元二次方程式的最小值與最大值

當 a > 0 時因為拋物線開口向上,所以可以找到此拋物線函數 f(x) 的最小值。當 a < 0 時因為拋物線開口向下,所以可以找到此拋物線函數 f(x) 的最大值。

對於二次函數 y = ax^2 + bx + c 不論是最大值或是最小值座標,公式皆是:

$$(-\frac{b}{2a}, \frac{4ac - b^2}{4a})$$

筆者會在 9-5 節驗證上述公式。

在 Scipy 模組內的 optimize 模組內有 minimize_scalar( ) 方法可以找出 f(x) 函數的最小值,也可以由此導入函數找出最小值的 (x,y) 座標,不過在使用 scipy 模組前需要安裝此模組:

pip install scipy

然後程式前方需要導入此模組:

from scipy.optimize import minize_saclar

語法如下:

minimize_scalar(fun)

上述 fun 是一元二次方程式。

程式實例 ch9_6.py:重新設計 ch9_4.py,增加列出最小值的 (x, y) 座標,下列是此二次函數。

y = 3x^2 - 12x + 10

筆者先手動計算,由於 a 是 3 大於 0,所以可以得到最小值,下列是使用公式計算最小值座標:

x = -b / 2a = 12 / 6 = 2
y = (4ac − b^2)/4a = (4*3*10 − 12**2)/4*3 = (120 − 144)/ 12 = -24/12 = -2

下列是程式碼：

```python
# ch9_6.py
import matplotlib.pyplot as plt
from scipy.optimize import minimize_scalar
import numpy as np

def f(x):
    ''' 求解方程式 '''
    return (3*x**2 - 12*x + 10)

a = 3
b = -12
c = 10
r1 = (-b + (b**2-4*a*c)**0.5)/(2*a)          # r1
r1_y = f(r1)                                 # f(r1)
plt.text(r1+0.1, r1_y-0.2, '('+str(round(r1,2))+','+str(0)+')')
plt.plot(r1, r1_y, '-o')                     # 標記
print('root1 = ', r1)                        # print(r1)
r2 = (-b - (b**2-4*a*c)**0.5)/(2*a)          # r2
r2_y = f(r2)                                 # f(r2)
plt.text(r2-0.6, r2_y-0.2, '('+str(round(r2,2))+','+str(0)+')')
plt.plot(r2, r2_y, '-o')                     # 標記
print('root2 = ', r2)                        # print(r2)

# 計算最小值
r = minimize_scalar(f)
print("當x是 %4.2f 時, 有函數最小值 %4.2f" % (r.x, f(r.x)))
plt.text(r.x-0.25, f(r.x)+0.3, '('+str(round(r.x,2))+','+str(round(r.x,2))+')')
plt.plot(r.x, f(r.x), '-o')                  # 標記

# 繪製此函數圖形
x = np.linspace(0, 4, 50)
y = 3*x**2 - 12*x + 10
plt.plot(x, y, color='b')
plt.show()
```

執行結果

```
=========== RESTART: D:/Python Machine Learning Math/ch9/ch9_6.py ===========
root1 =  2.8164965809277263
root2 =  1.183503419072274
當x是 2.00 時, 有函數最小值 -2.00
```

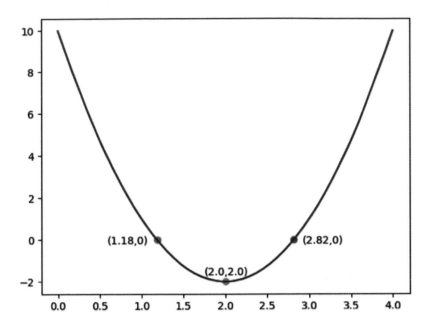

使用 minimize_scalar( ) 雖是可以找出 f(x) 函數的最小值方法，只要是此 f(x) 在傳回時乘以 -1，即可找出 f(x) 函數的最大值。

程式實例 ch9_7.py：重新設計 ch9_5.py，增加列出最大值的 (x, y) 座標，下列是此二次函數。

$$f(x) = -3x^2 + 12x - 9$$

筆者先手動計算，由於 a 是 -3 小於 0，所以可以得到最大值，下列是使用公式計算最大值座標：

x =-b / 2a =-12 /-6 = 2
y = (4ac − b²)/4a = (4*(-3)*9 − (-12)**2)/4*(-3) = (-108 − 144)/-12 =-36/-12 = 3

下列式程式碼：

```
1   # ch9_7.py
2   import matplotlib.pyplot as plt
3   from scipy.optimize import minimize_scalar
4   import numpy as np
5
6   def fmax(x):
7       ''' 計算最大值 '''
8       return (-(-3*x**2 + 12*x - 9))
9
10  def f(x):
11      ''' 求解方程式 '''
12      return (-3*x**2 + 12*x - 9)
13
14  a = -3
15  b = 12
16  c = -9
17  r1 = (-b + (b**2-4*a*c)**0.5)/(2*a)          # r1
18  r1_y = f(r1)                                  # f(r1)
19  plt.text(r1+0.1, r1_y+-0.2, '('+str(round(r1,2))+','+str(0)+')')
20  plt.plot(r1, r1_y, '-o')                      # 標記
21  print('root1 = ', r1)                         # print(r1)
22  r2 = (-b - (b**2-4*a*c)**0.5)/(2*a)          # r2
23  r2_y = f(r2)                                  # f(r2)
24  plt.text(r2-0.5, r2_y-0.2, '('+str(round(r2,2))+','+str(0)+')')
25  plt.plot(r2, r2_y, '-o')                      # 標記
26  print('root2 = ', r2)                         # print(r2)
27
28  # 計算最大值
29  r = minimize_scalar(fmax)
30  print("當x是 %4.2f 時, 有函數最大值 %4.2f" % (r.x, f(r.x)))
31  plt.text(r.x-0.25, f(r.x)-0.7, '('+str(round(r.x,2))+','+str(round(r.x,2))+')')
32  plt.plot(r.x, f(r.x), '-o')                   # 標記
33
34  # 繪製此函數圖形
35  x = np.linspace(0, 4, 50)
36  y = -3*x**2 + 12*x - 9
37  plt.plot(x, y, color='b')
38  plt.show()
```

執行結果

```
=========== RESTART: D:/Python Machine Learning Math/ch9/ch9_7.py ===========
root1 =  1.0
root2 =  3.0
當x是 2.00 時, 有函數最大值 3.00
```

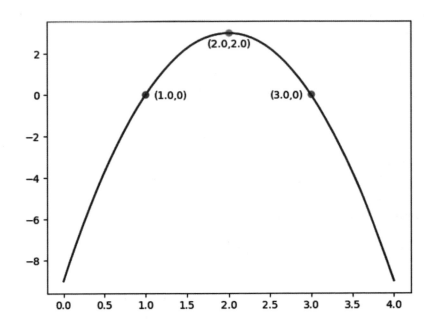

9-1-4　二次函數參數整理

筆者再寫一次二次函數：

$y = f(x) = ax^2 + bx + c$

❏　參數 a

參數 a 決定拋物線的開口向上 (a > 0) 或是向下 (a < 0)。

❏　參數 a 和 b

參數 a 和參數 b 會影響對稱軸的位置，對稱軸公式如下：

$x = -b/2a$

如果 b = 0，拋物線的對稱軸是 y 軸。

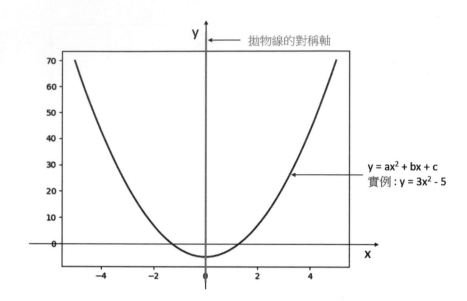

如果 a 和 b 是同號，對稱軸在 y 軸左邊。

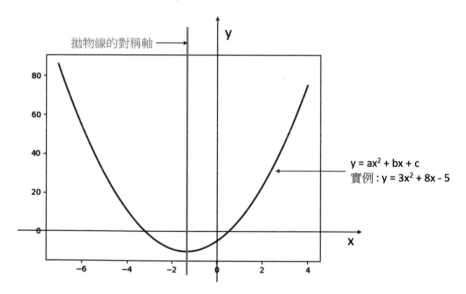

如果 a 和 b 是異號，對稱軸在 y 軸右邊。

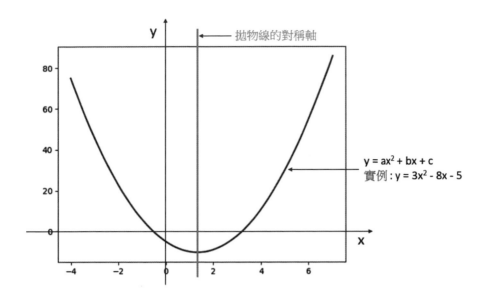

❑ 參數 c

參數 c 可以決定拋物線和 y 軸的交叉點，如果 x 為 0，表示 y = c。

9-1-5 三次函數的圖形特徵

所謂的三次函數，是指 x 的最高項是三次方，基本觀念如下：

$$ax^3 + bx^2 + cx + d = 0 \qquad \text{\# a 不等於 0}$$

一元三次方程式，其實也可以使用座標圖形表達，可以參考下列實例。

程式實例 ch9_8.py：繪製 x 在 -1.0 ～ 1.0 之間的下列函數。

$$f(x) = x^3 - x$$

```
1  # ch9_8.py
2  import matplotlib.pyplot as plt
3  import numpy as np
4
5  # 繪製此函數圖形
6  x = np.linspace(-1, 1, 100)
7  y = x**3 - x
8  plt.plot(x, y)
9  plt.grid()
10 plt.show()
```

執行結果 可參考下方左圖。

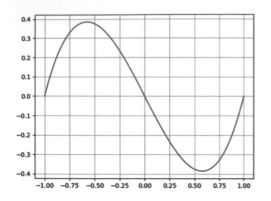 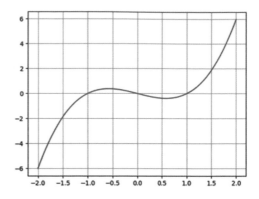

程式實例 ch9_9.py：繪製與 ch9_8.py 相同的函數，但是 x 在 -2.0 ～ 2.0 之間。

```python
1  # ch9_9.py
2  import matplotlib.pyplot as plt
3  import numpy as np
4
5  # 繪製此函數圖形
6  x = np.linspace(-2, 2, 100)
7  y = x**3 - x
8  plt.plot(x, y)
9  plt.grid()
10 plt.show()
```

執行結果 可參考上方右圖。

9-2 從一次到二次函數的實務

在前面章節所學的直線關係中，數據的呈現是 y = ax + b，y 值將隨著 x 值的變更，隨斜率 (a) 比例更改。在真實的數據，y 值數據可能無法這麼單純隨 x 值用相同的斜率做直線變更。

9-2-1 呈現好的變化

美國 SSE 公司的國際證照銷售，第 1 年業務員外出拜訪 100 天，創造 500 張考卷業績。第 2 年業務員外出拜訪 200 天，創造 1000 張考卷業績。第 3 年業務拜訪 300 天，創造 2000 張考卷業績，可參考下圖。

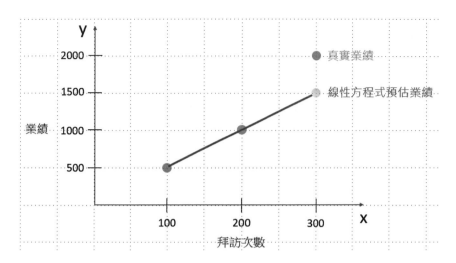

如果實際業績比預估業績好，表示有好的變化，原因可能是經過 2 年的努力，產品透過客戶耳語相傳，已獲得相當口碑、有些客戶主動上門或是客戶已有意願只等業務員拜訪就成交了。

9-2-2　呈現不好的變化

美國 SSE 公司的國際證照銷售，第 1 年業務員外出拜訪 100 天，創造 500 張考卷業績。第 2 年業務員外出拜訪 200 天，創造 1000 張考卷業績。第 3 年業務拜訪 300 天，創造 1200 張考卷業績，可參考下圖。

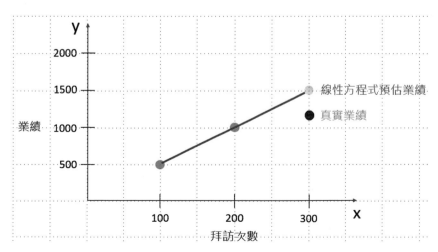

如果實際業績比預估業績差，表示有不好的變化，原因可能是客戶已經飽和，開發客戶碰上瓶頸，或是出現未知的問題，這時就是需要自我檢討找出原因的時候了。

9-3 認識二次函數的係數

在一次的線性函數 y = ax + b，a 是斜率、b 是截距，二次函數可參考下列公式：

$$y = ax^2 + bx + c$$

a、b、c 就不稱斜率或截距，而是直接稱係數，a 是稱 x 的二次方係數，b 是稱 x 的一次方係數，c 稱常數。若是將二次方程式與一次方程式做比較，可以發現二次方程式增加了下列項目。

$$ax^2$$

將這個項目應用在 9-2 節可以得到，當實際業績大於線性預估的業績時，ax^2 呈現的是正向變化，這表示 a > 0，同時隨著 x 的值增加 ax^2 的值也會增加，可參考下圖。

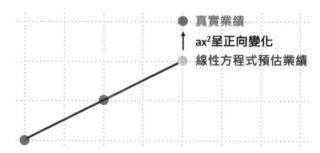

將這個項目應用在 9-2 節可以得到，當實際業績小於線性預估的業績時，ax^2 呈現的是負向變化，這表示 a < 0，同時隨著 x 的值增加將加大負值。

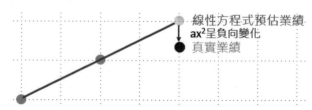

9-4 使用 3 個點求解二次函數

9-4-1 手動求解二次函數

在線性代數觀念或是前面章節我們可以知道有 2 個點可以找出一次函數，其實有 3 個點可以找出二次函數，這個觀念可以繼續類推。

現在如果將 9-2-1 節的數據代入下列二次方程式：

$$y = ax^2 + bx + c$$

x 代表拜訪次數 100 為單位，y 是實際業績，可以得到下列 3 個二次方程式：

```
500 = a + b + c          # 第 100 次 x = 1
1000 = 4a + 2b + c       # 第 200 次 x = 2
2000 = 9a + 3b + c       # 第 300 次 x = 3
```

首先看前 2 個方程式，由於有 c，分別將第 200 次和第 300 次公式減去第 100 次公式，可以得到下列聯立方程式：

```
500 = 3a + b             # 第 200 次公式減去第 100 次公式
1500 = 8a + 2b           # 第 300 次公式減去第 100 次公式
```

簡化第 300 次公式減去第 100 次公式可以得到下列聯立方程式：

```
500 = 3a + b             # 公式一
750 = 4a + b             # 簡化第 300 次公式減去第 100 次公式 – 公式二
```

將公式二減去公式一，可以得到下列結果：

```
a = 250
```

將 a = 250 代入公式一，可以得到：

```
b = -250
```

將 a = 250，b = -250 代入第 100 次公式，可以得到：

```
c = 500
```

經過上述運算我們獲得了代表 9-2-1 節數據的二次函數。

$$y = f(x) = 250x^2 - 250x + 500$$

9-4-2　程式求解二次函數

筆者再列一次聯立方程式如下：

500 = a + b + c	# 第 100 次 x = 1
1000 = 4a + 2b + c	# 第 200 次 x = 2
2000 = 9a + 3b + c	# 第 300 次 x = 3

程式實例 ch9_10.py：求解上述聯立方程式。

```
1   # ch9_10.py
2   import matplotlib.pyplot as plt
3   from sympy import Symbol, solve
4   import numpy as np
5
6   a = Symbol('a')                      # 定義公式中使用的變數
7   b = Symbol('b')                      # 定義公式中使用的變數
8   c = Symbol('c')                      # 定義公式中使用的變數
9
10  eq1 = a + b + c - 500                 # 第100次公式
11  eq2 = 4*a + 2*b + c - 1000            # 第200次公式
12  eq3 = 9*a + 3*b + c - 2000            # 第300次公式
13  ans = solve((eq1, eq2, eq3))
14  print('a = {}'.format(ans[a]))
15  print('b = {}'.format(ans[b]))
16  print('c = {}'.format(ans[c]))
```

執行結果

```
=========== RESTART: D:/Python Machine Learning Math/ch9/ch9_10.py ===========
a = 250
b = -250
c = 500
```

從上述運算結果，我們可以得到下列二次函數：

$$y = f(x) = 250x^2 - 250x + 500$$

9-4-3　繪製二次函數

程式實例 ch9_11.py：擴充 ch9_10.py，先使用相同的數據找出此二次函數，然後繪製此二次函數圖形，同時將先前拜訪次數所創的業績在圖上標記出來，再用所計算的二次函數求解當拜訪客戶 400 次時，所產生的業績，同時在座標圖內標記此座標。

```python
1   # ch9_11.py
2   import matplotlib.pyplot as plt
3   from sympy import Symbol, solve
4   import numpy as np
5
6   a = Symbol('a')                         # 定義公式中使用的變數
7   b = Symbol('b')                         # 定義公式中使用的變數
8   c = Symbol('c')                         # 定義公式中使用的變數
9   eq1 = a + b + c - 500                    # 第100次公式
10  eq2 = 4*a + 2*b + c - 1000               # 第200次公式
11  eq3 = 9*a + 3*b + c - 2000               # 第300次公式
12  ans = solve((eq1, eq2, eq3))
13  print('a = {}'.format(ans[a]))
14  print('b = {}'.format(ans[b]))
15  print('c = {}'.format(ans[c]))
16
17  x = np.linspace(0, 5, 50)
18  y = [(ans[a]*y**2 + ans[b]*y + ans[c]) for y in x]
19  plt.plot(x, y)                          # 繪二次函數
20
21  x4 = 4                                   # 第400次
22  y4 = ans[a]*x4**2 + ans[b]*x4 + ans[c]   # 第400次的y值
23  plt.plot(x4, y4, '-o')                   # 繪交叉點
24  plt.text(x4-0.7, y4-50, '('+str(x4)+','+str(y4)+')')
25
26  plt.plot(1, 500, '-x', color='b')        # 繪100次業績點
27  plt.text(1-0.7, 500-50, '('+str(1)+','+str(500)+')')
28  plt.plot(2, 1000, '-x', color='b')       # 繪200次業績點
29  plt.text(2-0.7, 1000-50, '('+str(2)+','+str(1000)+')')
30  plt.plot(3, 2000, '-x', color='b')       # 繪300次業績點
31  plt.text(3-0.7, 2000-50, '('+str(3)+','+str(2000)+')')
32
33  plt.xlabel("Times(unit=100)")
34  plt.ylabel("Revenue")
35  plt.grid()                               # 加格線
36  plt.show()
```

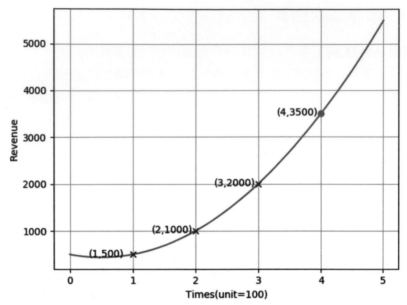

9-4-4　使用業績回推應有的拜訪次數

使用二次函數，只要有拜訪次數的 x 值，我們可以輕易預估業績，從另一方面考量，如果要達到 3000 張考卷業績，應該要有多少拜訪客戶的次數？請參考下圖：

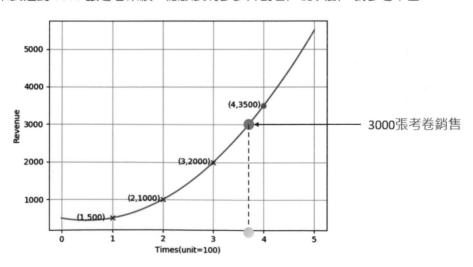

3000張考卷銷售

這時二次方程式，應該如下所示：

$$250x^2 - 250x + 500 = 3000$$

我們可以使用 9-1 節的方式求解，首先兩邊減去 3000，可以得到下列公式：

$$250x^2 - 250x + 500 - 3000 = 0$$

所以二次方程式的公式如下：

$$250x^2 - 250x - 2500 = 0$$

兩邊除以 250，可以得到下列結果：

$$x^2 - x - 10 = 0$$

程式實例 ch9_12.py：計算要達到 3000 張考卷銷售，需要多少拜訪次數，在這個程式設計中因為拜訪次數必須是正值，所以負數根將捨去。

```python
1   # ch9_12.py
2   a = 1
3   b = -1
4   c = -10
5
6   r1 = (-b + (b**2-4*a*c)**0.5)/(2*a)
7   r2 = (-b - (b**2-4*a*c)**0.5)/(2*a)
8   if r1 > 0:
9       times = int(r1 * 100)
10  else:
11      if r2 > 0:
12          times = int(r2 * 100)
13  print("拜訪次數 = {}".format(times))
```

執行結果

```
=========== RESTART: D:/Python Machine Learning Math/ch9/ch9_12.py ===========
拜訪次數 = 370
```

上述我們使用銷售一定數量，計算客戶拜訪次數的方法，下一節筆者將介紹在完成相同工作但是在機器學習中常常使用的方法 " 配方法 "。

9-5　二次函數的配方法

9-5-1　基本觀念

我們在前幾節所認識的二次函數觀念如下：

$y = ax^2 + bx + c$ 　　　　# 這稱一般式

另一個二次函數的表達方式如下：

$y = a(x - h)^2 + k$ 　　　　# 這稱標準式

從前面可以了解二次函數在座標中其實是一個拋物線，在標準式中，可以清楚得到拋物線的頂點座標是 (h, k)。

也就是說當 x = h 時，此二次函數可以得到：

$y = k$

上述可能是最大值或是最小值，下列小節會推導解釋上述觀念，這個觀念對於機器學習過程，使用最小平方法計算最小誤差時會使用。

9-5-2　配方法

所謂的配方法就是將二次函數從一般式推導到標準式，方法如下：

$y = ax^2 + bx + c$

下面是推導步驟如下：

$$= a\left(x^2 + \frac{b}{a}x\right) + c$$

接下來在括號內加上 $b^2/4a$ 與括號外減去 $b^2/4a$。

$$= a\left(x^2 + \frac{b}{a}x + \frac{b^2}{4a^2}\right) + c - \frac{b^2}{4a}$$

處理括號內外的公式。

$$= a(x + \frac{b}{2a})^2 + \frac{4ac - b^2}{4a}$$

下列是假設 h 和 k 的值。

$$h = -\frac{b}{2a}$$

$$k = \frac{4ac - b^2}{4a}$$

所以最後可以得到下列二次函數的標準式：

$$y = a(x - h)^2 + k$$

9-5-3 從標準式計算二次函數的最大值

二次函數的標準式觀念如下：

$$y = a(x - h)^2 + k$$

當 a < 0 時拋物線開口向下，因為 $(x - h)^2 >= 0$，所以可以得到：

$$a(x - h)^2 <= 0$$

當 x = h 時，會造成：

$$a(x - h)^2 = 0$$

這時可以得到 y = k 是最大值，因為：

$$y = a(x - h)^2 + k$$

$$y = 0 + k$$

$$y = k$$

所以當二次函數存在最大值時，最大值的座標如下：

$$(-\frac{b}{2a}, \frac{4ac - b^2}{4a})$$

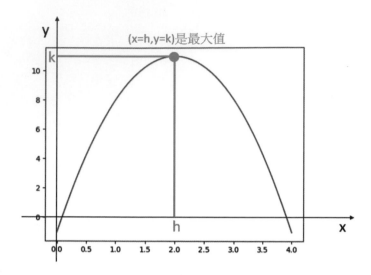

9-5-4　從標準式計算二次函數的最小值

二次函數的標準式觀念如下：

$$y = a(x - h)^2 + k$$

當 a > 0 時拋物線開口向上，因為 $(x - h)^2 >= 0$，所以可以得到：

$$a(x - h)^2 >= 0$$

當 x = h 時，會造成：

$$a(x - h)^2 = 0$$

這時可以得到 y = k 是最小值，因為：

$$y = a(x - h)^2 + k$$
$$y = 0 + k$$
$$y = k$$

所以當二次函數存在最小值時，最小值的座標如下：

$$(-\frac{b}{2a}, \frac{4ac - b^2}{4a})$$

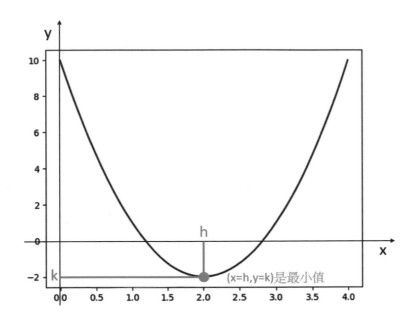

9-6　二次函數與解答區間

二次函數的用途不僅可以找出最大值、最小值或符合特定條件的值，還可以找出特定解答區間的值。

9-6-1　行銷問題分析

網路行銷已經成為產品銷售非常重要的一環，適度讓產品曝光對產品行銷一定有幫助。一家公司經過調查發現適度透過臉書行銷可以增加銷售量，但是曝光太多次反而會造成反效果。

下列是公司內部的統計資訊：

每月次數	增加業績金額
1	10 萬
2	18 萬
3	19 萬

下列是座標圖表資訊。

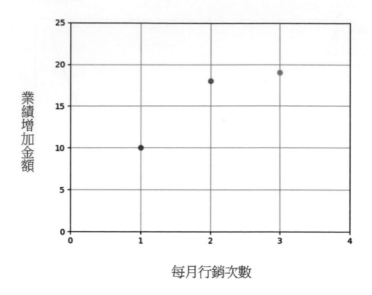

每月行銷次數

9-6-2　二次函數分析增加業績的臉書行銷次數

假設臉書行銷次數是 x，增加業績單位是萬、金額是 y。將上述數據代入二次函數 $y = ax^2 + bx + c$ 可以得到下列聯立方程式：

a + b + c = 10
4a + 2b + c = 18
9a + 3b + c = 19

經過計算可以得到下列 a、b、c 的值。

a = -3.5
b ≒ 18.5
c = -5

所以可以得到臉書行銷的二次函數：

$y = -3.5x^2 + 18.5x -5$

參考 9-5 節可以得到二次函數的標準式：

$y = -3.5(x - 2.64)^2 + 19.4$ 　　　　　# 2.6 和 19.4 是捨去小數第 2 位

程式實例 ch9_13.py：繪製上述數據的圖表，同時使用 'x' 標記此原始數據，和使用圓標記標記極大值。

```
 1  # ch9_13.py
 2  import matplotlib.pyplot as plt
 3  from sympy import Symbol, solve
 4  import numpy as np
 5
 6  a = Symbol('a')                          # 定義公式中使用的變數
 7  b = Symbol('b')                          # 定義公式中使用的變數
 8  c = Symbol('c')                          # 定義公式中使用的變數
 9  eq1 = a + b + c - 10                      # 第1次公式
10  eq2 = 4*a + 2*b + c - 18                  # 第2次公式
11  eq3 = 9*a + 3*b + c - 19                  # 第3次公式
12  ans = solve((eq1, eq2, eq3))
13  print('a = {}'.format(ans[a]))
14  print('b = {}'.format(ans[b]))
15  print('c = {}'.format(ans[c]))
16
17  x = np.linspace(0, 4, 50)
18  y = [(ans[a]*y**2 + ans[b]*y + ans[c]) for y in x]
19  plt.plot(x, y)                           # 繪二次函數
20
21  plt.plot(1, 10, '-x', color='b')         # 繪1次業績點
22  plt.plot(2, 18, '-x', color='b')         # 繪2次業績點
23  plt.plot(3, 19, '-x', color='b')         # 繪3次業績點
24
25  h = (-1 * ans[b] / (2 * ans[a]))
26  k = (4 * ans[a] * ans[c] - (ans[b] ** 2)) / (4 * ans[a])
27  plt.plot(h, k, '-o', color='b')          # 繪最大值座標
28  h = round(float(h), 1)
29  k = round(float(k), 1)
30  plt.text(h-0.25, k-1.5, '('+str(h)+','+str(k)+')')
31
32  plt.xlabel("Times")
33  plt.ylabel("Performance")
34  plt.grid()                               # 加格線
35  plt.show()
```

執行結果

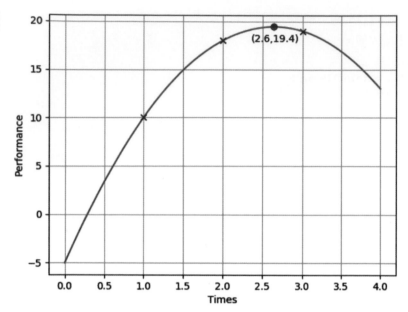

　　從上圖可以看到每個月臉書的行銷次數以 2.64 次為最佳,這時可以增加業績 19.4 萬,如果行銷次數超過 2.64 次,業績的增幅開始減少。當然上述數據以教學為目的,只使用 3 筆數據,如果數據更多時整體數據將更有說服力。

註　臉書行銷次數應該是整數,考慮到未來的數據量會很大,所以本書還是用小數位數表示。

9-6-3　將不等式應用在條件區間

　　前一小節的實例是計算應有多少次臉書的行銷才可以達到業績的最大增幅,假設現在改為想要達到銷售增幅 15 萬元 (含) 以上。這時的 y 值觀念如下:

　　y >= 15

相當於是要取得下列黃色區間的業績增幅。

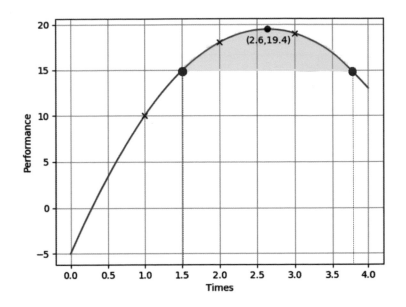

請再看一次臉書行銷的二次函數：

　　$y = -3.5x^2 + 18.5x - 5$

由於 y 是 15 萬，所以可以得到下列二次函數：

　　$15 = -3.5x^2 + 18.5x - 5$

可以得到下列推導結果：

　　$-3.5x^2 + 18.5x - 20 = 0$

程式實例 ch9_14.py：計算上述公式的值。

```
1  # ch9_14.py
2  from sympy import *
3
4  x = Symbol('x')
5  eq = -3.5*x**2 + 18.5*x - 20
6  ans = solve(eq)
7  x1 = round(ans[0], 1)
8  x2 = round(ans[1], 1)
9  print('x1 = {}'.format(x1))
10 print('x2 = {}'.format(x2))
```

執行結果
```
=========== RESTART: D:/Python Machine Learning Math/ch9/ch9_14.py ===========
x1 = 1.5
x2 = 3.8
```

現在我們可以得到臉書行銷必須在 1.5 ～ 3.8 次之間，可以得到業績增幅 15 萬以上的結果。

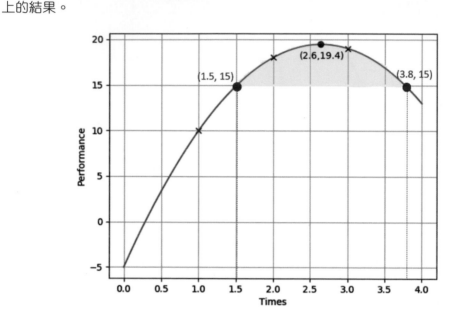

9-6-4　非實數根

我們有了上述臉書行銷的二次函數，假設我們期待業績的增幅達到 25 萬，這時的二次函數可以改寫成下列結果。

$$25 = -3.5(x - 2.64)^2 + 19.4 \qquad \text{\# 標準式}$$

上述公式可以推導下列結果：

$$5.6 = -3.5(x - 2.64)^2$$

進一步可以推導下列結果：

$$(x - 2.64)^2 = -1.87$$

左邊數字的平方結果是負值，這是非實數根，顯然這不是現實中存在的數字，因此，如果期待這個業績增幅，公司本身必須另外思考其他業績增加的方法。

第 10 章

機器學習的最小平方法

本章除了介紹最小平方法的數學原理，同時筆者親自計算，最後將介紹 Numpy 模組的 polyfit( ) 函數，可以很輕鬆處理最小平方法的問題。

10-1　最小平方法基本觀念

10-1-1　基本觀念

最小平方法 (least squares method) 是一種數學優化的方法，主要是使用最小誤差的觀念尋找最佳函數。假設以一個數據如下：

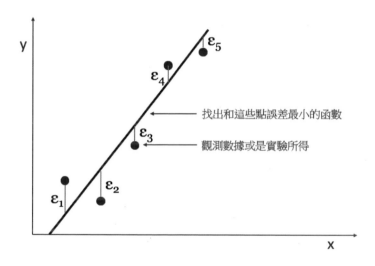

紅色各點是實驗或是觀測所得，現在我們想要找出一條函數線條 (紫色線條)，使得實際數據與此函數之間誤差的平方和最小。上述圖表中，筆者使用數學或是統計學經常用希臘字母 ε (這是希臘字母) 代表誤差。

註 1：在線性迴圈模型中，誤差是指數據點到函數線條的垂直方向距離。

　　　使用更簡單的敘述，所找出的函數線條將會穿越數據點的中間，但不是每個點都在此函數線上。

註 2：讀者可能會想為何不直接誤差加總，而要採用平方和，原因是直接誤差加總，有的誤差是正值，有的誤差是負值，採取加總可能互相抵消。例如：有 3 個點，假設誤差分別是 +10，+3，-12，如果採取加總誤差是 1，可以參考下方左圖。另一個假設誤差分別是 0、1、0，加總誤差是 1，兩者加總誤差是相同，可以參考下方右圖。但是這 2 個圖表誤差，彼此卻有天大的差異。

註 3 : 讀者可能會想是否誤差採用取絕對值的方法也可以，這個觀念是可行的，不過這時需增加正負值判斷，所以有些麻煩，因此最後是採用平方之後再加總的方法，這也是現在機器學習所採用的最小平方法。

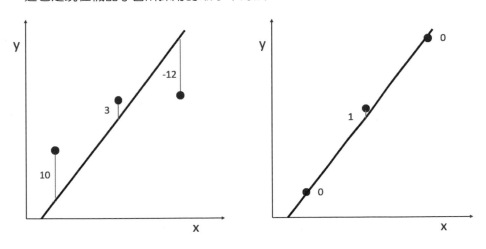

最小平方法一般是歸功於高斯 (Carl Friedrich Gauss)，不過是由阿德里安 - 馬里 (Andrien-Marie Legendre) 最先發表。

10-1-2 數學觀點

假設有 n 個數據，如下所示 :

(x1, y1), (x2, y2), ⋯ (xn, yn)，

現在要找出下列線性函數 :

y = f(x) = ax + b

讓誤差最小 :

$$\varepsilon = (f(x1) - y1)^2 + (f(x2) - y2)^2 + ... (f(xn) - yn)^2$$

10-2 簡單的企業實例

在業務員拜訪客戶的數據我們獲得了下列結果：

	拜訪次數 (單位：100)	國際證照考卷銷售張數
第 1 年	1	500
第 2 年	2	1000
第 3 年	3	2000

在第 9-4-3 節筆者使用二次函數解了上述問題，實務上在做業績預估時，可能會遭受許多因素影響，因此無法像二次函數圖表方式的業績成長。現在我們再度回到直線的線性關係，如下所示：

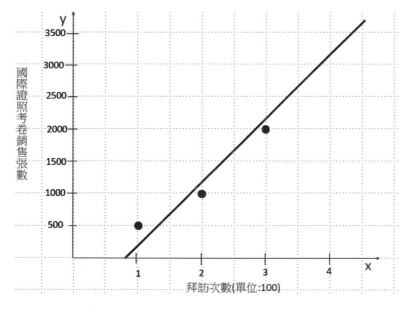

也就是業績可能會是一條直線，由此直線再做業績預估，但是現在我們也發現這一條業績線不是通過所有的點，甚至和每個數據點皆有誤差。假如上述紫色是我們得到的業績線，可以看到可能外在因素影響，第 1 年業績比預估好，第 2 和第 3 年業績比預估差。

這一章主要就是要由實際銷售數據，找出上述紫色誤差最小的業績線，使用的方法是最小平方法。

10-3 機器學習建立含誤差值的線性方程式

10-3-1　觀念啟發

機器學習中很重要的一環是建立最小誤差的線性函數，從前一節的觀念中我們知道重點是要找出與各數據點誤差最小的方程式。現在再度回到下列一元一次方程式：

$y = ax + b$

可以為各個數據點建立下列一元一次方程式：

$y = ax + b + \varepsilon$

現在我們必須為 3 個數據點代入含誤差的線性方程式：

$500 = 1a + b + \varepsilon_1$　　　　# 1a = 1*a
$1000 = 2a + b + \varepsilon_2$　　　# 2a = 2*a
$2000 = 3a + b + \varepsilon_3$　　　# 3a = 3*a

參考上述線性方程式，我們可以繪製下列圖表。

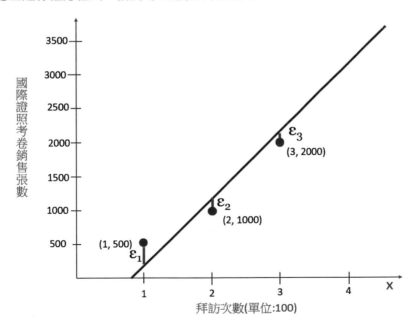

上述各點與預估線條的誤差分別是 ε_1、ε_2、ε_3。我們可以將誤差寫成下列方程式：

$$\varepsilon_1 = 500 - 1a - b$$

$$\varepsilon_2 = 1000 - 2a - b$$

$$\varepsilon_3 = 2000 - 3a - b$$

從上述可以得到下列誤差平方和：

$$\varepsilon_1^2 + \varepsilon_2^2 + \varepsilon_3^2 = (500 - a - b)^2 + (1000 - 2a - b)^2 + (2000 - 3a - b)^2$$

為了簡化運算，筆者將銷售單位改為 100，所以整個公式如下：

$$\varepsilon_1^2 + \varepsilon_2^2 + \varepsilon_3^2 = (5 - a - b)^2 + (10 - 2a - b)^2 + (20 - 3a - b)^2$$

10-3-2　三項和的平方

下列是筆者已經推導出的三項和的平方公式：

$$(a + b + c)^2 = a^2 + b^2 + c^2 + 2ab + 2bc + 2ac$$

這個已經計算推導過的公式對於計算 10-3-1 節的公式非常有用，讀者可以直接套用。

10-3-3　公式推導

現在筆者先拆解 $(5 - a - b)^2$，可以得到下列結果：

$$(5 - a - b)^2 = 25 + a^2 + b^2 - 10a - 10b + 2ab$$

現在筆者先拆解 $(10 - 2a - b)^2$，可以得到下列結果：

$$(10 - 2a - b)^2 = 100 + 4a^2 + b^2 - 40a - 20b + 4ab$$

現在筆者先拆解 $(20 - 3a - b)^2$，可以得到下列結果：

$$(20 - 3a - b)^2 = 400 + 9a^2 + b^2 - 120a - 40b + 6ab$$

接下來將上述相加，就可以得到誤差平方和。

$$\varepsilon_1^2 + \varepsilon_2^2 + \varepsilon_3^2 = a^2 + b^2 + 2ab - 10a - 10b + 25$$
$$+ 4a^2 + b^2 + 4ab - 40a - 20b + 100$$
$$+ 9a^2 + b^2 + 6ab - 120a - 40b + 400$$

進一步加總可以得到下列結果:

$$\varepsilon_1^2 + \varepsilon_2^2 + \varepsilon_3^2 = 14a^2 + 3b^2 + 12ab - 70b - 170a + 525$$

10-3-4 使用配方法計算直線的斜率和截距

現在必須將斜率 a 或截距 b 改寫成 a 或 b 的配方法,不論是使用 a 或 b 開始,皆可以獲得一樣的結果。現在筆者先從截距 b 開始,首先必須將 a^2 項,a 項以及和 a 無關的常數項目列出來放後面,如下所示:

$$= 3b^2 + (12a - 70)b + 14a^2 \text{-}170a + 525$$

現在進行配方法:

$$= 3(b^2 + (12a - 70)b/3) + 14a^2 \text{-}170a + 525$$
$$= 3(b^2 + 2b(2a - 11.67)) + 14a^2 \text{-}170a + 525$$
$$= 3(b + (2a - 11.67))^2 - 3(2a - 11.67)^2 + 14a^2 \text{-}170a + 525$$
$$= 3(b + (2a - 11.67))^2 - 3(4a^2 - 46.68a + 136.19) + 14a^2 \text{-}170a + 525$$

下列是處理不同區塊:

$$= 3(b + (2a - 11.67))^2 - 3(4a^2 - 46.68a + 136.19) + 14a^2 \text{-}170a + 525$$
$$= 3(b + (2a - 11.67))^2 + 2a^2 - 30a + 116$$

所以在頂點時,$(2a - 11.67)^2$ 必須為 0,所以可以得到下列結果。

$$b = \text{-}(2a - 11.67) \ -----> b = -2a + 11.67$$

當 b = -2a + 11.67 時,二次項將是 0,後面的 $2a^2 - 30a + 116$ 則是沒有關係的常數項。

但是對斜率而言 $2a^2 - 30a + 116$,a 也是二次函數,現在我們必須為此計算最小值。下列是此誤差的完整公式:

$$\varepsilon_1^2 + \varepsilon_2^2 + \varepsilon_3^2 = 3(b + (2a - 11.67))^2 + 2a^2 - 30a + 116$$
$$= 3(b + (2a - 11.67))^2 + 2(a - 7.5)^2 + 3.5$$

當 a = 7.5 時,二次項將是 0。

所以現在的聯立方程式內容如下:

a = 7.5   # a 是斜率
b = -2*7.5 + 11.67

將 a 代入 b 方程式，可以得到：

b =-2 * 7.5 + 11.67 =-3.33   # b 是截距

所以最後可以得到最小誤差平方和的方程式如下：

y = 7.5x − 3.33

程式實例 ch10_1.py：使用上述計算的最小誤差平方和的方程式繪製銷售國際證照考卷的張數圖表，同時將 y 軸的銷售張數單位改為 100。

```
1  # ch10_1.py
2  import matplotlib.pyplot as plt
3  x = [x for x in range(0, 11)]
4  y = [7.5*y - 3.33 for y in x]
5  plt.axis([0, 4, 0, 25])
6  plt.plot(x, y)
7  plt.plot(1, 5, '-o')
8  plt.plot(2, 10, '-o')
9  plt.plot(3, 20, '-o')
10 plt.xlabel('Times:unit=100')
11 plt.ylabel('Voucher:unit=100')
12 plt.grid()                        # 加格線
13 plt.show()
```

執行結果

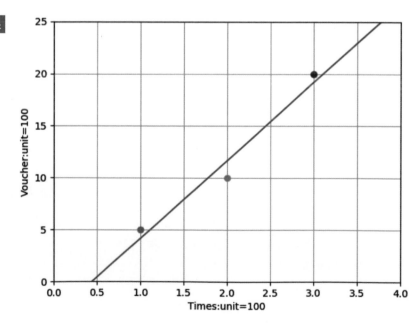

10-4　Numpy 實作最小平方法

10-3 節筆者一步一步推導計算了迴歸直線的係數，同時得到了下列迴歸直線：

$$y = 7.5x - 3.33$$

Numpy 有一個 polyfit( ) 函數，當我們有拜訪次數與銷售考卷數據後，可以使用此函數計算迴歸直線的數據，此函數用法如下所示：

polyfit(x, y, deg)

上述 deg 是多項式的最高次方，如果是一次多項式此值是 1。

程式實例 ch10_2.py：使用 10-3 節的數據和 Numpy 模組的 polyfit( ) 函數計算迴歸直線 y=ax+b 的係數 a 和 b。

```
1   # ch10_2.py
2   import numpy as np
3
4   x = np.array([1, 2, 3])          # 拜訪次數，單位是100
5   y = np.array([5, 10, 20])        # 銷售考卷數，單位是100
6
7   a, b = np.polyfit(x, y, 1)
8   print('斜率 a = {0:5.2f}'.format(a))
9   print('截距 b = {0:5.2f}'.format(b))
```

執行結果
```
========= RESTART: D:\Python Machine Learning Math\ch10\ch10_2.py =========
斜率 a =  7.50
截距 a = -3.33
```

從上述實例我們輕鬆的獲得了迴歸直線的係數，不過當讀者懂得原理，再用程式實作相信讀者心中可以更感覺紮實。

程式實例 ch10_3.py：繪製迴歸直線與所有的點。

```
1    # ch10_3.py
2    import matplotlib.pyplot as plt
3    import numpy as np
4
5    x = np.array([1, 2, 3])          # 拜訪次數，單位是100
6    y = np.array([5, 10, 20])        # 銷售考卷數，單位是100
7
8    a, b = np.polyfit(x, y, 1)       # 迴歸直線
9    print('斜率 a = {0:5.2f}'.format(a))
10   print('截距 b = {0:5.2f}'.format(b))
```

```
11
12  y2 = a*x + b
13  plt.scatter(x, y)                        # 繪製散佈圖
14  plt.plot(x, y2)                          # 繪製迴歸直線
15  plt.show()
```

執行結果：Python Shell 視窗所顯示的斜率與截距則省略。

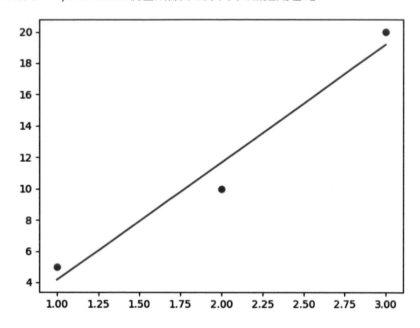

10-5　線性迴歸

　　10-3 節筆者使用幾個數據然後建立了這些數據的最小平方誤差的直線，這就是簡單線性迴歸的實例，前一節所獲得的公式如下：

　　y = 7.5x − 3.33

　　在上述公式 x 稱自變數 (Independent variable)，y 因為會隨 x 而改變，所以 y 稱因變數 (Dependent variable)。然後又將這類關係稱線性迴歸模型 (Linear Regression model)。

程式實例 ch10_4.py：假設要達到 2500 張考卷銷售，需要拜訪客戶幾次，同時用圖表表達。

```
1  # ch10_4.py
2  import matplotlib.pyplot as plt
3  x = [x for x in range(0, 11)]
4  y = [7.5*y - 3.33 for y in x]
5  voucher = 25                        # unit = 100
6  ans_x = (25 + 3.33) / 7.5
7  print('拜訪次數 = {}'.format(int(ans_x*100)))
8  plt.axis([0, 4, 0, 30])
9  plt.plot(x, y)
10 plt.plot(1, 5, '-x')
11 plt.plot(2, 10, '-x')
12 plt.plot(3, 20, '-x')
13 plt.plot(ans_x, 25, '-o')
14 plt.text(ans_x-0.6, 25+0.2, '('+str(int(ans_x*100))+','+str(2500)+')')
15 plt.xlabel('Times:unit=100')
16 plt.ylabel('Voucher:unit=100')
17 plt.grid()                          # 加格線
18 plt.show()
```

執行結果
```
========== RESTART: D:\Python Machine Learning Math\ch10\ch10_4.py ==========
拜訪次數 = 377
```

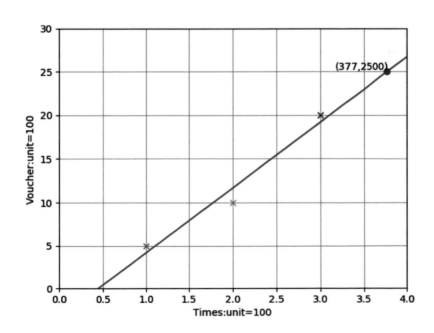

10-6　實務應用

　　10-3 節的實例因為筆者使用手工計算，為了簡化所以數據量只有 3 筆，實務上一定會有許多資料，本節將直接展示真實的實例，有一家便利商店記錄了天氣溫度與飲料的銷量，如下所示：

氣溫 x	22	26	23	28	27	32	30
銷量 y	15	35	21	62	48	101	86

　　上述筆者並沒有將氣溫數據排序，不過仍可正常執行。

程式實例 ch10_5.py：使用上述數據計算氣溫 31 度時的飲料銷量，同時標記此圖表。

```
1   # ch10_5.py
2   import matplotlib.pyplot as plt
3   import numpy as np
4
5   x = np.array([22, 26, 23, 28, 27, 32, 30])          # 溫度
6   y = np.array([15, 35, 21, 62, 48, 101, 86])         # 飲料銷售數量
7
8   a, b = np.polyfit(x, y, 1)                           # 迴歸直線
9   print(f'斜率 a = {a:5.2f}')
10  print(f'截距 b = {b:5.2f}')
11
12  y2 = a*x + b
13  plt.scatter(x, y)                                   # 繪製散佈圖
14  plt.plot(x, y2)                                     # 繪製迴歸直線
15
16  sold = a*31 + b
17  print('氣溫31度時的銷量 = {}'.format(int(sold)))
18  plt.plot(31, int(sold), '-o')
19  plt.show()
```

執行結果

```
=========== RESTART: D:\Python Machine Learning Math\ch10\ch10_5.py ===========
斜率 a =  8.89
截距 b = -186.30
氣溫31度時的銷量 = 89
```

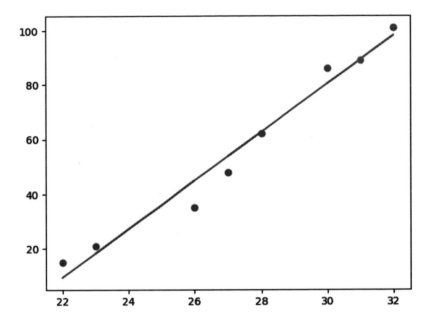

第11章

機器學習必須懂的集合

本章摘要

11-1 使用 Python 建立集合

集合是由元素組成，基本觀念是無序且每個元素是唯一的。例如：一個骰子有 6 面，每一面是一個數字，每個數字是一個元素，我們可以使用集合代表這 6 個數字。

{1, 2, 3, 4, 5, 6}

11-1-1 使用 { } 建立集合

Python 可以使用大括號 "{ }" 建立集合，下列是建立 lang 集合，此集合元素是 'Python'、'C'、'Java'。

```
>>> lang = {'Python', 'C', 'Java'}
>>> lang
{'Python', 'Java', 'C'}
```

下列是建立 A 集合，集合元素是自然數 1, 2, 3, 4, 5。

```
>>> A = {1, 2, 3, 4, 5}
>>> A
{1, 2, 3, 4, 5}
```

11-1-2 集合元素是唯一

因為集合元素是唯一，所以即使建立集合時有元素重複，也只有一份會被保留。

```
>>> A = {1, 1, 2, 2, 3, 3, 3}
>>> A
{1, 2, 3}
```

11-1-3 使用 set( ) 建立集合

Python 內建的 set( ) 函數也可以建立集合，set( ) 函數參數只能有一個元素，此元素的內容可以是字串 (string)、串列 (list)、元組 (tuple)、字典 (dict) … 等。下列是使用 set( ) 建立集合，元素內容是字串。

```
>>> A = set('Deepmind')
>>> A
{'i', 'm', 'd', 'D', 'n', 'e', 'p'}
```

從上述運算我們可以看到原始字串 e 有 2 個，但是在集合內只出現一次，因為集合元素是唯一的。此外，雖然建立集合時的字串是 'Deepmind'，但是在集合內字母順序完全被打散了，因為集合是無序的。

下列是使用串列建立集合的實例。

```
>>> A = set(['Python', 'Java', 'C'])
>>> A
{'Python', 'Java', 'C'}
```

11-1-4　集合的基數 (cardinality)

所謂集合的基數 (cardinality) 是指集合元素的數量，可以使用 len( ) 函數取得。

```
>>> A = {1, 3, 5, 7, 9}
>>> len(A)
5
```

11-1-5　建立空集合要用 set( )

如果使用 { }，將是建立空字典。建立空集合必須使用 set( )。

程式實例 ch11_1.py：建立空字典與空集合。

```
1  # ch11_1.py
2  empty_dict = {}                      # 這是建立空字典
3  print("列印類別 = ", type(empty_dict))
4  empty_set = set()                    # 這是建立空集合
5  print("列印類別 = ", type(empty_set))
```

執行結果
```
=========== RESTART: D:/Python Machine Learning Math/ch11/ch11_1.py ===========
列印類別 =  <class 'dict'>
列印類別 =  <class 'set'>
```

11-1-6　大數據資料與集合的應用

筆者的朋友在某知名企業工作，收集了海量資料使用串列保存，這裡面有些資料是重複出現，他曾經詢問筆者應如何將重複的資料刪除，筆者告知如果使用 C 語言可能需花幾小時解決，但是如果了解 Python 的集合觀念，只要花約 1 分鐘就解決了。其實只要將串列資料使用 set( ) 函數轉為集合資料，再使用 list( ) 函數將集合資料轉為串列資料就可以了。

程式實例 ch11_2.py：將串列內重複性的資料刪除。

```
1   # ch11_2.py
2   fruits1 = ['apple', 'orange', 'apple', 'banana', 'orange']
3   x = set(fruits1)                    # 將串列轉成集合
4   fruits2 = list(x)                   # 將集合轉成串列
5   print("原先串列資料fruits1 = ", fruits1)
6   print("新的串列資料fruits2 = ", fruits2)
```

執行結果

```
========== RESTART: D:/Python Machine Learning Math/ch11/ch11_2.py ==========
原先串列資料fruits1 =  ['apple', 'orange', 'apple', 'banana', 'orange']
新的串列資料fruits2 =  ['apple', 'banana', 'orange']
```

11-2　集合的操作

Python 符號	說明	方法
&	交集	intersection( )
|	聯集	union( )
-	差集	difference( )
^	對稱差集	symmetric_difference( )

11-2-1　交集 (intersection)

有 A 和 B 兩個集合，如果想獲得相同的元素，則可以使用交集。例如：你舉辦了數學 (可想成 A 集合) 與物理 (可想成 B 集合)2 個夏令營，如果想統計有那些人同時參加這 2 個夏令營，可以使用此功能。

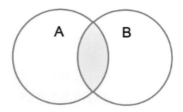

交集的數學符號是 ∩，若是以上圖而言就是：**A∩B**。

在 Python 語言的交集符號是 "&"，另外，也可以使用 intersection( ) 方法完成這個工作。

程式實例 ch11_3.py：有數學與物理 2 個夏令營，這個程式會列出同時參加這 2 個夏令營的成員。

```
1   # ch11_3.py
2   math = {'Kevin', 'Peter', 'Eric'}        # 設定參加數學夏令營成員
3   physics = {'Peter', 'Nelson', 'Tom'}     # 設定參加物理夏令營成員
4   both1 = math & physics
5   print("同時參加數學與物理夏令營的成員 ",both1)
6   both2 = math.intersection(physics)
7   print("同時參加數學與物理夏令營的成員 ",both2)
```

執行結果
```
========== RESTART: D:/Python Machine Learning Math/ch11/ch11_3.py ==========
同時參加數學與物理夏令營的成員  {'Peter'}
同時參加數學與物理夏令營的成員  {'Peter'}
```

10-2-2　聯集 (union)

　　有 A 和 B 兩個集合，如果想獲得所有的元素，則可以使用聯集。例如：你舉辦了數學 (可想成 A 集合) 與物理 (可想成 B 集合)2 個夏令營，如果想統計有參加數學或物理夏令營的全部成員，可以使用此功能。

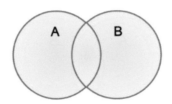

　　聯集的數學符號是∪，若是以上圖而言就是 A∪B：。

　　在 Python 語言的聯集符號是 "|"，另外，也可以使用 union( ) 方法完成這個工作。

程式實例 ch11_4.py：有數學與物理 2 個夏令營，這個程式會列出有參加數學或物理夏令營的所有成員。

```
1   # ch11_4.py
2   math = {'Kevin', 'Peter', 'Eric'}        # 設定參加數學夏令營成員
3   physics = {'Peter', 'Nelson', 'Tom'}     # 設定參加物理夏令營成員
4   allmember1 = math | physics
5   print("參加數學或物理夏令營的成員 ",allmember1)
6   allmember2 = math.union(physics)
7   print("參加數學或物理夏令營的成員 ",allmember2)
```

執行結果

```
========== RESTART: D:/Python Machine Learning Math/ch11/ch11_4.py ==========
參加數學或物理夏令營的成員　{'Tom', 'Kevin', 'Nelson', 'Eric', 'Peter'}
參加數學或物理夏令營的成員　{'Tom', 'Kevin', 'Nelson', 'Eric', 'Peter'}
```

11-2-3　差集 (difference)

有 A 和 B 兩個集合，如果想獲得屬於 A 集合元素，同時不屬於 B 集合則可以使用差集 (A-B)。如果想獲得屬於 B 集合元素，同時不屬於 A 集合則可以使用差集 (B-A)。例如：你舉辦了數學 (可想成 A 集合) 與物理 (可想成 B 集合)2 個夏令營，如果想瞭解參加數學夏令營但是沒有參加物理夏令營的成員，可以使用此功能。

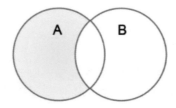

如果想統計參加物理夏令營但是沒有參加數學夏令營的成員，也可以使用此功能。

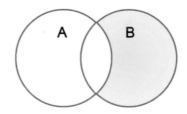

在 Python 語言的差集符號是 "-"，另外，也可以使用 difference( ) 方法完成這個工作。

程式實例 ch11_5.py：有數學與物理 2 個夏令營，這個程式會列出參加數學夏令營但是沒有參加物理夏令營的所有成員。另外也會列出參加物理夏令營但是沒有參加數學夏令營的所有成員。

```
1  # ch11_5.py
2  math = {'Kevin', 'Peter', 'Eric'}          # 設定參加數學夏令營成員
3  physics = {'Peter', 'Nelson', 'Tom'}       # 設定參加物理夏令營成員
4  math_only1 = math - physics
5  print("參加數學夏令營同時沒有參加物理夏令營的成員 ",math_only1)
6  math_only2 = math.difference(physics)
7  print("參加數學夏令營同時沒有參加物理夏令營的成員 ",math_only2)
```

```
8   physics_only1 = physics - math
9   print("參加物理夏令營同時沒有參加數學夏令營的成員 ",physics_only1)
10  physics_only2 = physics.difference(math)
11  print("參加物理夏令營同時沒有參加數學夏令營的成員 ",physics_only2)
```

執行結果
```
=========== RESTART: D:/Python Machine Learning Math/ch11/ch11_5.py ==========
參加數學夏令營同時沒有參加物理夏令營的成員  {'Kevin', 'Eric'}
參加數學夏令營同時沒有參加物理夏令營的成員  {'Kevin', 'Eric'}
參加物理夏令營同時沒有參加數學夏令營的成員  {'Nelson', 'Tom'}
參加物理夏令營同時沒有參加數學夏令營的成員  {'Nelson', 'Tom'}
```

11-2-4　對稱差集 (symmetric difference)

有 A 和 B 兩個集合，如果想獲得屬於 A 或是 B 集合元素，但是排除同時屬於 A 和 B 的元素。例如：你舉辦了數學 (可想成 A 集合) 與物理 (可想成 B 集合)2 個夏令營，如果想統計參加數學夏令營或是有參加物理夏令營的成員，但是排除同時參加這 2 個夏令營的成員，則可以使用此功能。更簡單的解釋是只參加一個夏令營的成員。

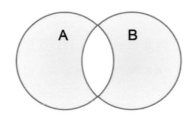

在 Python 語言的對稱差集符號是 "^"，另外，也可以使用 symmetric_difference( ) 方法完成這個工作。

程式實例 ch11_6.py：有數學與物理 2 個夏令營，這個程式會列出參加數學夏令營或是參加物理夏令營，但是排除同時參加 2 個夏令營的所有成員。

```
1   # ch11_6.py
2   math = {'Kevin', 'Peter', 'Eric'}        # 設定參加數學夏令營成員
3   physics = {'Peter', 'Nelson', 'Tom'}     # 設定參加物理夏令營成員
4   math_sydi_physics1 = math ^ physics
5   print("沒有同時參加數學和物理夏令營的成員 ",math_sydi_physics1)
6   math_sydi_physics2 = math.symmetric_difference(physics)
7   print("沒有同時參加數學和物理夏令營的成員 ",math_sydi_physics2)
```

執行結果
```
=========== RESTART: D:/Python Machine Learning Math/ch11/ch11_6.py ==========
沒有同時參加數學和物理夏令營的成員  {'Nelson', 'Eric', 'Tom', 'Kevin'}
沒有同時參加數學和物理夏令營的成員  {'Nelson', 'Eric', 'Tom', 'Kevin'}
```

11-3　子集、宇集與補集

有集合 A 內容是 {1, 2, 3, 4, 5, 6} 和集合 B 內容是 {1, 3, 5}，圖示說明如下：

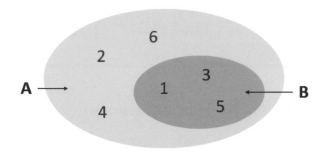

11-3-1　子集

所有集合 B 的元素皆在集合 A 內，我們稱集合 B 是集合 A 的子集 (subset)，數學表示方法如下：

$\mathbf{A \supset B}$ 或是 $\mathbf{B \subset A}$　　　# B 包含於 A，可以使用 A > B 語法

$\mathbf{A \supseteq B}$ 或是 $\mathbf{B \subseteq A}$　　　# B 包含於或等於 A，可以使用 A >= B 語法

註　空集合是任一個集合的子集，一個集合也是本身的子集。

```
>>> A = {1, 2, 3}
>>> B = set()
>>> B <= A
True
>>> A <= A
True
```

可以使用 <= 符號或是 issubset( ) 函數測試是否 B 是 A 的子集，如果是則回傳 True 否則回傳 False。

```
>>> A = {1, 2, 3, 4, 5, 6}
>>> B = {1, 3, 5}
>>> B <= A
True
>>> B.issubset(A)
True
```

11-3-2　宇集

所有集合 B 的元素皆在集合 A 內,我們稱集合 A 是集合 B 的宇集 (superset) 或是稱超集,相關觀念可以考上一小節:

可以使用 >= 符號或是 issuperset( ) 函數測試是否 A 是 B 的子集,如果是則回傳 True 否則回傳 False。

```
>>> A = {1, 2, 3, 4, 5, 6}
>>> B = {1, 3, 5}
>>> A >= B
True
>>> A.issuperset(B)
True
```

11-3-3　補集

若是以 13-3 節的圖為實例,屬於 A 集合但是不在 B 集合的元素稱 A 的補集,其數學表示法如下:

$$\overline{A} = \{2, 4, 6\}$$

Python 雖然沒有提供補集的運算方式,但是可以使用 A – B 得到結果。

```
>>> A = {1, 2, 3, 4, 5, 6}
>>> B = {1, 3, 5}
>>> A - B
{2, 4, 6}
```

11-4　加入與刪除集合元素

方法	說明	實例
add( )	增加元素	A.add('element')
remove( )	刪除元素	A.remove('element')
pop( )	隨機刪除元素並回傳	A.pop( )
clear( )	刪除所有元素	A.clear( )

下列是增加元素的實例。

```
>>> A = {1, 2, 5}
>>> A.add(3)
>>> A
{1, 2, 3, 5}
```

下列是刪除元素的實例。

```
>>> A = {1, 2, 3}
>>> A.remove(2)
>>> A
{1, 3}
```

下列是隨機刪除元素並回傳的實例。

```
>>> A = {1, 2, 3}
>>> ret = A.pop()
>>> A
{2, 3}
>>> ret
1
```

下列是刪除所有元素的實例。

```
>>> A = {1, 2, 3}
>>> A.clear()
>>> A
set()
```

11-5　冪集與 Sympy 模組

所謂的冪集 (Power set) 是指一個集合的所有子集合所構成的集合，例如：有一個集合是 {1, 2}，此集合的所有子集合如下：

```
set()                    # 這是空集合
{1}
{2}
{1, 2}
```

所以集合 {1, 2} 的冪集如下：

```
{EmptySet( ), {1}, {2}, {1, 2}}
```

　　Python 本身沒有提供有關冪集的方法，不過我們可以使用第 2 章所介紹的 Sympy 模組，建立此冪集。

11-5-1　Sympy 模組與集合

　　Sympy 模組可以建立集合，使用前需要導入此模組與集合有關的方法：

　　from sympy import FiniteSet

FiniteSet( ) 方法可以建立集合，下列是建立 {1, 2, 3} 集合的實例。

```
>>> from sympy import FiniteSet
>>> A = FiniteSet(1, 2, 3)
>>> A
FiniteSet(1, 2, 3)
```

11-5-2　建立冪集

　　可以使用 powerset( ) 建立集合的冪集，請延續前一節實例執行下列操作。

```
>>> a = A.powerset()
>>> a
FiniteSet(FiniteSet(1), FiniteSet(1, 2), FiniteSet(1, 3), FiniteSet(1, 2, 3), Fi
niteSet(2), FiniteSet(2, 3), FiniteSet(3), EmptySet)
```

11-5-3　冪集的元素個數

　　一個集合如果有 n 個元素個數，此集合的冪集元素個數有 2^n 個，若是以 11-5-1 節的 A 集合為實例，A 集合有 3 個元素，所以此 A 集合的冪集 a 有 2^3=8 個元素，執行結果可以參考 11-5-2 節。

11-6　笛卡兒積

11-6-1　集合相乘

　　所謂的笛卡兒積 (Cartesian product) 是指從每個集合中提取一個元素組成的所有可能的集合，建立笛卡兒積可以使用乘法符號 '*'，此時所建的元素內容是元組 (tuple)。

程式實例 ch11_7.py：有 2 個集合，這 2 個集合皆有 2 個元素，請建立此笛卡兒積。

```
1   # ch11_7.py
2   from sympy import *
3   A = FiniteSet('a', 'b')
4   B = FiniteSet('c', 'd')
5   AB = A * B
6   for ab in AB:
7       print(type(ab), ab)
```

執行結果
```
========== RESTART: D:/Python Machine Learning Math/ch11/ch11_7.py ==========
<class 'tuple'> (a, c)
<class 'tuple'> (b, c)
<class 'tuple'> (a, d)
<class 'tuple'> (b, d)
```

　　如果 A 集合有 m 個元素，B 集合有 n 個元素，所建立的笛卡兒積有 m*n 個元素，可以參考下列實例。

程式實例 ch11_8.py：有 2 個集合，這 2 個集合分別有 5 和 2 個元素，請建立此笛卡兒積，同時列出元素個數。

```
1   # ch11_8.py
2   from sympy import *
3   A = FiniteSet('a', 'b', 'c', 'd', 'e')
4   B = FiniteSet('f', 'g')
5   AB = A * B
6   print('The length of Cartesian product', len(AB))
7   for ab in AB:
8       print(ab)
```

執行結果
```
========== RESTART: D:/Python Machine Learning Math/ch11/ch11_8.py ==========
The length of Cartesian product 10
(a, f)
(b, f)
(a, g)
(c, f)
(b, g)
(d, f)
(c, g)
(e, f)
(d, g)
(e, g)
```

11-6-2　集合的 n 次方

　　如果是三次方表示笛卡兒積的元素是由 3 個元素組成的元組，此時所建立的元素個數是 2^3。n 次則代表由 n 個元素組成的元組，此時所建立的元素個數是 2^n。

程式實例 ch11_9.py：建立三次方的笛卡兒積。

```
1   # ch11_9.py
2   from sympy import *
3   A = FiniteSet('a', 'b')
4   AAA = A**3
5   print('The length of Cartesian product', len(AAA))
6   for a in AAA:
7       print(a)
```

執行結果

```
========== RESTART: D:/Python Machine Learning Math/ch11/ch11_9.py ==========
The length of Cartesian product 8
(a, a, a)
(b, a, a)
(a, b, a)
(b, b, a)
(a, a, b)
(b, a, b)
(a, b, b)
(b, b, b)
```

第12章

機器學習必須懂的排列與組合

本章摘要

12-1 排列基本觀念

12-1-1 實驗與事件

在機器學習中，我們會使用同樣的條件重複進行實驗，然後觀察與儲存執行結果。例如：執行擲骰子實驗，我們紀錄每次結果，擲骰子的行為就是試驗 (experiment)，所記錄擲出 6 的結果稱事件 (event)，最後將事件的結果儲存在集合內。

12-2-2 事件結果

將硬幣往上拋，硬幣落下後可以得到正面往上或是反面往上，如果只擲一枚硬幣，正面或是反面出現的結果有 2 種。前面幾節筆者講解了集合觀念，其實可以使用集合儲存正與反的結果。

A = {' 正 ',' 反 '}

如果擲 2 枚硬幣，可能的結果有下列結果。

	正面	反面
正面	正，正	正，反
反面	正，反	反，反

所以可以產生下列集合：

{' 正 ',' 正 '}、{' 正 ',' 反 '}、{' 反 ',' 正 '}、(' 反 ',' 反 ')

上述 (' 正 ',' 反 ') 與 { ' 反 ',' 正 '}，在集合觀念中是相同：

```
>>> A = { ' 正 ', ' 反 '}
>>> B = { ' 反 ', ' 正 '}
>>> A == B
True
```

所以最後可以得到下列集合。

{' 正 ',' 正 '}、{' 正 ',' 反 '}、(' 反 ',' 反 ')

也就是將 2 枚硬幣往上拋，有 3 種事件可能結果。

接下來考慮骰擲骰子的問題，如果擲 1 顆骰子，可能有 1, 2, 3, 4, 5, 6 等 6 個結果。如果擲 2 顆骰子有多少種結果？同樣我們也可以用表格紀錄與儲存。

	1	2	3	4	5	6
1	1, 1	1, 2	1, 3	1, 4	1, 5	1, 6
2	2, 1	2, 2	2, 3	2, 4	2, 5	2, 6
3	3, 1	3, 2	3, 3	3, 4	3, 5	3, 6
4	4, 1	4, 2	4, 3	4, 4	4, 5	4, 6
5	5, 1	5, 2	5, 3	5, 4	5, 5	5, 6
6	6, 1	6, 2	6, 3	6, 4	6, 5	6, 6

上述含 2 個元素的表格內容如果使用集合儲存，可以看到藍色的集合其內容有重複出現，例如：{1, 2} 與 {2, 1} 是相同的，當計算有多少種結果時，請計算黑色元素的集合，可以發現存在下列規律性：

1 + 2 + 3 + 4 + 5 + 6 = 21

再考慮擲 2 枚硬幣，可以得到下列規律性：

1 + 2 = 3

其實由上述結果我們可以得到，有一物件假設有 n 個結果，如果同時做實驗，可以有下列次數的可能結果。

1 + 2 + ⋯ n

12-2　有多少條回家路

下列是從學校回家的道路徑圖。

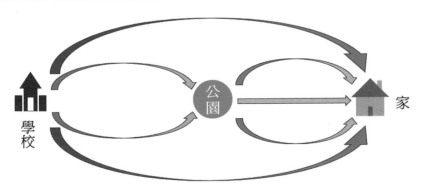

上述圖例傳達了下列訊息：

1：　從學校到公園有 2 條路徑。

2：　從公園回到家有 3 條路徑。

3：　從學校不經過公園，直接回家有 2 條路徑。

請計算最後有幾條從學校回到家的路徑。

❏　乘法原則

假設有 2 個事件，其中事件 A 與 B 會先後發生。A 事件有 a 個結果，B 事件有 b 個結果，這時總共會有下列不同結果：

　　a * b

現在回到上面回家的路徑圖，從學校到公園有 2 條路徑，從公園回家有 3 條路徑。如果將從學校到公園想成事件 A，則 a = 2，如果將從公園到家想成事件 B，則 b = 3，所以最後：

　　a * b = 2 * 3 = 6

有 6 條從學校經公園回家的路。

❏　加法原則

假設有 2 個事件，其中事件 A 與事件 B 只會發生一件，A 事件有 a 個結果，B 事件有 b 個結果，這時總共會有下列不同結果：

　　a + b

現在回到上面回家的路徑圖，從學校經公園回家有 6 條路徑。如果將從學校經公園回家想成事件 A，則 a = 6，如果將從學校直接回家想成事件 B，則 b = 2，所以最後：

　　a + b = 8

有 8 條從學校回家的路。

12-3 排列組合

❑　從數字看排列組合

如果將數字 1、2，排成 2 位數，位數資料不可以重複，有多少種排列組合，只要清楚列出，如下所示：

　　1, 2
　　2, 1

從上述可以得到有 2 種排列組合。

如果將數字 1、2、3，排成 3 位數，位數資料不可以重複，有多少種排列組合如下所示：

　　1, 2, 3
　　1, 3, 2
　　2, 1, 3
　　2, 3, 1
　　3, 1, 2
　　3, 2, 1

從上述可以得到有 6 種排列組合。

現在換成如果將數字 1、2、3、4 排成 3 位數，位數資料不可以重複，有多少種排列組合如下所示：

　　1, 2, 3
　　…
　　2, 3, 4

其實我們也可以一步一步列出所有組合，但是現在筆者想用解析問題方式處理這個問題。先考慮百位數，因為有 4 個數字可以放百位數，所以百位數有 4 種可能。現在考慮十位數，因為百位數已經用掉一個數字，所以只剩 3 個可能。現在考慮個位數，因為百位與十位已經用掉一個數字，所以只剩 2 個可能，所以最後有下列排列組合。

4 * 3 * 2 = 24 種排列組合。

下列是有關這類問題的圖表計算方式：

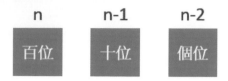

排列組合方式 = n * (n-1) * (n − 2)

所以相同問題，如果有 5 個數字，可以得到下列排列方式：

5 * 4 * 3 = 60 種排列組合。

❑　建立公式

在數學的應用中可以使用下列公式：

　　nPr

P 的原意是 Permutation(排列)，上述公式是從 n 個數字中取 r 個數字列出排列結果。了解上述公式後，可以使用下列方式重新定義圖表。

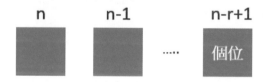

排列組合方式 = n * (n-1) * ... * (n−r+1)

程式實例 ch12_1.py：列出 4P3 的元素組合數量，以及所有結果。

```
1  # ch12_1.py
2  import itertools
3  n = {1, 2, 3, 4}
4  r = 3
5  A = set(itertools.permutations(n, 3))
6  print('元素數量 = {}'.format(len(A)))
7  for a in A:
8      print(a)
```

執行結果

```
=========== RESTART: D:/Python Machine Learning Math/ch12/ch12_1.py ===========
元素數量 = 24
(1、3、2)
(4、3、2)
(3、4、1)
(1、4、2)
(2、4、1)
(3、4、2)
(2、3、1)
(1、4、3)
(4、3、1)
(2、4、3)
(3、1、4)
(3、1、2)
(3、2、1)
(2、1、4)
(1、2、3)
(1、2、4)
(4、1、2)
(2、1、3)
(3、2、4)
(4、1、3)
(4、2、1)
(1、3、4)
(2、3、4)
(4、2、3)
```

❑ 從非數字看排列組合

在科學實驗中，所排列的數據可能是非數字，例如：基因排列，… 等，其觀念類似，下列使用英文小寫字母，列出排列可能結果。

程式實例 ch12_2.py：假設基因是配對存在，現在有 a、b、c、d、e 等 5 種基因，每 2 個不同基因可以配對，請問有幾種組合同時列出所有組合。

```
1   # ch12_2.py
2   import itertools
3   n = {'a', 'b', 'c', 'd', 'e'}
4   r = 2
5   A = set(itertools.permutations(n, 2))
6   print('基因配對組合數量 = {}'.format(len(A)))
7   for a in A:
8       print(a)
```

執行結果

```
============ RESTART: D:/Python Machine Learning Math/ch12/ch12_2.py ============
基因配對組合數量 = 20
('c', 'b')
('d', 'b')
('a', 'c')
('a', 'b')
('d', 'a')
('d', 'c')
('c', 'a')
('a', 'e')
('e', 'a')
('d', 'e')
('a', 'd')
('e', 'c')
('b', 'd')
('c', 'e')
('c', 'd')
('e', 'b')
('b', 'e')
('e', 'd')
('b', 'a')
('b', 'c')
```

12-4　階乘的觀念

階乘觀念是由法國數學家克里斯蒂安‧克蘭普 (Christian Kramp, 1760-1826) 法國數學家所發表，他是學醫但是卻同時對數學感興趣，發表許多數學文章。

❑　數字觀念

前一節筆者介紹了下列公式：

　nPr

上述如果 n = r，可以得到下列結果：

　n * (n-1) * … (n-r+1)

由於 n = r，所以上述公式可以改寫如下：

　n * (n-1) * … 1

假設 n = 5，可以得到下列結果：

　5 * 4 * 3 * 2 * 1

其實上述將自然數從 1 到 n 每次加 1 的連乘,就是我們所稱的階乘。數學應用又將上述階乘,使用下列方式表達:

n!

例如:5*4*3*2*1 表達方式是 5!

❑ 業務員拜訪路徑實務應用

接下來筆者要說明著名的業務員旅行拜訪客戶的行程問題。

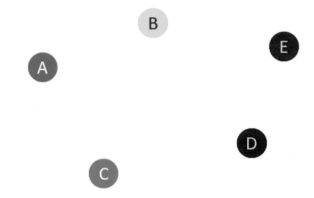

假設業務員要拜訪客戶,共有 5 個客戶分別在 5 個城市,究竟有多少種拜訪路徑?首先業務員必須選擇一個城市當作起點,此時有 5 種選擇方式,假設選擇 A 城市,參考下圖。

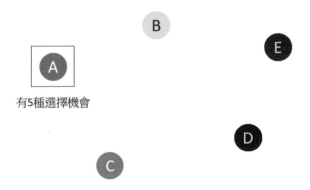

第 2 步選擇第 2 個拜訪城市,這時剩下 4 種選擇機會,假設選擇 B 城市。

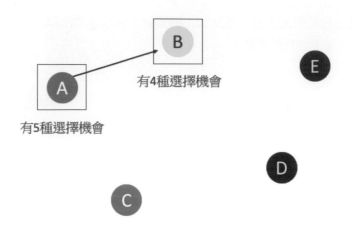

第 3 步選擇拜訪第 3 個城市會剩下 3 種選擇機會，假設選擇 C 城市。

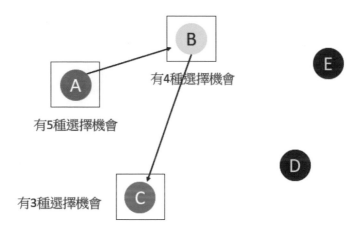

第 4 步選擇拜訪第 4 個城市會剩下 2 種選擇機會，假設選擇 D 城市。

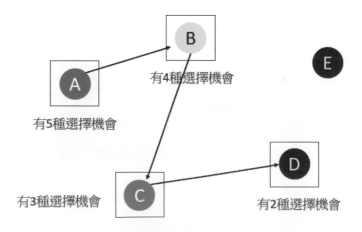

第 5 步選擇拜訪第 5 個城市會剩下 1 種選擇機會，只能選擇 E 城市。

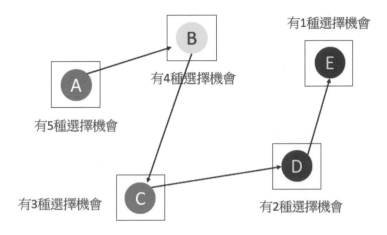

依上述觀念可以使用下列公式計算可以選擇的路徑。

5 * 4 * 3 * 2 * 1 = 120

上述公式就是階乘公式，可以使用下列方式表達：

5!

程式實例 ch12_3.py：業務員拜訪路徑問題，使用 itertools 模組搭配 permutations( ) 方法，計算業務員拜訪路徑數，同時列出所有路徑。

```
1  # ch12_3.py
2  import itertools
3  n = {'A', 'B', 'C', 'D', 'E'}
4  r = 5
5  A = set(itertools.permutations(n, 5))
6  print('業務員路徑數 = {}'.format(len(A)))
7  for a in A:
8      print(a)
```

執行結果 因為路徑有 120 條，筆者省略只列出部分。

```
=========== RESTART: D:/Python Machine Learning Math/ch12/ch12_3.py ===========
業務員路徑數 = 120
('C', 'B', 'A', 'E', 'D')
('E', 'C', 'B', 'A', 'D')
('E', 'C', 'A', 'B', 'D')
('E', 'C', 'A', 'D', 'B')
                         .............................................
```

其實也可以使用第 2 章的 math 模組的 factorial( )，執行階乘運算。

```
>>> import math
>>> math.factorial(5)
120
```

❑　可怕的階乘數字

假設有 30 個城市要拜訪，請問有多少種拜訪路徑？可以使用下列方式得到答案。

```
>>> math.factorial(30)
265252859812191058636308480000000
```

實例 ch12_4.py：計算拜訪 30 個城市的路徑，假設超級電腦每秒可以處理 10 兆個路徑，請計算需要多少年可以得到所有路徑。

```
1   # ch12_4.py
2   import math
3
4   N = 30
5   times = 10000000000000          # 電腦每秒可處理數列數目
6   day_secs = 60 * 60 * 24         # 一天秒數
7   year_secs = 365 * day_secs      # 一年秒數
8   combinations = math.factorial(N)  # 組合方式
9   years = combinations / (times * year_secs)
10  print("需要 %d 年才可以獲得結果" % years)
```

執行結果
```
========= RESTART: D:/Python Machine Learning Math/ch12/ch12_4.py =========
需要 841111300774 年才可以獲得結果
```

　　盤古開天至今據說有 137 億年，區區 30 個城市的拜訪路徑就需要 8411 億年，才可列出所有路徑。

12-5　重複排列

　　現在筆者講解排列的另一個方法，假設有 1, 2, 3, 4, 5 等數字，如果要排出 2 位數，這次假設數字可以重複使用，例如：可以有 11、22、… 55。

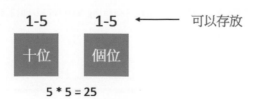

由於每個位數有 5 種可能,所以最後有 25 種排列方式。

現在筆者講解排列的另一個方法,假設有 1, 2, 3, 4, 5 等數字,如果要排出 3 位數,這次假設數字可以重複使用,例如:可以有 111、112、 … 555。

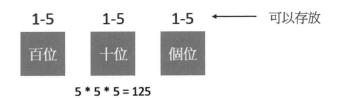

$$5 * 5 * 5 = 125$$

由於每個位數可以有 5 個選項,所以總共可以有 125,類似上述排列方式的公式如下:

$$n\Pi r = n^r$$

上述 n 是數字數量,r 則是數列個數,若以上述為例,n = 5,r = 3,所以結果是 125。

程式實例 ch12_5.py:將上述數列 1, 2, 3, 4, 5,如果要排出 3 位數,這次假設數字可以重複使用,請列出可以有多少種排法,同時輸出結果。

```
1  # ch12_5.py
2  import itertools
3  n = {1, 2, 3, 4, 5}
4  A = set(itertools.product(n, n, n))
5  print('排列組合 = {}'.format(len(A)))
6  for a in A:
7      print(a)
```

執行結果

```
=========== RESTART: D:/Python Machine Learning Math/ch12/ch12_5.py ===========
排列組合 = 125
(4, 2, 2)
(1, 4, 4)
(2, 2, 4)
.................................................
```

12-6　組合

組合的英文是 Combination，假設從 1, 2, 3, 4, 5 中選出 3 個數字，請問有多少種方式？這個問題不考慮排列方式，我們稱之為組合。組合的基本公式如下：

nCr

或是用下列方式表達。

C_r^n 或是 $\binom{n}{r}$

上述 n 是數列個數，r 是所選取的個數，參考第一段敘述，可以用下列方式表達此組合。

$_5C_3$

至於有多少種組合，可以使用下列公式：

$$nCr = \frac{nPr}{r!}$$

上述 nPr 表示從 n 個數列中選出 r 個的排列方式，上述 r! 表示 r 的排列方式有幾種，放在分母主要是將同樣元素但是不同排列方式去除，相當於取出 1, 2, 3 時，下列只能算一種組合。

1, 2, 3　　1, 3, 2　　2, 3, 1　　2, 1, 3　　3, 1, 2　　3, 2, 1

依照先前觀念：

$_5P_3 = 5 * 4 * 3 = 60$

上述等於 60 種，但是必須除以 3!，由於 3! = 3 * 2 * 1 = 6，60 / 6 = 10，所以最後得到有 10 種組合。

程式實例 ch12_6.py：使用程式驗證上述結果。

```
1  # ch12_6.py
2  import itertools
3  n = {1, 2, 3, 4, 5}
4  A = set(itertools.combinations(n, 3))
5  print('組合 = {}'.format(len(A)))
6  for a in A:
7      print(a)
```

執行結果
```
========== RESTART: D:/Python Machine Learning Math/ch12/ch12_6.py ==========
組合 = 10
(2, 3, 5)
(1, 2, 3)
(1, 3, 5)
(1, 4, 5)
(1, 2, 4)
(1, 3, 4)
(2, 4, 5)
(3, 4, 5)
(2, 3, 4)
(1, 2, 5)
```

程式實例 ch12_7.py：計算擲 2 顆骰子，當 2 顆骰子的數字不同時有多少種組合。

```
1   # ch12_7.py
2   import itertools
3   n = {1, 2, 3, 4, 5, 6}
4   A = set(itertools.combinations(n, 2))
5   print('組合 = {}'.format(len(A)))
6   for a in A:
7       print(a)
```

執行結果
```
========== RESTART: D:/Python Machine Learning Math/ch12/ch12_7.py ==========
組合 = 15
(1, 2)
(1, 3)
(2, 6)
(4, 6)
(4, 5)
(5, 6)
(1, 4)
(1, 5)
(1, 6)
(2, 3)
(3, 6)
(2, 5)
(3, 4)
(2, 4)
(3, 5)
```

此外，可能還有骰字點數相同，例如：1, 1、2, 2、 … 、6, 6。

最後是 15 + 6 = 21，所以最後有 21 種組合。

第13章

機器學習需要認識的機率

本章摘要

在機器學習中會大量使用過去的資料，重複的學習，同時使用機率概念從這些資料中找出特徵，本章將說明機率。

13-1　機率基本觀念

在生活中擲骰子、拋硬幣、或是從一副樸克牌中抽一張牌，皆算是講解機率的好實例。例如：一個骰子有 6 面，分別是 1, 2, 3, 4, 5, 6，在擲骰子中，最後，可以獲得 1 ～ 6 其中一個數字，這時我們可以將所有可能結果稱樣本空間 (sample space)。如果想要計算擲骰子後可以得到特定結果 1, 2, 3, 4, 5, 6 的任一個可能性，稱作機率 (probability)。

$$P(E) = \frac{\text{特定事件集合 } n(E)}{\text{樣本空間 } n(S)}$$

註　樣本空間有時候也用字母 Ω 表示。

❏　擲骰子

如果以擲骰子為例：

樣本空間是 S = {1, 2, 3, 4, 5, 6}，n(S) = 6

產生數字 5 的集合是 E = {5}，n(E) = 1

$$P(E) = \frac{n(E)}{n(S)} = \frac{1}{6}$$

❏　拋硬幣

如果以拋硬幣為例，假設正面是 1，反面是 0：

樣本空間是 S = {0, 1}，n(S) = 2

產生 1(正面) 的集合是 E = {1}，n(E) = 1

$$P(E) = \frac{n(E)}{n(S)} = \frac{1}{2}$$

❏　男孩與女孩

　　假設生男孩與女孩的機率是一樣，假設有一家庭有 2 位小孩，已知其中一位是女孩，請問另一位是女孩的機率？

　　　　樣本空間是 S = {(男孩 , 男孩), (男孩 , 女孩), (女孩 , 男孩), (女孩 , 女孩)}

　　依據樣本空間定義當一位是女孩後，現在有下列可能：

　　　　(男孩 , 女孩), (女孩 , 男孩), (女孩 , 女孩)

　　另一位小孩是女孩的機率是：

$$P(E) = \frac{n(E)}{n(S)} = \frac{1}{3}$$

　　有關機率讀者需留意：

1：　以擲骰子而言，不是每擲 6 次一定會出現 1 次 5(或稱特定數字)，這只是機率。

2：　將擲骰子所有可能結果事件的機率加總結果一定是 1。

3：　機率的範圍一定如下所示：

　　　　0 <= P <= 1

　　上述如果 P = 0 表示這是件不存在或是說不可能發生，如果 P = 1，表示這事件一定發生。

程式實例 ch13_1.py：使用隨機數函數 randint(min, max)，min = 1, max = 6，然後執行 10000 次，最後列出產生 5 的次數與機率。

```
1  # ch13_1.py
2  import random            # 導入模組random
3
4  min = 1
5  max = 6
6  target = 5
7  n = 10000
8  counter = 0
9  for i in range(n):
10     if target == random.randint(min, max):
11         counter += 1
12 print('經過 {} 次, 得到 {} 次 {}'.format(n, counter, target))
13 P = counter / n
14 print('機率 P = {}'.format(P))
```

執行結果

```
============ RESTART: D:/Python Machine Learning Math/ch13/ch13_1.py ============
經過 10000 次, 得到 1725 次 5
機率 P = 0.1725
>>>
============ RESTART: D:/Python Machine Learning Math/ch13/ch13_1.py ============
經過 10000 次, 得到 1722 次 5
機率 P = 0.1722
>>>
============ RESTART: D:/Python Machine Learning Math/ch13/ch13_1.py ============
經過 10000 次, 得到 1712 次 5
機率 P = 0.1712
```

程式實例 ch13_2.py：使用隨機數產生 10000 次 1, 2, 3, 4, 5, 6 的隨機數，最後將結果建立長條圖，同時列出每個點數的產生次數。

```python
1   # ch13_2.py
2   import matplotlib.pyplot as plt
3   from random import randint
4
5   min = 1
6   max = 6                                    # 骰子有幾面
7   times = 10000                              # 擲骰子次數
8
9   dice = [0] * 7                             # 建立擲骰子的串列
10  for i in range(times):
11      data = randint(min, max)
12      dice[data] += 1
13
14  del dice[0]                                # 刪除索引0資料
15
16  for i, c in enumerate(dice, 1):
17      print('{} = {} 次'.format(i, c))
18
19  x = [i for i in range(1, max+1)]           # 長條圖x軸座標
20  width = 0.35                               # 長條圖寬度
21  plt.bar(x, dice, width, color='g')         # 繪製長條圖
22  plt.ylabel('Frequency')
23  plt.title('Test 10000 times')
24  plt.show()
```

執行結果

```
========== RESTART: D:/Python Machine Learning Math/ch13/ch13_2.py ==========
1 = 1674 次
2 = 1676 次
3 = 1642 次
4 = 1725 次
5 = 1646 次
6 = 1637 次
```

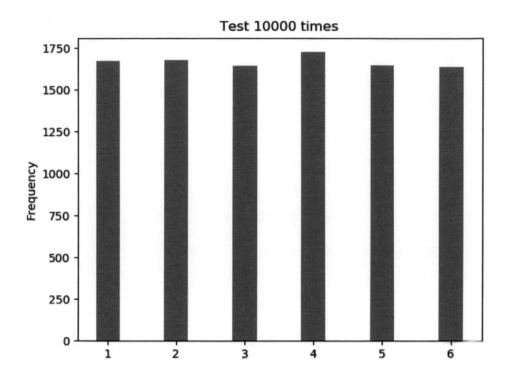

13-2　數學機率與統計機率

　　對於擲骰子，每個點數產生的機率相同，這個事件產生的機率，我們稱之為數學機率。

　　每次看美國職棒大聯盟的轉播，每到關鍵時刻，不是防守隊換投手或是攻擊方換打擊手，接著轉播單位會顯示現在打者與投手的過去對戰的打擊率分析，這也是統計機率的好實例。

　　我們可以將統計機率使用下列公式表達：

$$P(E) = \frac{\text{過去事件的安打紀錄}(E)}{\text{過去對戰次數}(S)}$$

13-3　事件機率名稱

❑　事件

在樣本中每個子集合，稱事件。

❑　全事件

在機率事件中一定會發生的事件稱全事件，也就是所發生的事件一定在樣本空間內。

$P(\ \Omega\ )= 1$　　　　# 所有在樣本空間內的事件，事件發生率是 1

例如：擲骰子的樣本空間是 {1, 2, 3, 4, 5, 6}，所擲的骰子一定是在 1 ～ 6 之間，所以這就是全事件。

❑　空事件

在機率事件中一定不會發生的事件稱空事件，也就是不可能發生在樣本空間內的事件。空事件有時候用 ϕ 表示，所以可以得到下列結果。

$P(\ \phi\ ) = 0$　　　　　　# 所有不在樣本空間內的事件，事件發生率是 0

例如：擲骰子的樣本空間是 {1, 2, 3, 4, 5, 6}，所擲的骰子一定不會是 0，所以這就是空事件。

❑　餘事件

在擲骰子事件中，出現 5 的機率是 $\frac{1}{6}$，所謂餘事件就是出現非 5 的其他事件，此時可以得到出現非 5 的機率是 $\frac{5}{6}$。

❑　互斥事件

如果事件 A 與事件 B 產生下列情況稱 A 與 B 為互斥事件。

$A \cap B = \emptyset$

13-4　事件機率規則

13-4-1　不發生機率

其實這和餘事件觀念相同，假設事件 A 的發生機率是 P(A)，則事件 A 的不發生機率是：

$$P(\overline{A}) = 1 - P(A)$$

13-4-2　機率相加

兩個事件不會同時發生，或是說這兩件事是獨立事件，如果要計算出現這 2 個事件的機率就可以使用這個機率相加規則。有時候，又可將機率相加稱和事件。

$$P = P(A) + P(B)$$

例如：擲骰子時，如果要計算產生偶數 {2, 4, 6} 的機率，可以使用下列公式：

$$P = P(2) + P(4) + P(6) = \frac{1}{6} + \frac{1}{6} + \frac{1}{6} = \frac{3}{6} = \frac{1}{2}$$

13-4-3　機率相乘

假設連續 10 次骰子擲出後，假設所得到的點數是 5，請問再一次擲骰子時，出現 5 的機率是不是比較低。其實出現 5 的機率與其他數字一樣是 $\frac{1}{6}$。

換一種問題思考，擲骰子時，連續出現 5 的機率是多少？由於擲第 1 次骰子出現 5 的機率是 $\frac{1}{6}$，擲第 2 次時，所出現的點數不會受到前一次骰子的點數干擾，所以擲第 2 次骰子出現 5 的機率也是 $\frac{1}{6}$。

這時我們必須使用機率乘法就可以算出連續 2 次出現 5 的機率，可以參考下列公式：

$$P = \frac{1}{6} * \frac{1}{6} = \frac{1}{36}$$

13-4-4　常見的陷阱

在 13-3-3 節，連續擲 2 次骰子，對於這類事件，連續 2 次是獨立的事件，假設第 1 次是事件 A，第 2 次是事件 B，我們可以用下列公式代表，如果要計算連續出現 5 的機率，計算方式如下：

$$P(A \cap B) = P(A) * P(B) = \frac{1}{6} * \frac{1}{6} = \frac{1}{36}$$

當我們擲骰子時，出現小於 3 的事件 {1, 2}，假設是事件 A。出現偶數的事件 {2, 4, 6}，假設是事件 B。注意：這不是獨立事件，所以下列公式代表不同意義。

$$P(A \cap B) = P(\{1, 2\} \cap \{2, 4, 6\}) = P(\{2\}) = \frac{1}{6}$$

13-5　抽獎的機率 – 加法與乘法綜合應用

公司要舉辦員工歐洲旅遊，有 7 隻籤，其中 2 支籤是公司補助全額旅費，假設有 2 位員工有資格抽籤，請問第 1 或第 2 位員工那一位有比較高的機率抽中公司補助的全額旅費。下圖是此抽籤的解析：

對第 1 位員工而言，毫無疑問中獎機率是 $\frac{2}{7}$。

對第 2 位員工而言思考觀念如下：

如果第 1 位員工中獎，第 2 位員工也中獎機率，計算方式是使用機率相乘。

$$\frac{2}{7} * \frac{1}{6} = \frac{2}{42}$$

如果第 1 位員工沒中獎，第 2 位員工中獎機率計算方式也是使用機率相乘。

$$\frac{5}{7} * \frac{2}{6} = \frac{10}{42}$$

由於上述事件不會同時發生，所以執行加法運算：

$$\frac{2}{42} + \frac{10}{42} = \frac{12}{42} = \frac{2}{7}$$

從上述運算，我們得到第 1 位抽獎員工和第 2 位抽獎員工的機率是相同。

Python 內有 fractions 模組，此模組的 Faction( ) 方法可以執行分數的運算，下列是計算 $\frac{2}{7}$ 的方法與結果。

```
>>> from fractions import Fraction
>>> x = Fraction(2, 7)
>>> x
Fraction(2, 7)
```

上述 Fraction( ) 分數，如果要轉成實數，可以使用 float( ) 函數，可以參考 ch13_4.py。

程式實例 ch13_3.py：計算第 2 位員工的中獎機率。

```
1  # ch13_3.py
2  from fractions import Fraction
3
4  x = Fraction(2, 7) * Fraction(1, 6)
5  y = Fraction(5, 7) * Fraction(2, 6)
6  p = x + y
7  print('第 1 位抽籤的中獎機率 {}'.format(Fraction(2, 7)))
8  print('第 2 位抽籤的中獎機率 {}'.format(p))
```

執行結果

```
========== RESTART: D:/Python Machine Learning Math/ch13/ch13_3.py ==========
第 1 位抽籤的中獎機率 2/7
第 2 位抽籤的中獎機率 2/7
```

13-6 餘事件與乘法的綜合應用

連擲 3 次骰子，請問至少出現一次點數 5 的機率，其實這個問題可以用下列方式思考：

1： 擲骰子不出現 5 的機率是 $\frac{5}{6}$。

2： 連擲 3 次骰子不出現 5 的機率是 $\frac{5}{6} * \frac{5}{6} * \frac{5}{6} = \frac{125}{216} = 0.5787$。

3： 出現 1 次 5 的機率計算方式是採用餘事件，觀念如下：

P(出現 1 次 5 的機率) = 1 − P(不出現 5 的機率)

P = 1 − 0.5787 = 0.4213

所以可以得到連擲 3 次骰子，請問至少出現一次點數 5 的機率是 0.4213。

程式實例 ch13_4.py：計算連擲 3 次骰子，請問至少出現一次點數 5 的機率。

```
1  # ch13_4.py
2  from fractions import Fraction
3
4  x = Fraction(5, 6)
5  p = 1 - (x**3)
6  print('連擲骰子不出現 5 的機率 {}'.format(p))
7  print('連擲骰子不出現 5 的機率 {}'.format(float(p)))
```

執行結果

```
=========== RESTART: D:/Python Machine Learning Math/ch13/ch13_4.py ===========
連擲骰子不出現 5 的機率 91/216
連擲骰子不出現 5 的機率 0.4212962962962963
```

13-7　條件機率

13-7-1　基礎觀念

所謂的條件機率是在已知情境下，其中的特定事件出現的機率。

現在筆者使用一個簡單的實例解說，假設我們擲了六面的骰子，相當於樣本空間是 {1, 2, 3, 4, 5, 6}，並且知道骰子的數字為奇數，則此時出現 5 的機率則可以透過以下方式思考：

1：　已知骰子數字為奇數，則可能出現的數字為 1, 3, 5。

2：　上述三個數字出現的機率相同，所以出現 5 的機率為 1/3。

若以數學的方式列出上述的思考，可以透過以下方式表達。

1：　列出特定的骰子機率：

出現 1	出現 2	出現 3	出現 4	出現 5	出現 6
1/6	1/6	1/6	1/6	1/6	1/6

2： 已知骰子數字為奇數，則剩下以下的可能性

出現 1	出現 2	出現 3	出現 4	出現 5	出現 6
1/6	~~1/6~~	1/6	~~1/6~~	1/6	~~1/6~~

3： 有了上述表格，進一步列出已知為奇數後，下列是出現 5 的機率：

$$\frac{P(\text{出現 5})}{P(\text{出現 1})+P(\text{出現 3})+P(\text{出現 5})} = \frac{\frac{1}{6}}{\frac{1}{6}+\frac{1}{6}+\frac{1}{6}} = \frac{1}{3}$$

若想以更泛用，可以套用所有情境的數學算式列出條件機率，可以用以下運算式表達：

$$P(\text{已知 B 事件下，A 事件出現的機率}) = \frac{P(\text{A 事件與 B 事件同時出現的機率})}{P(\text{B 事件發生的機率})}$$

反過來說假設，當我們已知 A 事件發生時，在此條件下 B 事件發生的機率可定義如下：

$$P(\text{已知 A 事件下，B 事件出現的機率}) = \frac{P(\text{A 事件與 B 事件同時出現的機率})}{P(\text{A 事件發生的機率})}$$

若將上述的骰子題目套用其中，另 A 事件為出現奇數，而 B 事件為出現 5，可得到以下結果：

$$P(\text{已知出現奇數，數字 5 出現的機率}) = \frac{P(\text{出現奇數且同時出現 5})}{P(\text{奇數出現的機率})} = \frac{\frac{1}{6}}{\frac{1}{2}} = \frac{1}{3}$$

（已出現奇數，可能為 1, 3, 5，故機率為 1/3）

$$P(\text{已知出現 5，奇數出現的機率}) = \frac{P(\text{出現奇數且同時出現 5})}{P(\text{數字 5 出現的機率})} = \frac{\frac{1}{6}}{\frac{1}{6}} = 1$$

（已出現 5，5 為奇數，故機率為 1）

當我們以數學符號表示上述文字列出如下：

P(A 事件發生的機率) = P(A)

P(B 事件發生的機率) = P(B)

P(A 事件與 B 事件同時出現的機率) = P(A ∩ B)

P(已知 A 事件下，B 事件出現的機率) = P(B|A)

P(已知 B 事件下，A 事件出現的機率) = P(A|B)

將這幾個項次套用到上述的算式當中：

$$P(已知 B 事件下，A 事件出現的機率) = \frac{P(A 事件與 B 事件同時出現的機率)}{P(B 事件發生的機率)}$$

$$P(A|B) = \frac{P(A \cap B)}{P(B)}$$

$$P(已知 A 事件下，B 事件出現的機率) = \frac{P(A 事件與 B 事件同時出現的機率)}{P(A 事件發生的機率)}$$

$$P(B|A) = \frac{P(A \cap B)}{P(A)}$$

13-7-2　再談實例

前一小節的基礎觀念筆者有舉了一個簡單的條件機率實例，筆者再舉一次類似實例，當擲一顆六面骰子，樣本空間是 {1, 2, 3, 4, 5, 6}，假設情況如下：

A = {5, 6}　　　　　　　# 點數大於 4 的事件
B = {1, 3, 5}　　　　　　# 點數是奇數的事件

請計算 P(A|B) 和 P(B|A)，所謂的 P(A|B) 就是在發生骰子是出現奇數時，出現點數大於 4 的機率。所謂的 P(B|A) 就是在發生骰子是出現點數大於 4 時，出現奇數的機率。

$$P(A|B) = \frac{P(A \cap B)}{P(B)} = \frac{P(5)}{P(B)} = \frac{\frac{1}{6}}{\frac{3}{6}} = \frac{1}{3}$$

$$P(B|A) = \frac{P(B \cap A)}{P(A)} = \frac{P(5)}{P(A)} = \frac{\frac{1}{6}}{\frac{2}{6}} = \frac{1}{2}$$

13-8　貝氏定理

13-8-1　基本觀念

在條件機率的應用中有一個重要的定理稱貝式定理（Bayes' theorem），這是描述在已知條件下，某一事件發生的機率。基本觀念是已知事件 A 的條件下發生事件 B 的機率，與已知事件 B 的條件下發生事件 A 的機率是不一樣。但是兩者是有關聯，貝氏定理就是描述這個關係。筆者再列出一次下列公式：

$$P(A|B) = \frac{P(A \cap B)}{P(B)}$$

$$P(B|A) = \frac{P(A \cap B)}{P(A)}$$

把兩算式的共同項$P(A \cap B)$分別用兩算式寫出，可得如下：

$$P(A|B)P(B) = P(A \cap B) = P(B|A)P(A)$$

簡化上述公式相當於下列結果：

$$P(A|B)P(B) = P(B|A)P(A)$$

最後再稍微整理一下最先所提的條件機率可得到以下算式：

$$P(A|B) = \frac{P(B|A)P(A)}{P(B)}$$

13-8-2　用實例驗證貝氏定理

下列是 13-7-2 實例的計算結果：

$$P(A|B) = \frac{P(A \cap B)}{P(B)} = \frac{P(5)}{P(B)} = \frac{\frac{1}{6}}{\frac{3}{6}} = \frac{1}{3}$$

$$P(B|A) = \frac{P(B \cap A)}{P(A)} = \frac{P(5)}{P(A)} = \frac{\frac{1}{6}}{\frac{2}{6}} = \frac{1}{2}$$

表面上貝氏定理與先前條件機率公式有所差異，實質是相同的，下列是驗證使用貝氏定理可以獲得相同結果。

$$P(A|B) = \frac{P(B|A)P(A)}{P(B)} = \frac{\frac{1}{2} * \frac{2}{6}}{\frac{3}{6}} = \frac{1}{3}$$

或是如下：

$$P(B|A) = \frac{P(A|B)P(B)}{P(A)} = \frac{\frac{1}{3} * \frac{3}{6}}{\frac{2}{6}} = \frac{1}{2}$$

讀者可能認為條件機率公式簡單，為何還要使用貝氏定理，主要是由於貝氏定理可探討兩事件互相的條件機率之間的關係，在解答其他較為複雜無法直觀判斷出兩事件的聯集時，例如：P(A∩B)或P(B∩A)可以有幫助。

13-8-3　貝式定理的運用－ COVID-19 的全民普篩準確性推估

2020 年爆發的 COVID-19，是否要進行全民普篩一直是社群網站上熱門的話題，普篩方式又分為快篩 (準確度約 99%) 以及 PCR 核酸檢測 (準確度約 99.99%; 成本約為快篩的 15 倍)，接下來就以貝式定理來探討若實施全民普篩會看到甚麼樣的現象。

今天假設一地有 0.01% 的確診者並且此地做了全民快篩檢測。

依貝式定理來計算當一個人檢測結果為陽性時，他是真的確診者的計算過程則如下所列：

貝式定理：$P(A|B) = \dfrac{P(B|A)P(A)}{P(B)}$

令 A = 此人為確診者；B= 檢測陽性，貝式定理可重寫成以下：

P(檢測結果為陽性時，此人為確診者的機率)

$$= \frac{P(此人為確診者時，檢測結果為陽性的機率)P(此人為確診者)}{P(檢測結果為陽性)}$$

等號右邊的各個項目都是已知項，分別列出如下：

P(此人為確診者時，檢測結果為陽性的機率)= 快篩準確度 =0.99
P(此人為確診者)= 確診者比例 =0.0001
P(檢測結果為陽性)= P(確診者檢驗為陽性)+P(非確診者檢驗為陽性)
=0.0001*0.99+0.9999*0.01=0.010098

將數字套上去得到以下結果：

P(檢測結果為陽性時，此人為確診者的機率)

$$= \frac{0.99 * 0.0001}{0.010098} = 0.0098$$

快篩的準確性達 99%，但由貝式定理可以算出當檢測為陽性時，只有 0.98% 的比例為真正的確診者，這是因為確診者的比例極低，會有大量的人數被誤檢為陽性。

那如果不考慮成本進行全民 PCR 核酸檢測呢？貝式定理算出的結果如下：

P(PCR 檢測結果為陽性時，此人為確診者的機率)

$$= \frac{0.9999 * 0.0001}{0.0001 * 0.9999 + 0.9999 * 0.0001} = \frac{1}{2}$$

貝式定理算出了進行 PCR 檢測時，檢驗為陽性的結果中仍只有 50% 的機率是真正的確診者。

13-8-4　使用貝氏定理篩選垃圾電子郵件

貝式定理也可透過查詢特定關鍵字出現次數來過濾垃圾郵件，寫成如下算式：

$$P(垃圾郵件|郵件含有某關鍵字) = \frac{P(郵件含有某關鍵字|垃圾郵件)P(垃圾郵件)}{P(郵件含有某關鍵字)}$$

等號右邊的項目可透過統計來得知機率，以此來算出假設郵件中含有某關鍵字，例如：你中獎了、18 禁，其為垃圾郵件的機率，若此數值大於一定比例（例如 95%），則收信時可設定將含有此詞的郵件歸類為垃圾郵件。

13-9　蒙地卡羅模擬

我們可以使用蒙地卡羅模擬計算 PI 值，首先繪製一個外接正方形的圓，圓的半徑是 1。

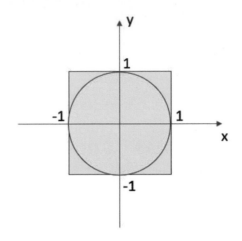

由上圖可以知道矩形面積是 4，圓面積是 PI。

如果我們現在要產生 1000000 個點落在方形內的點，可以由下列公式計算點落在圓內的機率：

圓面積 / 矩形面積 = PI / 4

落在圓內的點個數 (Hits) = 1000000 * PI / 4

如果落在圓內的點個數用 Hits 代替，則可以使用下列方式計算 PI。

PI = 4 * Hits / 1000000

程式實例 ch13_5.py：蒙地卡羅模擬隨機數計算 PI 值，這個程式會產生 100 萬個隨機點。

```
1   # ch13_5.py
2   import random
3
4   trials = 1000000
5   Hits = 0
6   for i in range(trials):
7       x = random.random() * 2 - 1      # x軸座標
8       y = random.random() * 2 - 1      # y軸座標
```

```
 9       if x * x + y * y <= 1:              # 判斷是否在圓內
10            Hits += 1
11  PI = 4 * Hits / trials
12
13  print("PI = ", PI)
```

執行結果
```
========= RESTART: D:/Python Machine Learning Math/ch13/ch13_5.py =========
PI =  3.14136
```

程式實例 ch13_6.py：使用 matplotlib 模組將上一題擴充，如果點落在圓內繪黃色點，如果落在圓外繪綠色點，這題筆者直接使用 randint( ) 方法，產生隨機數，同時將所繪製的圖落在 x = 0 – 100，y = 0 – 100 之間。由於繪圖會需要比較多時間，所以這一題測試 5000 次。

```
 1  # ch13_6.py
 2  import random
 3  import math
 4  import matplotlib.pyplot as plt
 5
 6  trials = 5000
 7  Hits = 0
 8  radius = 50
 9  for i in range(trials):
10      x = random.randint(1, 100)                        # x軸座標
11      y = random.randint(1, 100)                        # y軸座標
12      if math.sqrt((x-50)**2 + (y-50)**2) < radius:     # 在圓內
13          plt.scatter(x, y, marker='.', c='y')
14          Hits += 1
15      else:
16          plt.scatter(x, y, marker='.', c='g')
17  plt.axis('equal')
18  plt.show()
```

執行結果

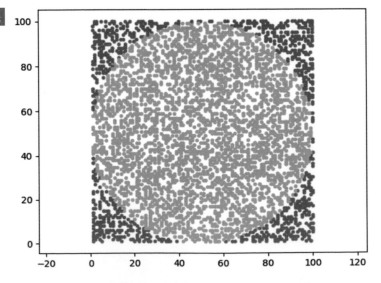

13-10 Numpy 的隨機模組 random

在機器學習的數據分析中，獲取數據是第一步。雖然前面筆者有介紹 Python 內建的 random 模組可以產生隨機數。但是更常見的是使用 Numpy 模組，我們可以使用 np.random 模組建立隨機數，這個模組更強的功能是可以回傳多維陣列的隨機數，筆者將介紹此模組內的隨機數函數。

註 這一節筆者使用 np.random 代表 Numpy 的隨機數模組 random，以便和 Python 內建模組的區別，在程式設計時必須使用使用 np 替代 numpy 模組名稱，可以參考下列程式第 2 行。

13-10-1 np.random.rand( )

語法如下：

np.random.rand(d0, d1, … dn)：傳回指定外形的陣列元素，值在 0(含)- 1(不含) 間。參數 d0, d1, …dn 主要是說明要建立多少軸 (也可以想成維度) 與多少元素的陣列，例如：np.random.rand(3) 代表建立一軸含 3 個元素的陣列。

由於是產生隨機數，所以每次執行結果皆不相同。

程式實例 ch13_7.py：使用 np.random.rand( ) 產生一維與二維 (3 x 2) 隨機數的應用。

```python
1  # ch13_7.py
2  import numpy as np
3
4  # 建立 1 個隨機數
5  x = np.random.rand()
6  print(x)
7
8  # 建立 3 個隨機數
9  x = np.random.rand(3)
10 print(x)
11
12 # 建立 3x2 個隨機數
13 x = np.random.rand(3,2)
14 print(x)
```

執行結果

```
============ RESTART: D:\Python Math and Statistics\ch13\ch13_7.py ============
0.8218461857161l
[0.82227527 0.00567087 0.64074911]
[[0.57552022 0.81604376]
 [0.71439736 0.95639451]
 [0.84182677 0.56613501]]
```

13-10-2　np.random.randint( )

語法如下：

np.random.randint(low[,high, size, dtype])：傳回介於 low(含) - high(不含) 之間的隨機整數。如果省略 high，則所產生的隨機整數在 0(含) – low(不含) 之間。例如：np.random.randint(10) 代表回傳 0(含) – 9(含) 之間的隨機數。

其中 size 參數則是可以設定隨機數的陣列外形，可以是單一陣列或是多維陣列。

程式實例 ch13_8.py：使用 np.random.randint( ) 分別產生 1 個 0(含) – 4(含) 應用的隨機數，同時產生 3 個 0(含) – 9(含) 應用的隨機數以及二維 (3 x 2) 個 0(含) – 9(含) 的隨機數。

```
1   # ch13_8.py
2   import numpy as np
3
4   # 建立 1 個 0-4(含) 的整數隨機數
5   x = np.random.randint(5)
6   print(x)
7
8   # 建立 3 個 0-9(含) 的整數隨機數
9   x = np.random.randint(10,size=3)
10  print(x)
11
12  # 建立 3x2 個0-9(含) 的整數隨機數
13  x = np.random.randint(0, 10, size=(3,2))
14  print(x)
```

執行結果

```
=========== RESTART: D:\Python Math and Statistics\ch13\ch13_8.py ===========
1
[8 3 9]
[[0 8]
 [9 5]
 [4 1]]
```

程式實例 ch13_9.py：使用 nu.random.randint( ) 函數可以一次建立 10000 個隨機數，以 hist 長條圖列印擲骰子 10000 次的結果，讀者可以發現這個程式簡化許多。

```
1   # ch13_9.py
2   import matplotlib.pyplot as plt
3   import numpy as np
4
5   sides = 6
6   # 建立 10000 個 1-6(含) 的整數隨機數
7   dice = np.random.randint(1,sides+1,size=10000)  # 建立隨機數
8
```

```
 9  h = plt.hist(dice, sides)                    # 繪製hist圖
10  print("bins的y軸 ",h[0])
11  print("bins的x軸 ",h[1])
12  plt.ylabel('Frequency')
13  plt.title('Test 10000 times')
14  plt.show()
```

執行結果

```
=========== RESTART: D:\Python Math and Statistics\ch13\ch13_9.py ===========
bins的y軸 [1625. 1673. 1684. 1692. 1657. 1669.]
bins的x軸 [1.          1.83333333 2.66666667 3.5        4.33333333 5.16666667
 6.        ]
```

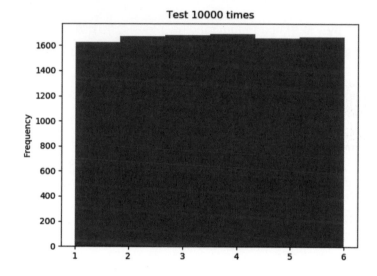

13-10-3　np.random.seed( )

語法如下：

np.random.seed( )：Numpy 的 np.random 模組在產生隨機數時預設是使用系統時間當作種子 (seed)，所以每次執行隨機數函數時可以產生不同的隨機數，如果我們想要每次執行時可以產生相同的隨機數，可以使用這個函數設定隨機數種子，未來即可產生相同的隨機數。

程式實例 ch13_10.py：產生 10 筆 0 – 9 的整數隨機數，連續執行 2 次，每次結果皆是不同。

```
1  # ch13_10.py
2  import numpy as np
3
4  x = np.random.randint(10,size=10)
5  print(x)
```

執行結果
```
=========== RESTART: D:\Python Math and Statistics\ch13\ch13_10.py ===========
[0 9 1 8 3 8 9 0 0 2]
>>>
=========== RESTART: D:\Python Math and Statistics\ch13\ch13_10.py ===========
[3 3 9 0 2 6 7 3 4 8]
>>>
=========== RESTART: D:\Python Math and Statistics\ch13\ch13_10.py ===========
[4 4 7 3 2 6 4 4 2 3]
```

程式實例 ch13_11.py：先使用 np.random.seed(5) 當作種子，然後產生 10 筆 0 – 9 的整數隨機數，連續執行 2 次，每次結果皆是一樣。

```python
1  # ch13_11.py
2  import numpy as np
3  np.random.seed(5)
4  x = np.random.randint(10,size=10)
5  print(x)
```

執行結果
```
=========== RESTART: D:\Python Math and Statistics\ch13\ch13_11.py ===========
[3 6 6 0 9 8 4 7 0 0]
>>>
=========== RESTART: D:\Python Math and Statistics\ch13\ch13_11.py ===========
[3 6 6 0 9 8 4 7 0 0]
>>>
=========== RESTART: D:\Python Math and Statistics\ch13\ch13_11.py ===========
[3 6 6 0 9 8 4 7 0 0]
```

13-10-4　np.random.shuffle( )

語法如下：

np.random.shuffle(x)：這個函數可以將陣列元素內容隨機重新排列，在機器學習中常用在將訓練數據重新排列。

程式實例 ch13_12.py：將一維與二維數據重新排列。

```python
1   # ch13_12.py
2   import numpy as np
3
4   # 一維陣列
5   arr1 = np.arange(9)
6   print("一維陣列")
7   print(arr1)
8   np.random.shuffle(arr1)          # 重新排列
9   print("重新排列")
10  print(arr1)
11
12  # 二維陣列
13  arr2 = np.arange(9).reshape((3,3))
14  print("二維陣列")
15  print(arr2)
16  np.random.shuffle(arr2)          # 重新排列
17  print("重新排列")
18  print(arr2)
```

執行結果

```
=============== RESTART: D:/Python Math and Statistics/ch13/ch13_12.py ===========
一維陣列
[0 1 2 3 4 5 6 7 8]
重新排列
[5 7 8 2 6 4 0 3 1]
二維陣列
[[0 1 2]
 [3 4 5]
 [6 7 8]]
重新排列
[[3 4 5]
 [6 7 8]
 [0 1 2]]
```

13-10-5　np.random.choice( )

語法如下：

np.random.choice(a, size, replace,p)：這個函數可以提供在陣列內隨機挑選 1 個或多個元素，a 是陣列 (可以是一維或是多維陣列)，size 是所挑選的元素個數。replace 是布林值，可以設定是否隨機挑選元素時允許元素重複，預設是 TRUE。p 是一維陣列代表權重 (權重加總必須為 1)，預設是省略，表示是隨機均勻挑選，如果有權重陣列表示可以依此權重挑選。

程式實例 ch13_13.py：均勻挑選 3 個和 5 個陣列元素。

```
1   # ch13_13.py
2   import numpy as np
3
4   fruits = ["Apple", "Orange", "Grapes", "Banana", "Mango"]
5   fruit1 = np.random.choice(fruits,3)
6   print("隨機挑選 3 種水果")
7   print(fruit1)
8
9   fruit2 = np.random.choice(fruits,5)
10  print("隨機挑選 5 種水果 -- 可以重複")
11  print(fruit2)
12
13  fruit3 = np.random.choice(fruits,5,replace=False)
14  print("隨機挑選 5 種水果 -- 不可以重複")
15  print(fruit3)
```

執行結果

```
=============== RESTART: D:/Python Math and Statistics/ch13/ch13_13.py ===========
隨機挑選 3 種水果
['Banana' 'Banana' 'Grapes']
隨機挑選 5 種水果 -- 可以重複
['Orange' 'Apple' 'Orange' 'Apple' 'Orange']
隨機挑選 5 種水果 -- 不可以重複
['Mango' 'Grapes' 'Apple' 'Banana' 'Orange']
```

程式實例 ch13_14.py：依權重挑選陣列元素，筆者設定權重分別如下：

> p = [0.8, 0.05, 0.05, 0.05, 0.05]   --- 相當於 Apple 有 80% 機率的權重
> p = [0.05, 0.05, 0.05, 0.05, 0.8]   --- 相當於 Mango 有 80% 機率的權重

```python
1  # ch13_14.py
2  import numpy as np
3
4  fruits = ["Apple", "Orange", "Grapes", "Banana", "Mango"]
5  fruit1 = np.random.choice(fruits,5,p=[0.8,0.05,0.05,0.05,0.05])
6  print("依權重挑選 5 種水果")
7  print(fruit1)
8
9  fruit2 = np.random.choice(fruits,5,p=[0.05,0.05,0.05,0.05,0.8])
10 print("依權重挑選 5 種水果")
11 print(fruit2)
```

執行結果

```
=========== RESTART: D:/Python Math and Statistics/ch13/ch13_14.py ===========
依權重挑選 5 種水果
['Apple' 'Grapes' 'Apple' 'Apple' 'Apple']
依權重挑選 5 種水果
['Mango' 'Mango' 'Mango' 'Mango' 'Orange']
```

13-10-6 使用隨機數陣列產生圖像

程式實例 ch3_15.py：建立隨機數圖像。

```python
1  # ch13_15.py
2  import matplotlib.pyplot as plt
3  import numpy as np
4
5  x = np.random.rand(10000)
6  y = np.random.rand(10000)
7  plt.scatter(x, y, c=y, cmap='hsv')   # 色彩依 y 軸值變化
8  plt.colorbar()
9  plt.show()
```

執行結果

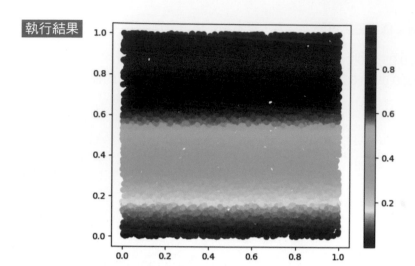

第14章

二項式定理

本章摘要

牛頓就是以二項式定理作為發明微積分 (Calculus) 的基礎。

14-1　二項式的定義

在數學觀念中兩個變數的相加，例如：x + y，就是二項式，也稱作 x 和 y 的二項式。二項式定理 (Binomial theorem) 主要是講解二項式整數次冪 (或稱次方) 的代數展開，例如：

$$(x + y)^n$$

上述是二項式 (x + y) 的的 n 次方。

14-2　二項式的幾何意義

國中數學其實我們應該學過 $(x + y)^n$ 的演算，當 n=2 時，其實就是 (x + y) 乘以 (x + y)，如下：

$$(x + y) * (x + y) = x^2 + 2xy + y^2$$

如果 x 和 y 是一個邊長，在幾何上可以將 $(x + y)^2$，稱做是 1 個邊長為 x 的正方形，1 個邊長為 y 的正方形，和 2 個邊長為 x 和 y 的長方形。下列是 n = 1 至 4 次冪的幾何意義圖形。

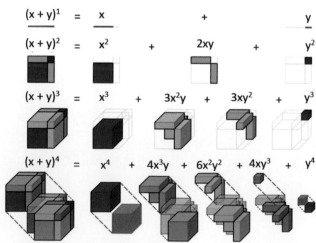

圖片取材網址

14-3 二項式展開與規律性分析

下列是將 $(x+y)^n$ 展開至 n = 5 的結果。

$(x + y)^1 = x + y$

$(x + y)^2 = x^2 + 2xy + y^2$

$(x + y)^3 = x^3 + 3x^2y + 3xy^2 + y^3$

$(x + y)^4 = x^4 + 4x^3y + 6x^2y^2 + 4xy^3 + y^4$

$(x + y)^5 = x^5 + 5x^4y + 10x^3y^2 + 10x^2y^3 + 5xy^4 + y^5$

從上圖可以發現下列規律：

1：x 和 y 的最高次冪的係數皆是 1，例如：x^n 和 y^n 的係數皆是 1。

2：x 和 y 的次高次冪的係數皆是 n，例如：$nx^{n-1}y$ 和 nxy^{n-1} 的係數皆是 n。

3：$x^{n-k}y^k$ 次冪和 n = n-k+k

4：各係數左右對稱，由左右兩邊往中間變大。

其實二項式展開後係數規則有如下列 Pascal 三角形：

```
                    1
                 1     1
              1     2     1
           1     3     3     1
         1     4     6     4     1
      1     5    10    10     5     1
    1     6    15    20    15     6     1
  1     7    21    35    35    21     7     1
1     8    28    56    70    56    28     8     1
```

除了邊緣外，每一個數字皆是上方兩個數字的和。

布萊茲帕斯卡 (Blaise Pascal，1623-1662) 是法國數學家，他在 1653 年使用上述三角形描述了上述二項式的係數，每一個數字皆是上方兩個數字的和。

14-4　找出 $x^{n-k}y^k$ 項的係數

14-4-1　基礎觀念

14-3 節筆者有介紹最高次冪與次高次冪的係數，此外也以 Pascal 三角形講解各項係數關係，這一節將使用實例驗證與解說 $x^{n-k}y^k$ 的係數原理。

筆者在這裡推導為何 $(x + y)^4$，的 x^2y^2 項的係數是 6？其實 $(x + y)^4$ 其實是 $(x + y)$ 連續相乘 4 次，觀念如下：

$(x + y) * (x + y) * (x + y) * (x + y)$

上述相乘時，每個括號拿出一個 x 或一個 y，執行相乘，所以 x^2y^2 項的係數是由 4 個不同的小括號拿出 2 個 x 和 2 個 y 彼此相乘的結果，如果仔細分析，可以有下列 6 種相乘的方法。

x * x * y * y
x * y * x * y
x * y * y * x
y * x * y * x
y * x * x * y
y * y * x * x

上述第一筆就是從第 1、2 個括號取 x，第 3、4 個括號取 y 所獲得的結果。其他 5 種相乘的方法觀念，可以使用相同的觀念推論，由於總共有 6 種相乘的方法，所以 x^2y^2 項的係數是 6。上述方法雖然可用，但是遇到更多次冪的二項式，使用相同方式展開，整個步驟太過複雜，這時可以使用筆者在 12-6 節所敘述的組合 (Combination) 數學觀念。

14-4-2　組合數學觀念

我們可以將 x^2y^2 想成下列運算：

1：　從 4 個 $(x + y)$ 相乘中取 1 個 x，這時有 4 個選擇機會。

2：　從剩餘的 3 個 $(x + y)$ 相乘中取 1 個 x，這時有 3 個選擇機會。

3：　從剩餘的 2 個 $(x + y)$ 相乘中取 1 個 y，這時有 2 個選擇機會。

4：　從剩餘的 1 個 (x + y) 相乘中取 1 個 y，這時有 1 個選擇機會。

對於上述機會，表面上看有下列選擇機會：

4! = 4 * 3 * 2 * 1 = 24

對於組合的觀念而言，2 個 x，只有 x * x 的組合，y 的觀念也是相同，2 個 y，只有 y * y 的組合。所以以組合觀念而言，整個係數推導公式應該如下：

$$\frac{4!}{2! * 2!} = \frac{24}{2 * 2} = 6$$

更進一步可以將上述 $x^{n-k}y^k$ 係數，使用下列當作係數計算的通用公式：

$$\frac{n!}{(n-k)!\,k!}$$

14-4-3　係數公式推導與驗證

其實上述公式可以推導到 $(x+y)^n$ 二項式展開後的 $x^{n-k}y^k$ 係數，如下所示：

$$\frac{n!}{(n-k)!\,k!} = C_k^n = \binom{n}{k}$$

上述就是二項式的係數通式，在 14-3 節我們有下列 5 次冪的公式：

$$(x + y)^5 = x^5 + 5x^4y + 10x^3y^2 + 10x^2y^3 + 5xy^4 + y^5$$

1：　驗證 k = 0

$$x^5 = \frac{5!}{5!\,0!} = 1$$

註　0! = 1

2：　驗證 k = 1

$$x^4y = \frac{5!}{4!\,1!} = 5$$

3：　驗證 k = 2

$$x^3y^2 = \frac{5!}{3!\,2!} = 10$$

4： 驗證 k = 3

$$x^3 y^2 = \frac{5!}{2!\,3!} = 10$$

5： 驗證 k = 4

$$x y^4 = \frac{5!}{1!\,4!} = 5$$

6： 驗證 k = 5

$$y^5 = \frac{5!}{1!\,5!} = 1$$

14-5　二項式的通式

前面我們已經推導了二項式的通式係數，將 $(x + y)^n$ 細部展開可以得到下列二項式的展開通式：

$$(x + y)^n =$$

$$\binom{n}{0} x^0 y^0 + \binom{n}{1} x^{n-1} y^1 + \binom{n}{2} x^{n-2} y^2 + \cdots + \binom{n}{n-1} x^1 y^{n-1} + \binom{n}{n} x^0 y^n$$

14-5-1　驗證頭尾係數比較

頭係數計算是從 n 中取 0 個，計算方式如下：

$$\binom{n}{0} = \frac{n!}{(n-0)!\,0!} = \frac{n!}{n!\,0!} = 1$$

尾係數計算是從 n 中取 n 個，計算方式如下：

$$\binom{n}{n} = \frac{n!}{(n-n)!\,n!} = \frac{n!}{0!\,n!} = 1$$

14-5-2　中間係數驗證

經過 14-3-3 節和 14-4 節我們可以得到下列結果：

$$\binom{n}{k} = \binom{n}{n-k}$$

下列是驗證結果。

$$\binom{n}{k} = \frac{n!}{(n-k)!\,k!}$$

$$\binom{n}{n-k} = \frac{n!}{(n-(n-k))!\,(n-k)!} = \frac{n!}{k!\,(n-k)!}$$

14-6　二項式到多項式

如果在二項式內增加一個變數 z，例如：$(x+y+z)^2$ 我們稱這是三項式，如果將三項式平方展開後，可以得到下列結果。

$$(x+y+z)^2 = x^2 + y^2 + z^2 + 2xy + 2yz + 2xz$$

上述次冪增加時，其實可以獲得 $x^{r1}y^{r2}z^{r3}$ 項，這些項的係數也是呈現一定規則，如下所示：

$$\frac{n!}{r1!\,r2!\,r3!}$$

更進一步的說明則不在本書討論範圍。

14-7　二項分佈實驗

如果有一個實驗，結果只有成功與失敗 2 個結果，同時每次實驗均不會受到前一次實驗影響，表示這實驗是獨立，則我們稱這是 2 項分佈實驗。在這個實驗中假設成功機率是 p，則失敗機率是 1-p。

如果將此實驗重複做 n 次，使用先前的觀念，可以將 x 變數使用 p 代替，將 y 變數使用 (1-p) 代替。應用二項式定理，這時可以得到下列二項式的公式：

$$(p + (1-p))^n$$

然後將上述二項式公式展開，觀察每一項變數與其係數，就可以得到 p(成功) 和 (1-p)(失敗) 出現的次數機率，我們將這個機率稱二項式分佈機率。

14-8　將二項式觀念應用在業務數據分析

在 10-3 節筆者獲得了業務員銷售第 1, 2, 3 年，每拜訪客戶 100 次，可以銷售國際證照考卷的張數公式，如下所示：

$$y = 7.5x - 3.33$$

在該章節筆者使用的銷售單位數是 100，筆者將繼續沿用。從上述可以得到斜率是 7.5，這個斜率意義是每拜訪 100 次，可以銷售 750 張考卷，筆者將數據簡化為每拜訪 10 次可以銷售 7.5 張考卷。

上述觀念也可以解釋為每次拜訪銷售考卷的成功率是 0.75，現在我們想了解拜訪 5 次可以銷售 0-2 張考卷的機率為何？

14-8-1　每 5 次銷售 0 張考卷的機率

在此可以用 x 變數當作銷售張數，從前面可以得到銷售成功的機率是 0.75，由於 x 是銷售張數的變數，所以可以用下列公式表達銷售失敗的機率如下：

$$P(x=0) = 1 - 0.75 = 0.25$$

依據機率連續 5 次拜訪皆是失敗，可以用下列公式表示：

$$P(x=0) = (0.25)^5$$

下列是計算結果：

```
>>> 0.25**5
0.0009765625
```

上述得到約是 0.09766%。

14-8-2　每 5 次銷售 1 張考卷的機率

每 5 次拜訪可以銷售 1 張考卷的機率可能會是在 5 次拜訪中的任何一次，回想二項式定理，最高 x^n 或 y^n 係數皆是 1，這表示 5 次拜訪皆未銷售考卷的方式只有 1 種。

$$\binom{5}{0}$$

這個觀念可以推廣為拜訪 5 次可以銷售 1 次的機會如下：

$$\binom{5}{1}$$

另外，成功銷售 1 張機率是 0.75，在 5 次拜訪中出現 1 次，相當於是 1 次方。

銷售失敗是 4 次，失敗機率是 0.25，相當於是 4 次方。

依據上述條件可以得到下列計算公式：

$$P(x = 1) = \binom{5}{1} * 0.75^1 * (1 - 0.75)^4$$

整個計算結果如下：

```
>>> 5 * 0.75 * (1-0.75)**4
0.0146484375
```

上述得到約是 1.4648%。

14-8-3　每 5 次銷售 2 張考卷的機率

這個觀念可以推廣為拜訪 5 次可以銷售 2 次的機會如下：

$$\binom{5}{2}$$

另外，成功銷售 2 張機率是 0.75，在 5 次拜訪中出現 2 次，相當於是 2 次方。

銷售失敗是 3 次，失敗機率是 0.25，相當於是 3 次方。

依據上述條件可以得到下列計算公式：

$$P(x = 2) = \binom{5}{2} * 0.75^2 * (1 - 0.75)^3 = 10 * 0.75^2 * (1 - 0.75)^3$$

整個計算結果如下：

```
>>> 10 * 0.75**2 * (1-0.75)**3
0.087890625
```

上述得到約是 8.79%。

14-8-4　每 5 次銷售 0-2 張考卷的機率

如果想要計算 0-2 張考卷的銷售機率只要將上述銷售 0 張機率、銷售 1 張機率、銷售 2 張機率，結果相加就可以了。

整個計算結果如下：

```
>>> 0.0009765625 + 0.0146484375 + 0.087890625
0.103515625
```

上述結果相當於每拜訪 5 次銷售 0-2 張考卷的機率是約 10.35%。

14-8-5　列出拜訪 5 次銷售 k 張考卷的機率通式

從上述運算其實我們也可以獲得拜訪 5 次可以銷售 k 張考卷的機率通式：

拜訪 5 次可以銷售 k 次的機會如下：

$$\binom{5}{k}$$

另外，成功銷售 k 張機率是 0.75，在 5 次拜訪中出現 k 次，所以是 k 次方。

銷售失敗是 5-k 次，失敗機率是 0.25，所以是 5-k 次方。

$$P(x = k) = \binom{5}{k} * 0.75^k * (1 - 0.75)^{5-k}$$

14-9　二項式機率分佈 Python 實作

14-8 節筆者使用手算二項式的機率分佈，這一節將使用 Python 程式完成上述手算作業。

程式實例 ch14_1.py：實作銷售 0-5 張考卷的機率，同時使用長條圖繪製此圖表。

```python
1   # ch14_1.py
2   import matplotlib.pyplot as plt
3   import math
4   def probability(k):
5       num = (math.factorial(n))/(math.factorial(n-k)*math.factorial(k))
6       pro = num * success**k * (1-success)**(n-k)
7       return pro
8
9   n = 5                                    # 銷售次數
```

```
10   success = 0.75                                    # 銷售成功機率
11   fail = 1 - success                                # 銷售失敗機率
12   p = []                                            # 儲存成功機率
13
14   for k in range(0,n+1):
15       if k == 0:
16           p.append(fail**n)                         # 連續n次失敗機率
17           continue
18       if k == n:
19           p.append(success**n)                      # 連續n次成功機率
20           continue
21       p.append(probability(k))                      # 計算其他次成功機率
22
23   for i in range(len(p)):
24       print('銷售 {} 單位成功機率 {}%'.format(i, p[i]*100))
25
26   x = [i for i in range(0, n+1)]                     # 長條圖x軸座標
27   width = 0.35                                       # 長條圖寬度
28   plt.xticks(x)
29   plt.bar(x, p, width, color='g')                    # 繪製長條圖
30   plt.ylabel('Probability')
31   plt.xlabel('unit:100')
32   plt.title('Binomial Dristribution')
33   plt.show()
```

執行結果

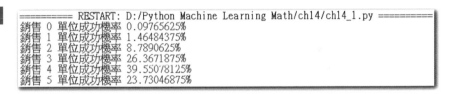

```
========= RESTART: D:/Python Machine Learning Math/ch14/ch14_1.py =========
銷售 0 單位成功機率 0.09765625%
銷售 1 單位成功機率 1.46484375%
銷售 2 單位成功機率 8.7890625%
銷售 3 單位成功機率 26.3671875%
銷售 4 單位成功機率 39.5507812 5%
銷售 5 單位成功機率 23.73046875%
```

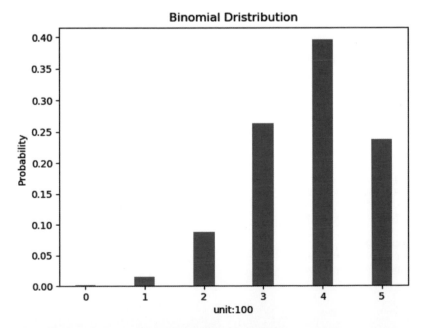

對這個二項式機率分佈的程式而言，幾個重要的變數如下：

success：成功的機率，此例是 0.75。

fail = 1 − success：失敗的機率，此例是 1 − 0.75 = 0.25。

n：實驗次數

只要更改上述數據就可以獲得不同的圖表結果。

　　其實二項式在商業上應用很廣泛，電商公司或一般商家，可以收集過去的歷史資料，然後判斷客戶是否會回流。另外也可以收集數據了解 k 值可能是多少對公司最有利，或是 k 值的區間應落在多少最好。最後筆者使用原程式，筆者修改數據，再執行一次此程式。

程式實例 ch14_2.py：修改成功機率是 0.35，然後 n 是 10，計算可能銷售 0-10 單位的機率，同時用圖表列出結果。

```python
1   # ch14_2.py
2   import matplotlib.pyplot as plt
3   import math
4   def probability(k):
5       num = (math.factorial(n))/(math.factorial(n-k)*math.factorial(k))
6       pro = num * success**k * (1-success)**(n-k)
7       return pro
8
9   n = 10                                      # 銷售次數
10  success = 0.35                              # 銷售成功機率
11  fail = 1 - success                          # 銷售失敗機率
12  p = []                                      # 儲存成功機率
13
14  for k in range(0,n+1):
15      if k == 0:
16          p.append(fail**n)                   # 連續n次失敗機率
17          continue
18      if k == n:
19          p.append(success**n)                # 連續n次成功機率
20          continue
21      p.append(probability(k))                # 計算其他次成功機率
22
23  for i in range(len(p)):
24      print('銷售 {} 單位成功機率 {}%'.format(i, p[i]*100))
25
26  x = [i for i in range(0, n+1)]              # 長條圖x軸座標
27  width = 0.35                                # 長條圖寬度
28  plt.xticks(x)
29  plt.bar(x, p, width, color='g')             # 繪製長條圖
30  plt.ylabel('Probability')
```

```
31  plt.xlabel('unit:100')
32  plt.title('Binomial Dristribution')
33  plt.show()
```

執行結果

```
========== RESTART: D:/Python Machine Learning Math/ch14/ch14_2.py ==========
銷售 0 單位成功機率 1.3462743344628911%
銷售 1 單位成功機率 7.24916949326172%
銷售 2 單位成功機率 17.565295310595708%
銷售 3 單位成功機率 25.221962497265626%
銷售 4 單位成功機率 23.766849276269532%
銷售 5 單位成功機率 15.35704107082031%
銷售 6 單位成功機率 6.890799967675779%
銷售 7 單位成功機率 2.120301528515624%
銷售 8 單位成功機率 0.42813780864257794%
銷售 9 單位成功機率 0.05123016513671872%
銷售 10 單位成功機率 0.002758547353515623%
```

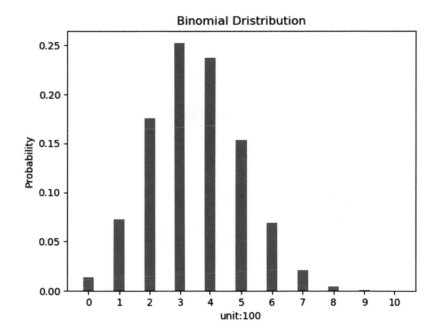

14-10 Numpy 隨機數模組的 binomial( ) 函數

前面筆者介紹了二項式的理論，與手工計算和硬工夫實作，這一節筆者將使用 Numpy 的隨機模組二項式分佈函數 binomial( ) 驗證前面的理論，讀者可以比較，兩者結果幾乎一樣。

14-10-1 視覺化模組 Seaborn

Seaborn 是建立在 matplotlib 模組底下的視覺化模組，可以使用很少的指令完成圖表建立，在使用此模組前請先安裝此模組。

由於筆者電腦安裝多個 Python 版本，目前使用下列指令安裝此模組：

py –m pip install seaborn

如果你的電腦沒有安裝多個版本，可以只寫 pip install seaborn。

14-10-2 Numpy 的二項式隨機函數 binomial

二項式隨機函數語法如下：

binomial(n, p, size)：n 是成功次數，p 是成功機率，size 是採樣次數，我們可以使用此 Numpy 的隨機函數驗證本章的理論。

程式實例 ch14_3.py：重新設計 ch14_1.py 的實例，假設銷售成功機率是 0.75，假設銷售採樣次數是 1000 次，繪製此函數圖形。

```
1   # ch14_3.py
2   import matplotlib.pyplot as plt
3   import numpy as np
4   import seaborn as sns
5
6   plt.rcParams["font.family"] = ["Microsoft JhengHei"]
7   plt.title('二項式分布 Binomial')
8   plt.xlabel("銷售張數", fontsize=14)
9   plt.ylabel("成功次數", fontsize=14)
10  sns.histplot(np.random.binomial(n=5, p=0.75, size=1000), kde=False)
11  plt.show()
```

執行結果

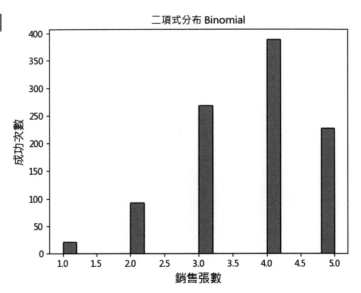

讀者應該可以看到上述程式筆者使用的是 binomial( ) 隨機函數，但是執行結果與 ch14_1.py 除了 y 軸的單位外，整個外型幾乎相同。此外，上述筆者用 1000 次做實驗，所以列出成功次數，如果將上述成功次數除以 1000，就可以得到成功機率。

此外，下列函數第 10 行是 sns.histplot( ) 函數，這是 seaborn 模組的繪圖函數，我們可以直接將 np.random.binomial( ) 函數當此 sns.histplot( ) 函數的參數，就可以繪製直方圖非常方便。

程式實例 ch14_4.py：重新設計 ch14_2.py 的實例，n 是 10，假設銷售成功機率是 0.35，假設銷售採樣次數是 1000 次，繪製此函數圖形。

```
1   # ch14_4.py
2   import matplotlib.pyplot as plt
3   import numpy as np
4   import seaborn as sns
5
6   plt.rcParams["font.family"] = ["Microsoft JhengHei"]
7   plt.title('二項式分布 Binomial')
8   plt.xlabel("銷售張數", fontsize=14)
9   plt.ylabel("成功次數", fontsize=14)
10  sns.histplot(np.random.binomial(n=10, p=0.35, size=1000), kde=False)
11  plt.show()
```

執行結果

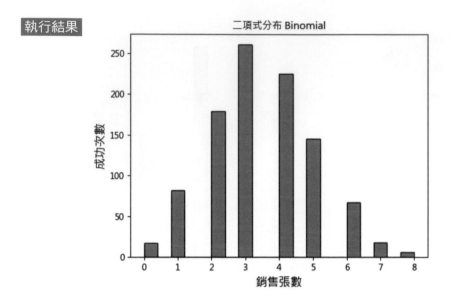

　　上述銷售 9 與 10 張數，因為值太小所以未被顯示，整個趨勢也與 ch14_2.py 的執行結果相符。

第15章

指數觀念與指數函數

本章摘要

15-1　認識指數函數

15-1-1　基礎觀念

前一章的二項式公式如下：

$$(x + y)^n$$

在基礎數學中我們可以將 (x + y) 稱做是底數 (或是基數 base)，冪的部分 n 稱做是指數 (index)，其實這個資料格式也是稱指數運算式，如果左邊有函數，則稱指數函數 (Exponential function)。

不過一般比較正式的是使用下列方式定義指數函數：

$$y = f(x) = b^n \longleftarrow 指數$$

$$\uparrow$$
$$底數$$

上述 b^n，b 是底數，其意義如下，相當於 b 自乘 n 次：

$$b^n = \underbrace{b * ... * b}_{n}$$

上述指數當 n = 1 時，習慣是省略指數，直接用 b 表示。當 n = 2 時，我們稱是平方。當 n = 3 時，我們稱是立方。

上述運算方式與基礎數學相同，下列是以 10 為底的為例做說明。

$$y = f(1) = 10^1 = 10$$
$$y = f(2) = 10^2 = 100$$
$$y = f(3) = 10^3 = 1000$$

下列是一系列使用實例，筆者也嘗試使用不同的底數。

```
>>> 10**1
10
>>> 10**2
100
>>> 10**3
1000
>>> 2**10
1024
```

Python 的 pow(x,y) 函數可以支援指數運算,這個函數可以傳回 x 的 y 次方。

```
>>> pow(4, 3)
64
>>> pow(3, 4)
81
```

註　其實所有的正實數,皆可以用指數型態表達。

15-1-2　複利計算實例

指數常被應用在銀行存款複利的計算,例如:有 1 萬元做定存,年利率是 3%,如果不領出來可以使用複利累積金錢,n 年後這筆金錢累積金額為何。這時的計算公式如下:

$$x * (1 + 0.03)^n \qquad\qquad\qquad \text{\# x 是期初金額}$$

程式實例 ch15_1.py:請列出 1-10 年的累積金額。

```
1   # ch15_1.py
2   base = 10000
3   rate = 0.03
4   year = 10
5   for i in range(1, year+1):
6       base = base + base*rate
7       print('經過 {0:2d} 年後累積金額 {1:6.2f}'.format(i,base))
```

執行結果

```
========== RESTART: D:/Python Machine Learning Math/ch15/ch15_1.py ==========
經過  1 年後累積金額 10300.00
經過  2 年後累積金額 10609.00
經過  3 年後累積金額 10927.27
經過  4 年後累積金額 11255.09
經過  5 年後累積金額 11592.74
經過  6 年後累積金額 11940.52
經過  7 年後累積金額 12298.74
經過  8 年後累積金額 12667.70
經過  9 年後累積金額 13047.73
經過 10 年後累積金額 13439.16
```

15-1-3　病毒複製

在生技科學不論是實驗室的病毒培養或是真實世界的病毒複製,其實皆以很驚人的速度成長,例如:每小時就翻倍,這也是使用指數函數的好時機。

假設目前病毒量是 x,每個小時病毒量可以翻倍,經過 n 小時候的病毒量計算公式如下:

$$x * (1 + 1)^n$$

程式實例 ch15_2.py：假設期出病毒量是 100，每個小時病毒可以翻倍，請計算經過 10 小時候的病毒量，同時列出每小時的病毒量。

```
1  # ch15_2.py
2  base = 100
3  rate = 1
4  hour = 10
5  for i in range(1, hour+1):
6      base = base + base*rate
7      print('經過 {0:2d} 小時後累積病毒量 {1}'.format(i,base))
```

執行結果

```
=========== RESTART: D:/Python Machine Learning Math/ch15/ch15_2.py ===========
經過  1 小時後累積病毒量 200
經過  2 小時後累積病毒量 400
經過  3 小時後累積病毒量 800
經過  4 小時後累積病毒量 1600
經過  5 小時後累積病毒量 3200
經過  6 小時後累積病毒量 6400
經過  7 小時後累積病毒量 12800
經過  8 小時後累積病毒量 25600
經過  9 小時後累積病毒量 51200
經過 10 小時後累積病毒量 102400
```

15-1-4　指數應用在價值衰減

如果現在花 x 萬買一輛車，在前 3 年車子會以約 10% 的速度衰減它的價值，可以使用下列方式計算未來 n 年的車輛價值。

$$x * (1 - 0.1)^n$$

程式實例 ch15_3.py：假設當初花 100 萬買一輛車，請使用上述數據計算未來 3 年車輛的殘值。

```
1  # ch15_3.py
2  base = 100
3  rate = 0.1
4  year = 3
5  for i in range(1, year+1):
6      base = base - base*rate
7      print('經過 {} 年後車輛殘值 {}'.format(i,base))
```

執行結果

```
=========== RESTART: D:/Python Machine Learning Math/ch15/ch15_3.py ===========
經過 1 年後車輛殘值 90.0
經過 2 年後車輛殘值 81.0
經過 3 年後車輛殘值 72.9
```

15-1-5 用指數觀念看 iPhone 容量

常見到目前的 iPhone 容量是 512GB,這個數字坦白說是有些抽象,現在筆者用實例解說讓讀者可以更了解此容量所代表的意義。

註 1KB 實務上是 1024Byte,筆者先簡化為 1000Byte。此外,讀者需瞭解下列容量單位:

  1GB = 1024MB   # 在此筆者簡化為 1000MB
  1MB = 1024KB   # 在此筆者簡化為 1000KB

下列筆者將推導此 512G 的容量:

  512GB = 512 * 1000 MB
      = 512 * 1000 * 1000 KB
      = 512 * 1000 * 1000 * 1000 Bytes
      = 512000000000 Bytes

由於 1 個 Byte 可以儲存 1 個英文字母,所以從上述可以得到上述容量可以儲存 5120 億個英文字母。1 個中文字是使用 2 個 Bytes,所以上述可以容納 2560 億個中文字。1 本中文書大約是 20 萬字,相當於可以儲存 1280000 本書,約 128 萬本書。

使用上述計算我們雖然可以獲得想要的資訊,但是最大問題是,太冗長。如果適度使用指數代替運算,整個計算容量過程將簡化許多。

  512GB = 512 * 1000 MB
      = $512 * 10^3 * 10^3$ KB
      = $512 * 10^3 * 10^3 * 10^3$ Bytes
      = $5.12 * 10^2 * 10^3 * 10^3 * 10^3$ Bytes
       = $5.12 * 10^{2+3+3+3}$ Bytes
      = $5.12 * 10^{11}$ Bytes

從上述可以看到使用指數運算,整個計算工作簡化許多,也容易懂。

15-2　指數運算的規則

指數運算也可以稱為是冪 (Exponentiation) 運算。

❑　指數是 0

除了 0 以外，所有的 0 次方皆是 1。

$$b^0 = 0$$

0 的 0 次方目前數學界還沒有給明確的定義，不過有人主張是 1，特別是在組合數學的應用上。在 Python 的 IDLE 環境 0 的 0 次方結果是 1。

```
>>> 10**0
1
>>> 0**0
1
```

❑　相同底數的數字相乘

兩個相同底數的數字相乘，結果是底數不變，指數相加。

$$b^m * b^n = b^{m+n}$$

❑　相同底數的數字相除

兩個相同底數的數字相乘，結果是底數不變，指數相減。

$$b^m / b^n = b^{m-n}$$

❑　相同指數冪相除

相同指數冪相除，指數不變，底數相除。

$$\frac{a^n}{b^n} = \left(\frac{a}{b}\right)^n$$

❑　指數冪是負值

相當於是倒數。

$$b^{-n} = \frac{1}{b^n}$$

❑　指數的指數運算

相當於兩個指數相乘。

$$(b^m)^n = b^{m*n}$$

❑　兩數相乘的指數

相當於兩數個別取指數相乘。

$$(a * b)^n = a^n * b^n$$

❑　根號與指數

一個根號相當於指數是 1/2，推導觀念如下：

$$b^n = \sqrt{b}$$

等號兩邊平方，可以得到下列結果。

$$(b^n)^2 = (\sqrt{b})^2$$

上述運算可以得到下列結果。

2n = 1

所以最後可以得到下列結果。

n = $\frac{1}{2}$

上述是平方根的觀念，如果是應用 n 次方根，其結果如下：

$$b^{\frac{1}{n}} = \sqrt[n]{b}$$

15-3　指數函數的圖形

指數的函數圖形在計算機領域的應用是非常廣泛，當數據以指數方式呈現時，如底數是大於 1，數據將呈現非常陡峭的成長，也可以稱是急遽上升。

15-3-1　底數是變數的圖形

底數是變數的圖形，假設指數是 2，格式如下：

n^2

我們形容數據是依據底數的平方做變化，在計算機領域，n^2 也可以代表程式執行的時間複雜度，一個演算法的好壞稱時間複雜度，下列是從左到右，相當於是從好到不好。

$O(1) < O(\log n) < O(n) < O(n\log n) < O(n^2)$

讀者可以體會當數據跳到指數公式 n^2 時，整個數據將產生極巨大的變化。

程式實例 ch15_4.py：程式繪製 $O(1)$、$O(\log n)$、$O(n)$、$O(n\log n)$、$O(n^2)$ 圖形，讀者可以了解當 n 是從 1-10 時，所需要的程式執行時間關係圖。

```
1   # ch15_4.py
2   import matplotlib.pyplot as plt
3   import numpy as np
4
5   xpt = np.linspace(1, 5, 5)            # 建立含10個元素的陣列
6   ypt1 = xpt / xpt                      # 時間複雜度是 O(1)
7   ypt2 = np.log2(xpt)                   # 時間複雜度是 O(logn)
8   ypt3 = xpt                            # 時間複雜度是 O(n)
9   ypt4 = xpt * np.log2(xpt)             # 時間複雜度是 O(nlogn)
10  ypt5 = xpt * xpt                      # 時間複雜度是 O(n*n)
11  plt.plot(xpt, ypt1, '-o', label="O(1)")
12  plt.plot(xpt, ypt2, '-o', label="O(logn)")
13  plt.plot(xpt, ypt3, '-o', label="O(n)")
14  plt.plot(xpt, ypt4, '-o', label="O(nlogn)")
15  plt.plot(xpt, ypt5, '-o', label="O(n*n)")
16  plt.legend(loc="best")               # 建立圖例
17  plt.axis('equal')
18  plt.show()
```

執行結果

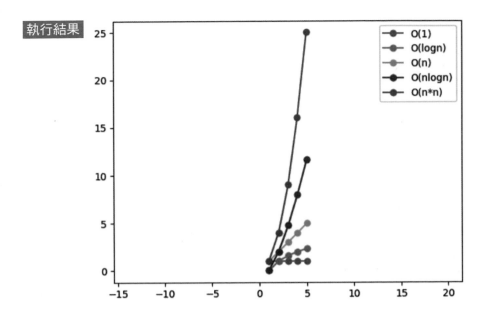

15-3-2 指數冪是實數變數

當指數冪是實數變數,例如:下列函數:

$$y = f(x) = b^x$$

上述公式 x 是一個變數,假設 b = 2,可以得到下列指數函數:

$$y = f(x) = 2^x$$

上述當 x 是負值時,負值越大 y 值將逐步趨近於 0。如果 x = 0,y 值是 1。當 x 是正值時,正值越大數值將極速上升,當我們聽到外界形容一個事件呈指數變化時,表示整體的變化是驚人的。

程式實例 ch15_5.py:繪製下列兩條 x = -3 至 x = 3 的指數函數圖形。

$$y = f(x) = 2^x$$
$$y = f(x) = 4^x$$

```
1  # ch15_5.py
2  import matplotlib.pyplot as plt
3  import numpy as np
4
5  x2 = np.linspace(-3, 3, 30)          # 建立含30個元素的陣列
```

```
 6  x4 = np.linspace(-3, 3, 30)              # 建立含30個元素的陣列
 7  y2 = 2**x2
 8  y4 = 4**x4
 9  plt.plot(x2, y2, label="2**x")
10  plt.plot(x4, y4, label="4**x")
11  plt.plot(0, 1, '-o')                      # 標記指數為0位置
12  plt.legend(loc="best")                    # 建立圖例
13  plt.axis([-3, 3, 0, 30])
14  plt.grid()
15  plt.show()
```

執行結果

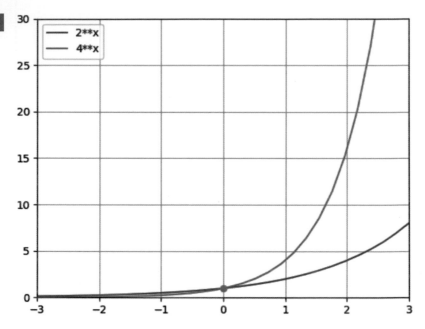

　　當數值呈現指數變化時，變化量是相當驚人的，例如：讀者現在有 1 萬元，每年呈現 2 倍速成長，15 年後這筆金錢將產生驚人的變化。

```
>>> 1 * 2**15
32768
```

相當於可以有 3 億 2768 萬元。

15-3-3　指數冪是實數變數但是底數小於 1

　　相同於 15-3-2 節的觀念，但是改為底數是小於 1，例如：底數是 0.5，可以參考下列函數：

$$y = f(x) = 0.5^x$$

　　此時線型方向將完全相反，指數值是正值，正值越大將越趨近於 0。指數值是負值，負值越大數值將越大。不過如果指數是 0，結果是 1。

程式實例 ch15_6.py：繪製下列兩條 x = -3 至 x = 3 的指數函數圖形。

$$y = f(x) = 0.5^x$$
$$y = f(x) = 0.25^x$$

```
1   # ch15_6.py
2   import matplotlib.pyplot as plt
3   import numpy as np
4
5   x2 = np.linspace(-3, 3, 30)                    # 建立含30個元素的陣列
6   x4 = np.linspace(-3, 3, 30)                    # 建立含30個元素的陣列
7   y2 = 0.5**x2
8   y4 = 0.25**x4
9   plt.plot(x2, y2, label="0.5**x")
10  plt.plot(x4, y4, label="0.25**x")
11  plt.plot(0, 1, '-o')                           # 標記指數為0位置
12  plt.legend(loc="best")                         # 建立圖例
13  plt.axis([-3, 3, 0, 30])
14  plt.grid()
15  plt.show()
```

執行結果

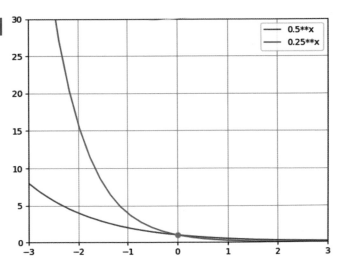

第16章

對數 (logarithm)

本章摘要

前一章筆者說明了指數函數，這一章將講解對數函數，這是機器學習常會用到的函數。

16-1 認識對數函數

16-1-1 對數的由來

從上一章我們知道其實所有的實數皆可以寫成指數，例如：2^x。接下來數學界面臨另一個問題，如何表達下列觀念？

8 是 2 的幾次方？

$8 = 2^x$ 　　　　　　　　　　　　　　# x 是未知

最後數學專家創造一個符號來表達上述觀念，這個符號就是對數 log。表達方式如下：

$\log_2 8$

更完整的數學表達式如下：

$8 = 2^{\log_2 8}$

上述增加的指數部分念法是由右到左，8 以 2 為底數所對應的指數。所以 log 本質是指數，因為是所對應的指數 (請留意這段話的藍色字)，所以數學家將此 log 稱對數。

16-1-2 從數學看指數的運作觀念

在數學觀念中對數其實是執行指數的逆運算，也就是說對數函數是指數函數的反函數。例如：有一個指數運算公式如下：

$y = b^x$

假設上面底數 b = 2，公式如下：

$y = 2^x$

上述公式中，我們可以將一系列的 x 值代入公式求得 y 值，這是基本的指數運算函數。假設同樣的公式，我們已知 y 值，要如何計算 x 值，這時就要使用對數的觀念。

對上述公式而言，假設 y 值是 8，原先指數函數可以用下列公式表示：

$8 = 2^x$

如果用對數表示，可以得到下列公式：

$x = \log_2 8$

其實 8 = 2 * 2 * 2，也可以說 $8 = 2^3$，所以最後可以得到下列結果：

$x = \log_2 8 = 3$

16-1-3　再看對數函數

對數函數的數學公式如下：

$$y = \log_b x$$

（箭頭指向 x）真數

（箭頭指向 b）底數

若是以上述公式而言，因為 $x = b^y$，所以 x 一定大於 0。請現在再一次參考下列公式：

$x = b^y$

接下來筆者計畫將上述公式推導為 y = … 格式，首先可以將上述公式兩邊同時用對數方式處理，可以得到下列結果：

$\log_b x = \log_b b^y$

上述等號右邊等於 y，可以參考下列觀念：

$\log_b b^y = y$

所以最後可以得到下列結果：

$y = \log_b x$

下列是同樣觀念使用數字代入的應用：

$y = \log_3 81 = 4$　　　　　　　　　　# 81 = 3 * 3 * 3 * 3

16-1-4　天文數字的處理

對數的發明大大減少天文數字處理的時間，1986 年代硬碟上市不久，計價方式是 1MB 售價是 200 元，也就是一臺配備 200M 的硬碟是 4 萬元。科技進步現在 Apple 的 iCloud 儲存空間 2TB 是約 300 元 / 月。

讀者可能會問 1 TB 是多大，數學推導方式如下：

$$1 \text{ TB} = 1000 \text{ GB}$$
$$= 1000 * 1000 \text{ MB}$$
$$= 1000 * 10^3 * 10^3 \text{ KB}$$
$$= 1000 * 10^3 * 10^3 * 10^3 \text{ Bytes}$$
$$= 10^3 * 10^3 * 10^3 * 10^3 \text{ Bytes}$$
$$= 10^{3+3+3+3} \text{ Bytes}$$
$$= 10^{12} \text{ Bytes}$$

上述是天文數字，可是使用底數是 10 的對數處理，可以得到下列結果：

$$\log_{10} 1000000000000 = 12$$

一個簡單的對數公式，就讓天文數字輕鬆易懂。

16-1-5　Python 的對數函數應用

有關 Python 在對數 log 的使用，筆者在 2-3 節已有說明，請參考該節的內容。但是在應用上必須留意，如果對數 log 的底數是 10，我們稱這是常用對數，使用 log 數學公式表達時，常常會省略 10，如下所示：

log 5　　　　　# 其實是代表 $\log_{10} 5$

但是在 Python 公式所呼叫的方法是 log10( )。

早期計算機或程式設計沒有那麼流行時，所有數學或統計的書籍皆會在講解對數的單元放上對數表，方便讀者有需求時可以查閱，其實我們可以使用程式設計此對數表。

程式實例 ch16_1.py：建立 $\log_{10}x$ 的對數表，其中真數 x 是在 1.1 – 10.0 之間。

```python
1   # ch16_1.py
2   import numpy as np
3
4   n = np.linspace(1.1, 10, 90)              # 建立1.1-10的陣列
5   count = 0                                  # 用於計算每5筆輸出換行
6   for i in n:
7       count += 1
8       print('{0:2.1f} = {1:4.3f}'.format(i, np.log10(i)), end='     ')
9       if count % 5 == 0:                     # 每5筆輸出就換行
10          print()
```

執行結果

```
========== RESTART: D:/Python Machine Learning Math/ch16/ch16_1.py ==========
1.1 = 0.041    1.2 = 0.079    1.3 = 0.114    1.4 = 0.146    1.5 = 0.176
1.6 = 0.204    1.7 = 0.230    1.8 = 0.255    1.9 = 0.279    2.0 = 0.301
2.1 = 0.322    2.2 = 0.342    2.3 = 0.362    2.4 = 0.380    2.5 = 0.398
2.6 = 0.415    2.7 = 0.431    2.8 = 0.447    2.9 = 0.462    3.0 = 0.477
3.1 = 0.491    3.2 = 0.505    3.3 = 0.519    3.4 = 0.531    3.5 = 0.544
3.6 = 0.556    3.7 = 0.568    3.8 = 0.580    3.9 = 0.591    4.0 = 0.602
4.1 = 0.613    4.2 = 0.623    4.3 = 0.633    4.4 = 0.643    4.5 = 0.653
4.6 = 0.663    4.7 = 0.672    4.8 = 0.681    4.9 = 0.690    5.0 = 0.699
5.1 = 0.708    5.2 = 0.716    5.3 = 0.724    5.4 = 0.732    5.5 = 0.740
5.6 = 0.748    5.7 = 0.756    5.8 = 0.763    5.9 = 0.771    6.0 = 0.778
6.1 = 0.785    6.2 = 0.792    6.3 = 0.799    6.4 = 0.806    6.5 = 0.813
6.6 = 0.820    6.7 = 0.826    6.8 = 0.833    6.9 = 0.839    7.0 = 0.845
7.1 = 0.851    7.2 = 0.857    7.3 = 0.863    7.4 = 0.869    7.5 = 0.875
7.6 = 0.881    7.7 = 0.886    7.8 = 0.892    7.9 = 0.898    8.0 = 0.903
8.1 = 0.908    8.2 = 0.914    8.3 = 0.919    8.4 = 0.924    8.5 = 0.929
8.6 = 0.934    8.7 = 0.940    8.8 = 0.944    8.9 = 0.949    9.0 = 0.954
9.1 = 0.959    9.2 = 0.964    9.3 = 0.968    9.4 = 0.973    9.5 = 0.978
9.6 = 0.982    9.7 = 0.987    9.8 = 0.991    9.9 = 0.996    10.0 = 1.000
```

16-2　對數表的功能

16-2-1　對數表基礎應用

對數表對於傳統數學運算是非常重要的工具，特別是在沒有計算機的時代，可以使用對數表快速推導近似值。例如：有一個 3 平方公尺的土地，究竟邊長是多少？假設邊長是 x，可以得到下列公式：

$$3 = x^2$$

進一步推導可以得到下列公式：

$$x = \sqrt{3} = 3^{\frac{1}{2}}$$

由程式 ch16_1.py 的 $\log_{10}$ 的對數表執行結果可以查到，3 大約是 10 的 0.477 次方，現在可以將 3 轉成以 10 為底的次方，經此推導的公式如下：

$$\mathbf{x} = \sqrt{3} = 3^{\frac{1}{2}} \approx (10^{0.477})^{\frac{1}{2}} = 10^{0.477 * 0.5} = 10^{0.2385}$$

下一步是在對數表中找出最接近結果是 0.2385 的 10 次方的數值，此例是 1.7。所以可以得到：

$$\mathbf{x} \approx 1.7$$

也可以說：

$$\sqrt{3} \approx 1.7$$

下列是用 Python 驗算上述結果。

```
>>> import math
>>> math.sqrt(3)
1.7320508075688772
```

16-2-2　更精確的對數表

在程式實例 ch16_1.py 中，筆者將 1.1 至 10.0 之間切割成 90 份，我們獲得了精確至小數第 3 位的對數表，如果還需要更精確的對數表，在沒有計算機的時代是一件繁雜的計算工作，不過使用程式語言可以很輕鬆解決，我們可以將 1.1 至 10.0 之間切割成 900 份，就可以獲得更精確的結果。

雖然計算機程式的進步，對數表用途降低，不過對於學習基礎數學的觀念，以及未來機器學習仍是有相當大的幫助。

16-3　對數運算可以解決指數運算的問題

有些問題使用指數處理，可能會較為繁雜，這時可以思考使用對數解決，這一節將講解這方面的觀念。

16-3-1　用指數處理相當數值的近似值

　　這一節的內容主要是描述某個數據可以用 10 的多少次方表達，所使用的方法是指數函數的方法。正式題目是 540 天的秒數，可以用 10 的多少次方表達。首先可以使用下列方式計算 540 天的秒數，計算方式如下：

$$= 540 * 24 * 60 * 60$$
$$= 54 * 10 * 6 * 4 * 6 * 10 * 6 * 10$$
$$= 216 * 6^3 * 10^3$$
$$= 6^3 * 6^3 * 10^3$$
$$= 6^6 * 10^3$$

　　上述可以得到一個是 6 的底數與一個是 10 的底數相乘的結果，所謂的將某個數字改為 10 的次方，就是將 6^6 次方改為 10 的 x 次方，因為 6 比 10 小，所以可以將 6 改為 $10^{0.xxx}$，假設 m > n 我們也可以使用下列公式表示：

$$6 = 10^{\frac{n}{m}}$$

　　現在將上述公司兩邊乘 m 次方，可以得到下列公式：

$$6^m = (10^{\frac{n}{m}})^m$$

　　可以推導下列結果：

$$6^m = (10^{\frac{n}{m}})^m = 10^{\frac{n}{m}m}$$

　　進一步推導可以得到下列結果。

$$6^m = (10^{\frac{n}{m}})^m = 10^{\frac{n}{m}m} = 10^n$$

　　接著計算 6 的多少次方 n 約等於 10 的某次方 m，下列是試著計算 6 的次方值，經過計算可以得到下列結果：

$$6^1 = 6$$
$$6^2 = 36$$
$$\cdots$$
$$6^9 = 10077696$$

可以得到 6 的 9 次方最接近 10 的 7 次方，如下所示：

$$6^9 \approx 10^7$$

所以現在可以推導得到 n = 7，m = 9，將此結果代入下列公式：

$$6 = 10^{\frac{n}{m}}$$

相當於可以得到：

$$6 = 10^{\frac{n}{m}} = 10^{\frac{7}{9}} = 10^{0.778}$$

將上述結果代入下列公式：

540 天秒數 $= 6^6 * 10^3$

$$\approx (10^{0.778})^6 * 10^3$$

$$\approx 10^{4.668+3}$$

$$\approx 10^{7.668}$$

下列是 Python 實作驗證：

```
>>> pow(10, 7.668)
46558609.35229591
>>>
>>> 540 * 24 * 60 * 60
46656000
```

從上述執行結果，我們獲得了非常接近的結果。

16-3-2　使用對數簡化運算

對數觀念如下：

$$y = \log_b x$$

這個問題用 x = 6 代入，b = 10 代入，相當於是要處理下列公式：

$$10^y = 6$$

也可以說是計算下列結果：

$$y = \log_{10} 6$$

從程式實例 ch16_1.py 的運算結果的對數表可以得到：

$\log_{10} 6 = 0.778$

將 6 用 $10^{0.778}$ 代入原始公式如下：

540 天秒數 $= 6^6 * 10^3$

$\approx (10^{0.778})^6 * 10^3$

$\approx 10^{4.668+3}$

$\approx 10^{7.668}$

我們可以用比較簡單的方法獲得想要的結果。

16-4 認識對數的特性

從前一節我們獲得了處理比較大的數據運算時，使用對數可以有比較好的運算方法，可以節省運算時間，這一點對於機器學習是很有幫助的。這一節是要說明對數的特性，筆者先繪製對數 log 的函數圖形，然後再做說明。

程式實例 ch16_2.py：將對數的底數設為 2 與 0.5 時，將真數的值設為 0.1 – 10 之間，然後繪製圖表。

```
1   # ch16_2.py
2   import matplotlib.pyplot as plt
3   import numpy as np
4   import math
5
6   x1 = np.linspace(0.1, 10, 99)        # 建立含30個元素的陣列
7   x2 = np.linspace(0.1, 10, 99)        # 建立含30個元素的陣列
8   y1 = [math.log2(x) for x in x1]
9   y2 = [math.log(x, 0.5) for x in x2]
10  plt.plot(x1, y1, label="base = 2")
11  plt.plot(x2, y2, label="base = 0.5")
12
13  plt.legend(loc="best")               # 建立圖例
14  plt.axis([0, 10, -5, 5])
15  plt.grid()
16  plt.show()
```

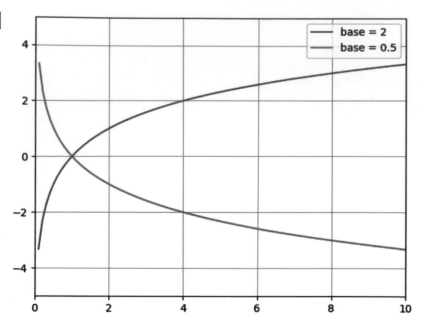

執行結果

對於底數是 2的 對數函數，如果真數大於 1 會呈現正值同時單調遞增，如果真數小於 1 開始呈現負數，當真數接近 0 時，則呈現無限小。

對於底數是 0.5 的對數函數，如果真數大於 1 會呈現負值同時單調遞減，如果真數小於 1 開始呈現正數，當真數接近 0 時，則呈現無限大。

另外，當真數是 1 時，不論底數是多少，對數函數會通過 (1, 0)。

16-5　對數的運算規則與驗證

這一節將介紹機器學習會常用到的指數運算。

16-5-1　等號兩邊使用對數處理結果不變

有一個等號公式如下：

x = y

兩邊使用對數處理，可以得到相同的結果。

$\log_b x = \log_b y$

假設 f(x) = x, f(y) = y，其實只是將函數轉成對數函數。

16-5-2　對數的真數是 1

如果對數的真數是 1，不論底數 b 是多少，結果是 0。

$\log_b 1 = 0$

可以參考下列數學：

$b^0 = 1$

兩邊用對數處理：

$\log_b b^0 = \log_b 1$

上述推導可以得到下列結果。

$0 = \log_b 1$

16-5-3　對數的底數等於真數

對數的底數等於真數觀念如下：

$\log_b b = 1$

因為 $b^1 = b$，所以可以得到上述結果。

16-5-4　對數內真數的指數可以移到外面

觀念如下：

$$\log_b x^n = n \log_b x$$

假設有一個公式如下：

$$x = b^{\log_b x}$$

將上述等號兩邊執行 n 次方，可以得到下列結果。

$$x^n = (b^{\log_b x})^n$$

右邊指數的指數等於指數相乘，可以得到下列結果。

$$x^n = (b^{\log_b x})^n = b^{n\log_b x}$$

等號兩邊執行對數 $\log_b$ 運算，可以得到下列結果。

$$\log_b x^n = \log_b b^{n\log_b x} = n\log_b x$$

16-5-5　對數內真數是兩數據相乘結果是兩數據相加

這個觀念如下：

$$\log_b MN = \log_b M + \log_b N$$

假設 $M = x^m$，$N = x^n$，則上述公式可以推導下列結果。

$$\begin{aligned}
\log_b MN &= \log_b x^m x^n \\
&= \log_b x^{m+n} \\
&= (m+n)\log_b x \\
&= m\log_b x + n\log_b x \\
&= \log_b x^m + \log_b x^n \\
&= \log_b M + \log_b N
\end{aligned}$$

16-5-6　對數內真數是兩數據相除結果是兩數據相減

這個觀念如下：

$$\log_b \frac{M}{N} = \log_b M - \log_b N$$

公式驗證如下：

$$\log_b \frac{M}{N} = \log_b M + \log_b \frac{1}{N}$$

$$= \log_b M - \log_b N$$

16-5-7　底數變換

這個觀念如下：

$$\log_b x = \frac{\log_a x}{\log_a b}$$

假設 $z = \log_b x$，所以可以得到下列結果。

$$x = b^z$$

等號兩邊同時用對數 $\log_a$ 處理。

$$\log_a x = z \log_a b^z$$

上述右邊可以得到下列結果：

$$\log_a x = z \log_a b$$

所以上述可以得到：

$$z = \frac{\log_a x}{\log_a b}$$

先前假設 $z = \log_b x$，所以可以得到下列結果。

$$\log_b x = \frac{\log_a x}{\log_a b}$$

其實底數變換較不常用到，因為機器學習常用的底數是 e，e 是歐拉數 (Euler's number) 筆者將在下一章說明。

第17章

歐拉數與邏輯函數

本章摘要

歐拉數 e 是一個不循環小數的常數值，約 2.718281 ...，這是機器學習常用的數值，筆者在本章將詳細解說，同時也會說明此值的由來，最後並實作應用。

17-1　歐拉數

17-1-1　認識歐拉數

前一章節在討論對數時比較常用的是底數是 2 或是 10，不過在機器學習時比較常用的是數學常數 e，它的全名是 Euler's Number，又稱歐拉數，主要是紀念瑞士數學家歐拉命名。

歐拉數 e 可以用作指數函數的底數，例如：下列公式：

e^x

上述公式有時候也可以用 exp(x) 表達。

在對數 log 應用中，如果底數是 e，數學表達式如下：

$\log_e$

當對數的底數是 e 時，我們稱這是自然對數 (Natural logarithm)，假設真數是 8，則表達式如下：

$\log_e 8$

或是省略 e，直接用下列公式表示：

$\log 8$

自然對數另一個表達方式是 ln，所以上述公式可以用下列方式表達。

ln 8

註　在機器學習中，有關指數與對數較常使用的是 e，特別是在推導積分與微分公式時，大都使用歐拉數 e，本書的的延伸作品：

機器學習彩色圖解 + 微積分篇 +Python 實作

將會大量使用歐拉數 e。

17-1-2　歐拉數的緣由

前面章節筆者有解說過複利的觀念,其實我們可以由複利觀念推導此歐拉數。假設有 1 元本金存在銀行,一年利率 100%,一年後這個本金就會變為 2 元。

假設銀行提出的存款條件是每半年給一次利息,利率是 50%,相當於是 $\frac{1}{2}$,同時以複利計息,這時一年後的本金和,假設是 s,則計算方式如下:

$$s = (1 + \frac{1}{2})^2 = 1.5^2 = 2.25$$

從上述可以看到一年後的本金和是 2.25 元。

現在假設銀行提出的存款條件是每一季給一次利息,利率是 25%,相當於是 $\frac{1}{4}$,同時以複利計息,這時一年後的本金和,假設是 s,則計算方式如下:

$$s = (1 + \frac{1}{4})^4 = 1.25^4 \approx 2.441$$

其實我們可以由前面兩次利息的給付,推導出下列複利計算的公式:

$$s = (1 + \frac{1}{n})^n$$

上述 n 就是利息的期數。

現在假設銀行提出的存款條件是每一月給一次利息,這時 n 值就是 12,同時以複利計息,這時一年後的本金和,假設是 s,則計算方式如下:

$$s = (1 + \frac{1}{12})^{12} \approx 2.613$$

現在假設銀行提出的存款條件是每一天給一次利息,這時 n 值就是 365,同時以複利計息,這時一年後的本金和,假設是 s,則計算方式如下:

$$s = (1 + \frac{1}{365})^{365} \approx 2.715$$

現在假設銀行提出的存款條件是每一小時給一次利息,這時 n 值就是 365*24,所以 n = 8760 同時以複利計息,這時一年後的本金和,假設是 s,則計算方式如下:

$$s = (1 + \frac{1}{8760})^{8760} \approx 2.71812669$$

現在假設銀行提出的存款條件是每一分鐘給一次利息，這時 n 值就是 8760*60，所以 n = 525600 同時以複利計息，這時一年後的本金和，假設是 s，則計算方式如下：

$$s = (1 + \frac{1}{525600})^{525600} \approx 2.718279243$$

現在假設銀行提出的存款條件是每一秒鐘給一次利息，這時 n 值就是 525600*60，所以 n = 31536000 同時以複利計息，這時一年後的本金和，假設是 s，則計算方式如下：

$$s = (1 + \frac{1}{31536000})^{31536000} \approx 2.718281778$$

複利計算過程，我們也發現從分鐘到秒鐘本金和相差僅有約 0.000003，如果現在我們再將秒數分割，可以得到相差數僅是 2.718281 後面的尾數，所以這個數就被定義為歐拉數，先前公式筆者用 s 當本金和的變數，現在可以改用歐拉數 e 了。

$$e \approx 2.718281778...$$

17-1-3　歐拉數使用公式做定義

從前一節的歐拉數 e 的推導我們可以得到基礎的歐拉數公式如下：

$$e = (1 + \frac{1}{n})^n$$

由於歐拉數公式的 n 值可以趨近至無限大，所以正式的歐拉數公式如下：

$$e = \lim_{n \to \infty} \left(1 + \frac{1}{n}\right)^n$$

上述 lim( ) 函數，lim 原意是 limit，∞是無限大。

17-1-4　計算與繪製歐拉數的函數圖形

程式實例 ch17_1.py：在 0.1-1000 間取 100000 個點，然後繪製歐拉數圖形，因為如果用圖表展現 x 軸在 0-1000 之間，讀者無法看到歐拉數的函數圖形特徵，所以只繪製 x 軸在 0-10 之間。

```
1   # ch17_1.py
2   import matplotlib.pyplot as plt
3   import numpy as np
4
5   x = np.linspace(0.1, 1000, 100000)        # 建立含100000個元素的陣列
6   y = [(1+1/x)**x for x in x]
7   plt.axis([0, 10, 0, 3])
8   plt.plot(x, y, label="Euler's Number")
9
10  plt.legend(loc="best")                    # 建立圖例
11  plt.grid()
12  plt.show()
```

執行結果

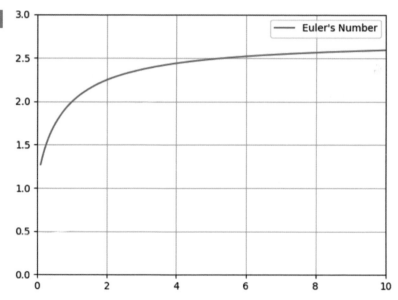

程式實例 ch17_2.py：重新繪製歐拉數函數圖形，同時第 7 行不執行，相當於不設定顯示空間。

```
1   # ch17_2.py
2   import matplotlib.pyplot as plt
3   import numpy as np
4
5   x = np.linspace(0.1, 1000, 100000)        # 建立含100000個元素的陣列
6   y = [(1+1/x)**x for x in x]
7   #plt.axis([0, 10, 0, 3])
8   plt.plot(x, y, label="Euler's Number")
9
10  plt.legend(loc="best")                    # 建立圖例
11  plt.grid()
12  plt.show()
```

執行結果

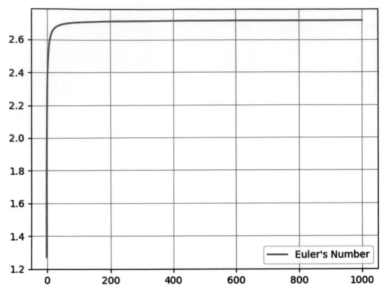

17-2　邏輯函數

邏輯函數 (logistic function) 是一種常見的 S(Sigmoid) 函數，這個函數式是皮埃爾 (Pierre) 在 1844 年或 1845 年研究此函數與人口增長關係時命名的，這個函數的特色是因變數 y 的值是落在 0 - 1 之間。

y = f(x)

假設 f(x) 函數式邏輯函數，則 y 值是 0 - 1 之間。

邏輯函數常被用在機器學習的分類，還可以得到屬於某個類別的機率。

17-2-1　認識邏輯函數

一個簡單的邏輯函數定義如下：

$$y = f(x) = \frac{1}{1+e^{-x}}$$

在 17-2 節筆者說過，邏輯函數的值會落在 0 − 1 之間，接下來筆者將驗證此觀點。

17-2-2　x 是正無限大

當 x 是正無限大時，請參考下列數值：

e^{-x}

上述相當於是：

$$\frac{1}{e^x} \approx 0$$

由於 x 是正無限大，所以上述值是趨近於 0，將這個結果代入邏輯函數，可以得到下列結果。

$$y = f(x) = \frac{1}{1 + e^{-x}} \approx \frac{1}{1 + 0} = 1$$

從上述推導可以得到當 x 是正無限大時，邏輯函數值是 1。

17-2-3　x 是 0

當 x 是 0 時，請參考下列數值：

e^{-x}

上述相當於是：

$$\frac{1}{e^x} = \frac{1}{e^0} = \frac{1}{1} = 1$$

由於 x 是 0，所以上述值是 1，將這個結果代入邏輯函數，可以得到下列結果。

$$y = f(x) = \frac{1}{1 + e^{-x}} = \frac{1}{1 + 1} = 0.5$$

從上述推導可以得到當 x 是 0 時，邏輯函數值是 0.5。

17-2-4　x 是負無限大

當 x 是負無限大時，請參考下列數值：

e^{-x}

上述相當於是：

$$\frac{1}{e^x} \approx \infty = 無限大$$

由於 x 是負無限大，所以上述值是正無限大，將這個結果代入邏輯函數，可以得到下列結果。

$$y = f(x) = \frac{1}{1 + e^{-x}} = \frac{1}{1 + \infty} \approx 0$$

從上述推導可以得到當 x 是負無限大時，邏輯函數值是 0。

17-2-5　繪製邏輯函數

在 17-2 節剛開始內容筆者有說明邏輯函數是一種常見的 S 函數，下列是繪製邏輯函數圖形，讀者可以看到結果。

程式實例 ch17_3.py：繪製邏輯函數，設 x 值在 -5 ～ 5 之間。

```
1   # ch17_3.py
2   import matplotlib.pyplot as plt
3   import numpy as np
4
5   x = np.linspace(-5, 5, 10000)              # 建立含10000個元素的陣列
6   y = [1/(1+np.e**-x) for x in x]
7   plt.axis([-5, 5, 0, 1])
8   plt.plot(x, y, label="Logistic function")
9
10  plt.legend(loc="best")                     # 建立圖例
11  plt.grid()
12  plt.show()
```

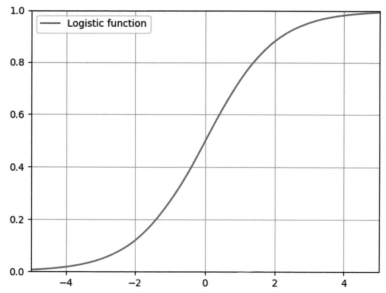

17-3 logit 函數

17-3-1 認識 Odds

Odds 可以翻譯為比值，或優勢比，或賠率，內容是指事件發生機率與不發生機率的比值。

在統計學內機率 (Probability) 與 Odds 都是一種數字用來描述事件發生的可能性。在此複習一下機率，假設用 P(A) 代表 A 事件的機率，則 P(A) 的定義如下：

$$P(A) = \frac{Number\ of\ Event\ A}{Total\ Number\ of\ Events}$$

若是以擲骰子為例骰子有 6 面，所以有 6 個可能，P = 0 代表一定不會發生，P = 1 代表一定會發生，擲出特定點數的機率是：

$$P = \frac{1}{6}$$

事件不發生的機率則是：

$$1 - P = 1 - \frac{1}{6} = \frac{5}{6}$$

Odds 是指事件發生機率與不發生機率的比值，所以 Odds 的公式觀念如下：

$$Odds = \frac{Probability\ of\ Event}{Probability\ of\ no\ Event} = \frac{P}{1-P}$$

若是以擲骰子為例，最後得到的數字如下：

$$Odds = \frac{Probability\ of\ Event}{Probability\ of\ no\ Event} = \frac{P}{1-P} = \frac{\frac{1}{6}}{\frac{5}{6}} = \frac{1}{5}$$

17-3-2　從 Odds 到 logit 函數

如果用英文表達所謂的 logit 就是 log of Odds，或是可以將 logit 稱 log-it，這裡的 it 是指 Odds，可以參考下列公式：

$$logit = \log(Odds) = \log\left(\frac{P}{1-P}\right)$$

這個 log 底數是 e，也就是自然對數，所以上述公式可以改為下列公式：

$$logit = \log(Odds) = \log\left(\frac{P}{1-P}\right) = \ln\left(\frac{P}{1-P}\right)$$

17-3-3　繪製 logit 函數

程式實例 ch17_4.py：繪製 x = 0.1 – 0.99 之間的 logit 函數圖形，這個程式也標記當 x = 0.5 時 logit(x) = 1 的點。

```
1   # ch17_4.py
2   import matplotlib.pyplot as plt
3   import numpy as np
4
5   x = np.linspace(0.01, 0.99, 100)              # 建立含1000個元素的陣列
6   y = [np.log(x/(1-x)) for x in x]
7   plt.axis([0, 1, -5, 5])
8   plt.plot(x, y, label="Logit function")
9   plt.plot(0.5, np.log(0.5/(1-0.5)),'-o')
10
11  plt.legend(loc="best")                        # 建立圖例
12  plt.grid()
13  plt.show()
```

執行結果

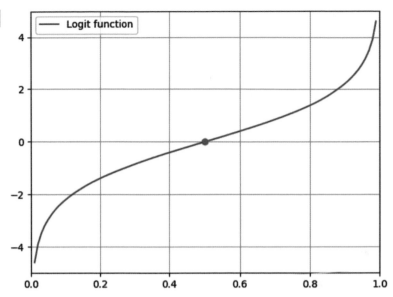

17-4　邏輯函數的應用

17-4-1　事件說明與分析

　　一家網購公司在做消費者售後服務調查中發現，只要所銷售的產品在品質上或運送過程沒有任何差錯，第一次購買的消費者未來一年回購率是 40%，如果發生一個客戶不滿意的問題消費者未來一年回購率是 15%。

　　依據過去的經驗，在網購過程最多只出現一次差錯，假設現在有位客戶發生了運送與品質的 2 個差錯，請問這位消費者未來一年的回購率是多少。

　　直覺上出差錯一次回購率從 40% 掉到 15%，那出差錯 2 次，是否回購率調到 -10%，其實不會有負值，回購率一定是在 0 – 1 之間，所以這時可以考慮使用 17-2 節的邏輯函數觀念處理。

$$y = f(x) = \frac{1}{1+e^{-x}}$$

　　在實務過程，已知事件可以用線性函數 ax + b 表示，所以此時的邏輯函數應用下列函數表示：

$$f(x) = \frac{1}{1 + e^{-(ax+b)}}$$

現在的 f(x) 的參數 x 將是 ax+b 的 x。

在上圖邏輯函數的應用中，現在的工作將使用已知的數據，找出 ax + b 的係數 a 與 b，然後將出差錯的次數 2，代入 x，就可以算出，出 2 次差錯時，這位消費者的回購率。

不過上述 ax + b 函數是 e 的指數，在解此方程式時會有相當的難度，這時可以應用 logit( ) 函數，將上述 e 指數的一次方程式轉成一般一次方程式，整個解題將簡單許多。

17-4-2　從邏輯函數到 logit 函數

假設消費者的回購率是 P，網購出差錯的次數使用變數 x 表示，我們可以得到下列公式：

$$P = \frac{1}{1 + e^{-(ax+b)}} = \frac{1}{1 + \dfrac{1}{e^{ax+b}}}$$

現在執行下列假設：

$$X = e^{ax+b}$$

整個網購的邏輯函數將如下所示：

$$P = \frac{1}{1 + \dfrac{1}{e^{ax+b}}} = \frac{1}{1 + \dfrac{1}{X}}$$

現在將分子與分母乘以 X，可以得到下列結果：

$$P = \frac{1}{1 + \dfrac{1}{e^{ax+b}}} = \frac{1}{1 + \dfrac{1}{X}} = \frac{X}{X + 1}$$

上述公式可以簡化為：

$$P = \frac{X}{X + 1}$$

將右邊分母的 (X+1) 移至左邊，可以得到下列結果。

$$P(X + 1) = X$$

將左邊公式展開：

$$PX + P = X$$

將左邊的 PX 移至右邊。

$$P = X - PX$$

處理右邊公式。

$$P = (1 - P)X$$

將 (1-P) 移至左邊。

$$\frac{P}{1 - P} = X$$

因為，先前假設 $X = e^{ax+b}$ ，帶入上述公式，可以得到下列結果。

$$\frac{P}{1 - P} = e^{ax+b}$$

將自然對數 log_e 應用在等號兩邊。

$$log_e \frac{P}{1 - P} = log_e e^{ax+b}$$

註 自然對數 log_e，可以用 log 表示或是用 ln 表示。

簡化上述公式，可以得到下列結果。

$$\ln \frac{P}{1 - P} = ax + b$$

其實上述就是 logit 函數。

同時 logit 函數與邏輯函數是彼此的反函數。

17-4-3 使用 logit 函數獲得係數

接下來要計算網購的回購率，可以將相關係數代入下列函數：

$$\ln \frac{P}{1 - P} = ax + b$$

❑ 計算 ax+b 的 a, b 係數

上述公式 P 是已知，x 也是已知，我們要計算 a, b 係數。對於網購的訊息，可以知道當消費過程沒有任何差錯時回購率是 40%，此時已知參數如下：

```
P = 0.4
x = 0      # 差錯次數
```

我們獲得下列公式：

$$a * 0 + b = \ln \frac{0.4}{1 - 0.4} = -0.405$$

因為左邊是 a * 0 + b = b，所以最後得到 b =-0.405。

另一個網購的訊息是，當有 1 個差錯時，回購率是 15%，此時已知參數如下：

```
P = 0.15
x = 1              # 差錯次數
```

我們獲得下列公式：

$$a * 1 + b = \ln \frac{0.15}{1 - 0.15} = -1.735$$

因為已知 b = -0.405，所以 a 的公式如下：

a =-1.735+0.405 = -1.33

❑ 推估回購率

由於已經知道 a, b 的係數值，現在可以將係數值代入下列公式。

$$P = \frac{1}{1 + e^{-(ax+b)}} = \frac{1}{1 + \dfrac{1}{e^{ax+b}}}$$

　　由於我們現在要計算當出錯 2 次時，消費者的回購率，這時相當於是將 x 用 2 代入，所以上述公式所使用的相關變數如下：

x = 2
a = -1.33
b = -0.405

下列是將變數代入後的計算結果。

$$P = \frac{1}{1 + \dfrac{1}{e^{ax+b}}} = \frac{1}{1 + \dfrac{1}{e^{-1.33 \cdot 2 - 0.405}}} = \frac{1}{1 + \dfrac{1}{e^{-3.065}}} \approx \frac{1}{1 + 21.434} \approx 4.46\%$$

　　從上述可以得到當出錯 2 次時，消費者的回購率是 4.46%，如果要計算出錯 3 次或更多次的回購率，可以將出錯次數代入 x 變數即可。

第18章

三角函數

本章摘要

第 7 章筆者介紹了畢氏定理，在該章節就有與三角形相關的幾何觀念，這一章將做更完整的解說。

18-1 直角三角形的邊長與夾角

所謂的直角三角形是，一個三角形其中有一個角是呈現 90 度，如下所示：

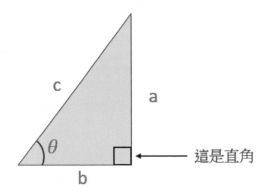

假設直角三角形的外觀如上，則可以知道此直角三角形的特徵如下：

邊長：有 a、b、c 等 3 個邊長。

邊長的名詞：a 是高、b 是底、c 是斜邊。

上述也定義了夾角關係：

直角：a(高) 與 b(底) 是直角。

θ：這是假設 b 與 c 的夾角，可以唸作 Theta。

因為三角形的 3 個角加總是 180 度，扣掉直角，所以可以得到 a 與 c 之間的夾角是 90^0- **θ**。

上述直角三角形有一個特色，只要**θ**角度不變，某一個邊更改邊長，其他 2 個邊長將成比例更改。

18-2 三角函數的定義

三角函數定義了下列數學領域常用的關係式：

$$\sin\theta = \frac{高}{斜邊} = \frac{a}{c}$$

$$\cos\theta = \frac{底}{斜邊} = \frac{b}{c}$$

$$\tan\theta = \frac{高}{底} = \frac{a}{b}$$

有了上述三角函數，現在只要知道一個邊長與角度，就可以推算其他 2 個邊長。例如：有一個直角三角形如下：

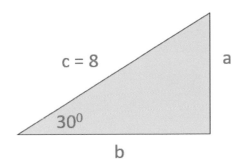

a 邊長 = c * $\sin(30^0)$ = 8 * 0.5 = 4

b 邊長 = c * $\cos(30^0)$ = 8 * $\frac{\sqrt{3}}{2}$ = 6.928

有關上述 $\sin(30^0)$ 與 $\cos(30^0)$ 的計算方式，筆者未來會用 Python 實作解說。

18-3　計算三角形的面積

記得在國中數學，我們學過三角形面積計算公式如下：

(底 * 高) / 2

18-3-1　計算直角三角形面積

下列是用兩個相同的直角三角形，適度組合即可形成矩形，這時底和高就成了矩形的兩個邊。

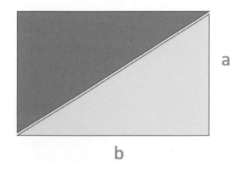

從上圖我們得到了 (a * b) / 2 可以得到一個直角三角形的面積。

18-3-2　計算非直角三角形面積

有一個非直角三角形，假設高是 a，底是 b，如下所示：

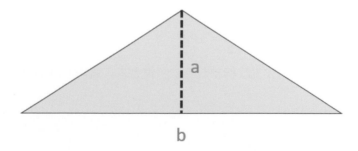

上述面積也是 (底 * 高) / 2，相當於 (a * b) / 2。我們可以複製三角形，可以得到下列結果。

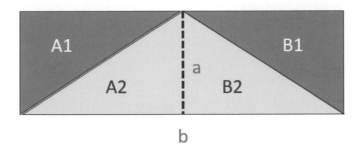

上述 A1 三角形面積等於 A2 三角形面積，上述 B1 三角形面積等於 B2 三角形面積，所以我們驗證了對於非直角三角形，也是使用 (底 * 高) / 2，可以計算非直角三角形面積。

有一個三角形資料如下：

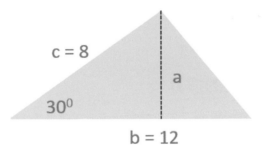

計算上述非直角三角形面積首先必須計算高度 a，從上述資料可以得到下列公式：

$a = c * \sin(30^0) = 8 * 0.5 = 4$
$area = b * a / 2 = 4 * 12 / 2 = 24$

所以我們獲得了上述非直角三角形面積是 24。

18-4　角度與弧度

18-4-1　角度的由來

假設我們定義一個圓繞一圈是 360 度，現在將這一圈分成 360 等份，則每一等份是 1 度。在數學領域如果再將 1 度分成 60 等份，則稱 1 分。如果再將 1 分分成 60 等份，則稱 1 秒。

不過最常用的單位還是度。

18-4-2　弧度的由來

弧度又稱徑度，通常是沒有單位，一般是用 rad 代表。

對一個半徑為 r 的圓而言，此圓的圓周長是 $2\pi r$，計算圓周長與圓半徑的比，可以得到 2π，所以一個圓的弧度就是 2π。

18-4-3　角度與弧度的換算

由於角度 360 度對應的是 2π，下列是常見角度的轉換表。

角度	弧度	角度	弧度
30	$\dfrac{\pi}{6}$	120	$\dfrac{2\pi}{3}$
45	$\dfrac{\pi}{4}$	135	$\dfrac{3\pi}{4}$
60	$\dfrac{\pi}{3}$	150	$\dfrac{5\pi}{6}$
90	$\dfrac{\pi}{2}$	180	π

程式實例 ch18_1.py：列出 30, 45, 60, 120, 135, 150, 180 角度的弧度。

```
1  # ch18_1.py
2  import math
3
4  degrees = [30, 45, 60, 90, 120, 135, 150, 180]
5  for degree in degrees:
6      print('角度 = {0:3d},　弧度 = {1:6.3f}'.format(degree, math.pi*degree/180))
```

執行結果
```
========= RESTART: D:/Python Machine Learning Math/ch18/ch18_1.py =========
角度 =  30,    弧度 =  0.524
角度 =  45,    弧度 =  0.785
角度 =  60,    弧度 =  1.047
角度 =  90,    弧度 =  1.571
角度 = 120,    弧度 =  2.094
角度 = 135,    弧度 =  2.356
角度 = 150,    弧度 =  2.618
角度 = 180,    弧度 =  3.142
```

18-4-4　圓周弧長的計算

所謂的弧長是指圓周上曲線的長度，若是以下圖為例就是藍色粗體的扇形曲線。

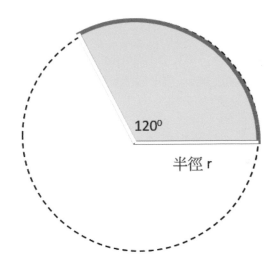

上述 120 度圓形弧長的計算公式如下：

$$2 * \pi * r * \frac{120}{360} = \frac{240}{360}\pi r = \frac{2}{3}\pi r$$

如果是不同角度，只要將角度代入 120 即可。下列是計算圓形弧長的通用公式，假設角度是θ：

$$2 * \pi * r * \frac{\theta}{360} = \frac{\theta}{180}\pi r$$

程式實例 ch18_2.py：計算半徑是 10 公分，角度是 30, 60, 90, 120 度的圓形弧長。

```
1   # ch18_2.py
2   import math
3
4   degrees = [30, 60, 90, 120]
5   r = 10
6   for degree in degrees:
7       curve = 2 * math.pi * r * degree / 360
8       print('角度 = {0:3d},   弧長 = {1:6.3f}'.format(degree, curve))
```

執行結果

```
========== RESTART: D:\Python Machine Learning Math\ch18\ch18_2.py ==========
角度 =  30,   弧長 =  5.236
角度 =  60,   弧長 = 10.472
角度 =  90,   弧長 = 15.708
角度 = 120,   弧長 = 20.944
```

18-4-5　計算扇形面積

假設圓半徑是 r，扇形角度是 θ，扇形面積計算公式如下：

$$\pi * r^2 * \frac{\theta}{360}$$

程式實例 ch18_3.py：計算半徑是 10 公分，角度是 30, 60, 90, 120 度的扇形面積。

```
1   # ch18_3.py
2   import math
3
4   degrees = [30, 60, 90, 120]
5   r = 10
6   for degree in degrees:
7       area = math.pi * r * r * degree / 360
8       print('角度 = {0:3d},   扇形面積 = {1:6.3f}'.format(degree, area))
```

執行結果

```
========== RESTART: D:/Python Machine Learning Math/ch18/ch18_3.py ==========
角度 =  30,   扇形面積 = 26.180
角度 =  60,   扇形面積 = 52.360
角度 =  90,   扇形面積 = 78.540
角度 = 120,   扇形面積 = 104.720
```

18-5　程式處理三角函數

一般學習三角函數，我們比較習慣使用角度描述三角函數，例如：

$$\sin 30^0$$

$$\cos 30^0$$

$$\tan 30^0$$

一般程式語言則是使用弧度處理角度，所以在程式設計時，我們會先將角度轉成弧度。

程式實例 ch18_4.py：每隔 30 度列出弧度與 sin 和 cos 的值。

```
1  # ch18_4.py
2  import math
3
4  degrees = [x*30 for x in range(0,13)]
5  for d in degrees:
6      rad = math.radians(d)
7      sin = math.sin(rad)
8      cos = math.cos(rad)
9      print('角度={0:3d}, 弧度={1:5.2f}, sin{2:3d}={3:5.2f}, cos{4:3d}={5:5.2f}'
10          .format(d, rad, d, sin, d, cos))
```

執行結果

```
========== RESTART: D:/Python Machine Learning Math/ch18/ch18_4.py ==========
角度=  0, 弧度= 0.00, sin  0= 0.00, cos  0= 1.00
角度= 30, 弧度= 0.52, sin 30= 0.50, cos 30= 0.87
角度= 60, 弧度= 1.05, sin 60= 0.87, cos 60= 0.50
角度= 90, 弧度= 1.57, sin 90= 1.00, cos 90= 0.00
角度=120, 弧度= 2.09, sin120= 0.87, cos120=-0.50
角度=150, 弧度= 2.62, sin150= 0.50, cos150=-0.87
角度=180, 弧度= 3.14, sin180= 0.00, cos180=-1.00
角度=210, 弧度= 3.67, sin210=-0.50, cos210=-0.87
角度=240, 弧度= 4.19, sin240=-0.87, cos240=-0.50
角度=270, 弧度= 4.71, sin270=-1.00, cos270=-0.00
角度=300, 弧度= 5.24, sin300=-0.87, cos300= 0.50
角度=330, 弧度= 5.76, sin330=-0.50, cos330= 0.87
角度=360, 弧度= 6.28, sin360=-0.00, cos360= 1.00
```

18-6　從單位圓看三角函數

假設有一個圓,半徑是 1,圓周上有一個點 P,如下所示:

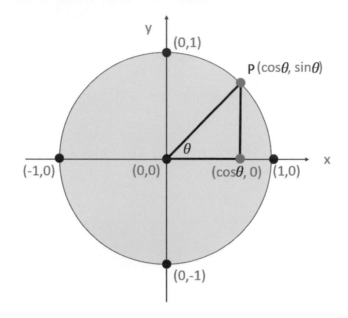

因為半徑是 1,所以我們可以得到此 P 點的座標是 $(\cos\theta, \sin\theta)$,有了以上觀念,我們可以在圓上標註許多點。

程式實例 ch18_5.py:在圓周上每隔 30 度標註點。

```python
1   # ch18_5.py
2   import matplotlib.pyplot as plt
3   import math
4
5   degrees = [x*15 for x in range(0,25)]
6   x = [math.cos(math.radians(d)) for d in degrees]
7   y = [math.sin(math.radians(d)) for d in degrees]
8
9   plt.scatter(x,y)
10  plt.axis('equal')
11  plt.grid()
12  plt.show()
```

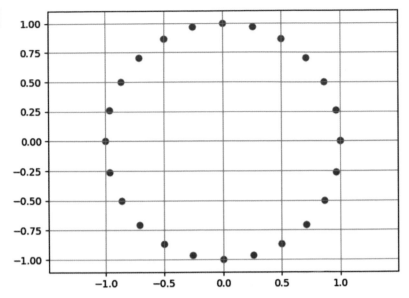

程式實例 ch18_6.py：使用三角函數繪製半徑是 1 的圓。

```python
1  # ch18_6.py
2  import matplotlib.pyplot as plt
3  import numpy as np
4
5  degrees = np.arange(0, 360)
6  x = np.cos(np.radians(degrees))
7  y = np.sin(np.radians(degrees))
8
9  plt.plot(x,y)
10 plt.axis('equal')
11 plt.grid()
12 plt.show()
```

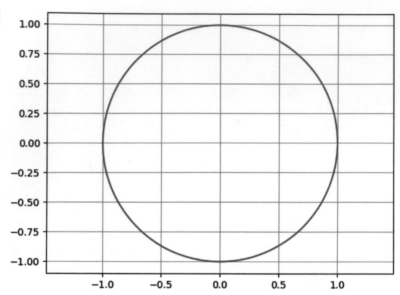

第19章

基礎統計與大型運算子

本章摘要

所謂的統計學是指收集、整理、分析、和歸納數據，然後給予正確訊息的科學。本章會介紹基礎統計知識，同時在敘述過程帶入大型運算子的觀念，這將是機器學習的基礎知識。

19-1　母體與樣本

台灣 25 歲的成年女性約有 16 萬人，假設我們想要調查 25 歲女性的平均身高與體重，一個方法是要所有女性到衛生所測量身高與體重，然後加總與計算平均即可，不過這個工作牽涉太多人不易執行。一個可行的方式是從 25 歲的女性中找出一部份的人，測量身高與體重計算平均值，用這個值當作台灣 25 歲女性的平均身高與體重。

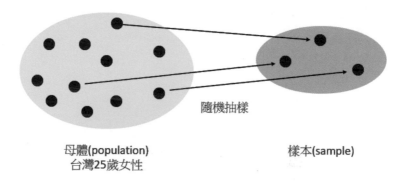

隨機抽樣

母體(population)　　　　　　　　　　　樣本(sample)
台灣25歲女性

在統計學的應用中我們稱想調查的事物為母體，由於母體太大無法調查每一筆資料時，會從母體中隨機挑選一部份組成群集，從這一部份群集推測母體，這個隨機挑選的一群集稱樣本。在統計學中，又將從樣本推論母體稱推論統計學。

有關母體與樣本另一個實例是，台灣是一個很頻繁選舉的社會，每個人家中常常可以接到民調的電話。筆者住台北市，假設筆者接到支持哪位候選人當市長的民調，當筆者回答民調時，筆者就是一個樣本，整個台北市符合選舉資格的人就是所謂的母體。往往尚未投票，大多數人皆已經知道哪一位候選人會當選了，這就是從樣本推論母體的威力。

19-2 數據加總

台灣是一個便利的社會，市區到處是便利商店，每個顧客消費金額雖然不大，但是顧客數量非常多，所以仍創造了龐大的商機。假設我們想統計某工作日的總消費金額可以使用下列公式：

$$總消費金額 = x_1 + x_2 + \cdots + x_n$$

上述 x_1 代表第 1 位客戶的消費金額，x_2 代表第 2 位客戶的消費金額，x_n 代表第 n 位客戶的消費金額。

在數學的應用中有一個加總 (或稱求和) 符號 $\sum$，這個符號念 Sigma，對於上述總消費金額，可以使用下列公式表達。

$$\sum_{i=1}^{n} x_i = x_1 + x_2 + \cdots + x_n$$

上述表示第 1 至第 n 為客戶的消費金額的加總。

註：上述數據表達方式又稱級數。

程式實例 ch19_1.py：便利商店紀錄了 10 位顧客的消費記錄如下：

66, 58, 25, 78, 58, 15, 120, 39, 82, 50

```
1  # ch19_1.py
2
3  x = [66, 58, 25, 78, 58, 15, 120, 39, 82, 50]
4  print(f'總消費金額 = {sum(x)}')
```

執行結果

```
========== RESTART: D:\Python Machine Learning Math\ch19\ch19_1.py ==========
總消費金額 = 591
```

19-3　數據分佈

在做數據分析時，常常將數據使用直方圖或是稱頻率分布圖表達，這樣就可以讓閱讀數據的人可以一眼了解整個數據所代表的意義。例如：下列是常見到的資料分佈圖形，這個圖形也稱常態分佈圖形。

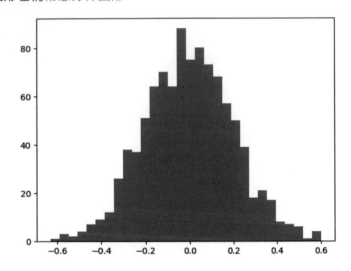

下列是常見的數據分佈圖形：

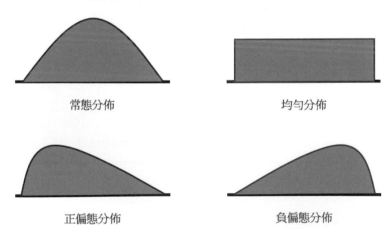

常態分佈　　　　　　　　　　　　　均勻分佈

正偏態分佈　　　　　　　　　　　　負偏態分佈

19-4　數據中心指標

在統計學中可以用下列 3 種數值，當作數據中心指標。

平均數 (mean)
中位數 (median)
眾數 (mode)

19-4-1　平均數 (mean)

所謂的平均數就是將所有資料相加，再除以資料個數，所得的值就是平均值。

在統計或數學領域，計算平均值時可以在平均值變數上方增加一條橫線 $\overline{x}$，這就是代表平均值。

上述平均值變數可以讀作 x bar，有了這個觀念，可以使用下列公式表達平均值。

$$\overline{x} = \frac{1}{n}\sum_{i=1}^{n} x_i = \frac{x_1 + x_2 + \cdots + x_n}{n}$$

另外，在統計應用中常用符號 μ 代表平均數，可以讀作 mu。在統計應用上也更精確的說，$\overline{x}$ 代表樣本平均數，μ 代表母體平均數。

程式實例 ch19_2.py：使用 ch19_1.py 的超商銷售數據計算平均消費金額。

```
1  # ch19_2.py
2
3  x = [66, 58, 25, 78, 58, 15, 120, 39, 82, 50]
4  print(f'平均消費金額 = {sum(x)/len(x)}')
```

執行結果

```
========= RESTART: D:/Python Machine Learning Math/ch19/ch19_2.py =========
平均消費金額 = 59.1
```

上述筆者使用硬工夫程式實作建立平均數，其實在 Numpy 模組有 mean( ) 方法，也可以直接套用建立平均數，此函數的基本語法如下：

mean(a)：a 是需要計算平均值的陣列，筆者省略了參數選項。

程式實例 ch19_3.py：使用 Numpy 模組的 mean( ) 方法，建立 ch19_1.py 的超商銷售
數據的平均數。

```
1   # ch19_3.py
2   import numpy as np
3
4   x = [66, 58, 25, 78, 58, 15, 120, 39, 82, 50]
5   print(f'平均消費金額 = {np.mean(x)}')
```

執行結果　與 ch19_2.py 相同

註　Numpy 也有提供 average( ) 函數可以計算平均數，此 average( ) 函數有 weights
權重參數可以設定元素的權重，如果不考慮權重可以直接將第 5 行的函數由
average(x) 取代，可以獲得一樣的結果。

19-4-2　中位數 (median)

所謂的中位數是指一組數據的中間數字，也就是有一半的數據會大於中位數，另
有一半的數據是小於中位數。

在手動計算中位數過程，可以先將數據由小到大排列，如果數據是奇數個，則中
位數是最中間的數字。如果數據是偶數個，則中位數是最中間 2 個數值的平均值。例如：
下列左邊是有奇數個數據，下列右邊是有偶數個數據，中位數觀念如下：

Numpy 模組的 median( ) 函數可以計算中位數，此函數的基本語法如下：

median(a)：a 是需要計算中位數的陣列，筆者省略了參數選項。

程式實例 ch19_4.py：中位數計算，在使用 Numpy 的 median( ) 函數計算中位數時，
可以不必排序數列。

```
1   # ch19_4.py
2   import numpy as np
3
4   x1 = [7, 2, 11, 9, 20]
5   print(f'中位數 = {np.median(x1)}')
6
7   x1 = [30, 7, 2, 11, 9, 20]
8   print(f'中位數 = {np.median(x1)}')
```

執行結果
```
============== RESTART: D:/Python Math and Statistics/ch19/ch19_4.py ==============
中位數 = 9.0
中位數 = 10.0
```

19-4-3 眾數 (mode)

所謂的眾數是指一組數據的出現最高次數的數字。比起中位數,其實在許多場合眾數更是被廣泛應用,例如:假設你是皮鞋製造商,使用眾數更可以做出適合更多消費者尺寸的產品。

Numpy 並沒有直接計算眾數的函數,不過可以分別使用 bincount( ) 和 argmax( ) 函數產生眾數。bincount( ) 函數基本語法與觀念如下:

bincount(x):x 是一個陣列,bin 的數量會比 x 中的最大值大 1,然後此函數會回傳索引值在 x 中出現的次數。這個函數的限制是 x 陣列元素必須是正整數,否會有錯誤產生。

程式實例 ch19_5.py:bincount( ) 函數的應用。

```
1   # ch19_5.py
2   import numpy as np
3
4   x1 = np.array([0, 1, 1, 3, 2, 1])
5   # 因為 x1 元素最大值是 3, 所以 bin 是 4
6   print(f'np.bincount = {np.bincount(x1)}')
7
8   x2 = np.array([0, 1, 1, 7, 2, 1])
9   # 因為 x2 元素最大值是 7, 所以 bin 是 8
10  print(f'np.bincount = {np.bincount(x2)}')
```

執行結果
```
============== RESTART: D:\Python Math and Statistics\ch19\ch19_5.py ==============
np.bincount = [1 3 1 1]
np.bincount = [1 3 1 0 0 0 0 1]
```

對 x1 陣列而言,索引 0 出現 1 次,索引 1 出現 3 次,索引 2 出現 1 次,索引 3 出現 1 次。

對 x2 陣列而言,索引 0 出現 1 次,索引 1 出現 3 次,索引 2 出現 1 次,索引 3 出現 0 次,索引 4 出現 0 次,索引 5 出現 0 次,索引 6 出現 0 次,索引 7 出現 1 次。

argmax( ) 函數基本語法與觀念如下:

argmax(x):x 是一個陣列,這個函數會回傳最大的索引,此最大的索引就是我們要計算的眾數。註:與 argmax( ) 功能相反的是 argmin( ) 則是回傳最小值索引。

程式實例 ch19_6.py：延續 ch19_5.py 的程式實例，計算眾數。

```
1  # ch19_6.py
2  import numpy as np
3
4  x1 = np.array([0, 1, 1, 3, 2, 1])
5  # 因為 x1 元素最大值是 3，所以 bin 是 4
6  print(f'np.bincount = {np.bincount(x1)}')
7  print(f'mode        = {np.argmax(np.bincount(x1))}')
8
9  x2 = np.array([0, 1, 1, 7, 2, 1])
10 # 因為 x2 元素最大值是 7，所以 bin 是 8
11 print(f'np.bincount = {np.bincount(x2)}')
12 print(f'mode        = {np.argmax(np.bincount(x1))}')
```

執行結果

```
============= RESTART: D:/Python Math and Statistics/ch19/ch19_6.py =============
np.bincount = [1 3 1 1]
mode        = 1
np.bincount = [1 3 1 0 0 0 0 1]
mode        = 1
```

19-4-4　統計模組 statistics 的眾數

統計模組 statistics 有 mode( ) 函數可以計算眾數。

程式實例 ch19_7.py：使用統計模組 statistics 有 mode( ) 函數計算眾數。

```
1  # ch19_7.py
2  import statistics as st
3
4  x1 = [0, 1, 1, 3, 2, 1]
5  print(f'mode = {st.mode(x1)}')
```

執行結果

```
============= RESTART: D:/Python Math and Statistics/ch19/ch19_7.py =============
mode = 1
```

19-4-5　分數分佈圖

在數據處理的時候，以頻率圖表表示可以讓數據更簡潔易懂，可以參考下列 40 個學生的考試成績實例。

程式實例 ch19_8.py：計算 40 位學生的考試成績，同時列出平均成績、中位成績、眾數成績，同時使用 bar( ) 函數繪製頻率分佈圖表。

```python
 1  # ch19_8.py
 2  import numpy as np
 3  import statistics as st
 4  import matplotlib.pyplot as plt
 5
 6  sc = [60,10,40,80,80,30,80,60,70,90,50,50,50,70,60,80,80,50,60,70,
 7        70,40,30,70,60,80,20,80,70,50,90,80,40,40,70,60,80,30,20,70]
 8  print(f'平均成績 = {np.mean(sc)}')
 9  print(f'中位成績 = {np.median(sc)}')
10  print(f'眾數成績 = {st.mode(sc)}')
11
12  hist = [0]*9
13  for s in sc:
14      if s == 10: hist[0] += 1
15      elif s == 20:
16          hist[1] += 1
17      elif s == 30:
18          hist[2] += 1
19      elif s == 40:
20          hist[3] += 1
21      elif s == 50:
22          hist[4] += 1
23      elif s == 60:
24          hist[5] += 1
25      elif s == 70:
26          hist[6] += 1
27      elif s == 80:
28          hist[7] += 1
29      elif s == 90:
30          hist[8] += 1
31  width = 0.35
32  N = len(hist)
33  x = np.arange(N)
34  plt.rcParams['font.family'] = 'Microsoft JhengHei'
35  plt.bar(x, hist, width)
36  plt.ylabel('學生人數')
37  plt.xlabel('分數')
38  plt.xticks(x,('10','20','30','40','50','60','70','80','90'))
39  plt.title('成績表')
40  plt.show()
```

執行結果

```
============== RESTART: D:/Python Math and Statistics/ch19/ch19_8.py ==============
平均成績 = 59.25
中位成績 = 60.0
眾數成績 = 80
```

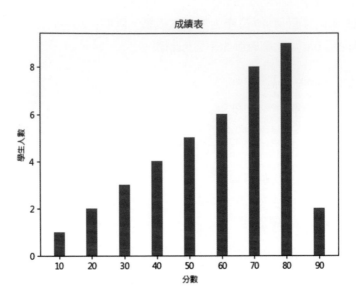

上述如果將第 31 行改為 width = 1，也就是寬度與刻度一樣，則可以得到沒有間隙的長條圖表，讀者可以參考所附程式 ch19_8_1.py。

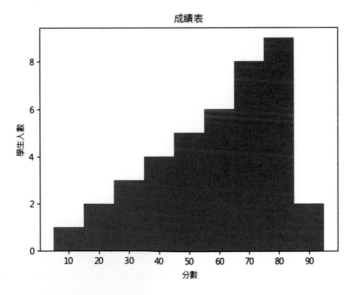

另一簡便設計頻率分佈圖形是使用 hist( ) 函數，可以參考下列實例。

程式實例 ch19_9.py：使用 hist( ) 函數重新設計 ch19_8.py 的分數頻率圖。

```
1  # ch19_9.py
2  import numpy as np
3  import statistics as st
4  import matplotlib.pyplot as plt
5
6  sc = [60,10,40,80,80,30,80,60,70,90,50,50,50,70,60,80,80,50,60,70,
7        70,40,30,70,60,80,20,80,70,50,90,80,40,40,70,60,80,30,20,70]
8  print(f'平均成績 = {np.mean(sc)}')
9  print(f'中位成績 = {np.median(sc)}')
10 print(f'眾數成績 = {st.mode(sc)}')
11 plt.rcParams['font.family'] = 'Microsoft JhengHei'
12 plt.hist(sc, 9)
13
14 plt.ylabel('學生人數')
15 plt.xlabel('分數')
16 plt.title('成績表')
17 plt.show()
```

執行結果 Python Shell 視窗執行結果與 ch19_8.py 相同，所以省略列印。

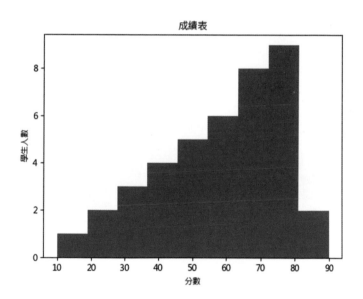

如果有兩組分數，可以使用 [分數 1, 分數 2] 方式，將成績資料放在 hist( ) 函數的參數內。

程式實例 ch19_10.py：兩組成績的頻率分佈圖。

```
1   # ch19_10.py
2   import numpy as np
3   import statistics as st
4   import matplotlib.pyplot as plt
5
6   sc1 = [60,10,40,80,80,30,80,60,70,90,50,50,50,70,60,80,80,50,60,70,
7          70,40,30,70,60,80,20,80,70,50,90,80,40,40,70,60,80,30,20,70]
8
9   sc2 = [50,10,60,80,70,30,80,60,30,90,50,50,90,70,60,50,80,50,60,70,
10         60,50,30,70,70,80,10,80,70,50,90,80,40,50,70,60,80,40,20,70]
11
12  plt.rcParams['font.family'] = 'Microsoft JhengHei'
13  plt.hist([sc1,sc2],9)
14
15  plt.ylabel('學生人數')
16  plt.xlabel('分數')
17  plt.title('成績表')
18  plt.show()
```

執行結果

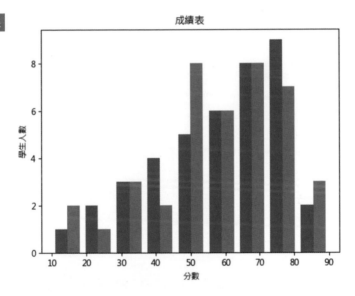

19-5 數據分散指標

在統計學中，常使用變異數 (Variance) 與標準差 (Standard Deviation) 代表數據分散指標。

19-5-1　變異數

　　變異數的英文是 variance，從學術角度解說變異數主要是描述系列數據的離散程度，用白話角度變異數是指所有數據與平均值的偏差距離。

　　假設有 2 組數據如下：

　　(10, 10, 10, 10, 10)　　　　　　　　　　　# 平均值是 10
　　(15, 5, 18, 2, 10)　　　　　　　　　　　　# 平均值是 10

　　從上述計算可以得到兩組數據的平均值是 10，當計算兩組數據的每個元素與平均值的距離時，可以得到下列結果。

　　(0, 0, 0, 0, 0)　　　　　　　　　　　　　# 第一組數據
　　(5, -5, 8, -8, 0)　　　　　　　　　　　　# 第二組數據

　　在計算變異數的偏差距離時，如果直接將每筆元素做加總，可以得到兩組數據的距離是 0。

　　sum(0, 0, 0, 0, 0) = 0　　　　　　　　　　# 第一組數據
　　sum(5, -5, 8, -8, 0) = 0　　　　　　　　　# 第二組數據

　　從上述可以看到即使兩組數據變異的程度有極大的差異，但是使用直接加總每個元素與平均值的距離會造成失真，原因是每個元素的偏差距離有正與負，在加總時正與負之間抵消了，所以正式定義變異數時，是先將每個元素與平均值的距離做平方，然後加總，再除以數據的數量。假設數據數量是 n 下列是計算變異數的步驟：

1：　計算數據的平均值。

$$\overline{x}$$

2：　計算每個元素與平均值的距離，同時取平方，最後加總。

$$(x_1 - \overline{x})^2 + (x_2 - \overline{x})^2 + \cdots + (x_n - \overline{x})^2$$

3：　x 變異數最後計算公式如下：

$$變異數 = \frac{(x_1 - \overline{x})^2 + (x_2 - \overline{x})^2 + \cdots + (x_n - \overline{x})^2}{n}$$

若是使用 $\sum$ 符號，可以得到下列變異數公式結果。

$$變異數 = \frac{1}{n}\sum_{i=1}^{n}(x_i - \overline{x})^2$$

上述變異數又稱母體變異數，在做數據分析時，我們常會用有限的樣本數量去推測母體數據，因此樣本數據的分散距離會比母體數據的分散距離小，所以在收集樣本資料計算變異數時是用 "n-1" 作為除數計算。

$$樣本變異數 = \frac{1}{n-1}\sum_{i=1}^{n}(x_i - \bar{x})^2$$

Numpy 目前提供的變異數函數 var(x,ddof)，預設 ddof 是 0，表示可以建立母體變異數。如果 ddof=1，則表示建立 n-ddof 相當於 n-1，表示建立樣本變異數。Statistics 則有提供母體變異數函數與樣本變異數函數，可以參考下表。

模組	功能	函數名稱
Numpy	母體變異數	var(x, ddof), ddof 預設是 0
Numpy	樣本變異數	var(x, ddof=1)
Statistics	母體變異數	pvariance(x)
Statistics	樣本變異數	variance(x)

註：如果沒有特別指名，或是一般收集少數資料，變異數是指母體變異數。

程式實例 ch19_11.py：使用 ch19_1.py 的超商銷售數據，計算變異數。

```
1  # ch19_11.py
2  x = [66, 58, 25, 78, 58, 15, 120, 39, 82, 50]
3  mean = sum(x) / len(x)
4
5  # 計算變異數
6  myvar = 0
7  for v in x:
8      myvar += ((v - mean)**2)
9  myvar = myvar / len(x)
10 print(f"變異數 : {myvar}")
```

執行結果
```
============ RESTART: D:\Python Math and Statistics\ch19\ch19_11.py ============
變異數 : 823.49
```

上述筆者使用硬工夫程式實作建立變異數，下列則是使用 Numpy 與 Statistics 模組產生母體變異數與樣本變異數。

程式實例 ch19_12.py：使用 Numpy 模組的 var( ) 方法與 Statistics 模組的 pvariance( ) 和 variance( ) 方法，重新設計 ch19_11.py 建立的超商銷售數據的母體變異數和樣本變異數。

```
1  # ch19_12.py
2  import numpy as np
3  import statistics as st
4  x = [66, 58, 25, 78, 58, 15, 120, 39, 82, 50]
5
6  print(f"Numpy模組母體變異數  : {np.var(x):6.2f}")
7  print(f"Numpy模組樣本變異數  : {np.var(x,ddof=1):6.2f}")
8  print(f"Statistics母體變異數 : {st.pvariance(x):6.2f}")
9  print(f"Statistics樣本變異數 : {st.variance(x):6.2f}")
```

執行結果
```
============ RESTART: D:/Python Math and Statistics/ch19/ch19_12.py ============
Numpy模組母體變異數  : 823.49
Numpy模組樣本變異數  : 914.99
Statistics母體變異數 : 823.49
Statistics樣本變異數 : 914.99
```

註 在統計上使用 s^2 代表樣本變異數 (也稱無偏變異數)，用 σ^2 代表母體變異數。

19-5-2 標準差

標準差的英文是 Standard Deviation，縮寫是 SD，當計算變異數後，將變異數的結果開根號，可以獲得平均距離，所獲得的平均距離就是標準差。

與變異數觀念相同，標準差也有母體標準差與樣本標準差，上述是母體標準差公式，下列是樣本標準差公式。

$$樣本標準差 = \sqrt{\frac{1}{n-1}\sum_{i=1}^{n}(x_i - \bar{x})^2}$$

Numpy 目前提供的標準差函數 std(x, ddof)，預設 ddof 是 0，表示可以建立母體標準差。如果 ddof=1，則表示建立 n-ddof 相當於 n-1，表示建立樣本標準差。Statistics 則有提供母體標準差函數與樣本標準差函數，可以參考下表。

模組	功能	函數名稱
Numpy	母體標準差	std(x, ddof), ddof 預設是 0
Numpy	樣本標準差	std(x, ddof=1)
Statistics	母體標準差	pstdev(x)
Statistics	樣本標準差	stdev(x)

註 如果沒有特別指名，或是一般收集少數資料，標準差是指母體標準差。

程式實例 **ch19_13.py**：使用 ch19_11.py，延伸計算標準差。

```
1   # ch19_13.py
2
3   x = [66, 58, 25, 78, 58, 15, 120, 39, 82, 50]
4   mean = sum(x) / len(x)
5
6   # 計算變異數
7   var = 0
8   for v in x:
9       var += ((v - mean)**2)
10  sd = (var / len(x))**0.5
11  print(f"標準差 : {sd:6.2f}")
```

執行結果

```
=========== RESTART: D:/Python Math and Statistics/ch19/ch19_13.py ===========
標準差 :  28.70
```

　　上述筆者使用硬工夫程式實作建立標準差，其實在 Numpy 模組有 std( ) 方法，也可以直接套用建立標準差。

程式實例 **ch19_14.py**：使用 ch19_12.py，延伸計算標準差。

```
1   # ch19_14.py
2   import numpy as np
3   import statistics as st
4
5   x = [66, 58, 25, 78, 58, 15, 120, 39, 82, 50]
6   print(f"Numpy模組母體標準差   : {np.std(x):6.2f}")
7   print(f"Numpy模組樣本標準差   : {np.std(x,ddof=1):6.2f}")
8   print(f"Statistics母體標準差 : {st.pstdev(x):6.2f}")
9   print(f"Statistics樣本標準差 : {st.stdev(x):6.2f}")
```

執行結果

```
=========== RESTART: D:/Python Math and Statistics/ch19/ch19_14.py ===========
Numpy模組母體標準差   :  28.70
Numpy模組樣本標準差   :  30.25
Statistics母體標準差 :  28.70
Statistics樣本標準差 :  30.25
```

註　在統計上使用 s 代表樣本標準差 (也稱無偏標準差)，用 σ 代表母體標準差。

19-6 $\sum$符號運算規則與驗證

　　在前面幾節的內容我們介紹了連續加總的符號 $\sum$，這一節將對此符號做更進一步解說。

❑　規則 1

$$\sum_{i=1}^{n}(x_i + y_i) = \sum_{i=1}^{n} x_i + \sum_{i=1}^{n} y_i$$

上述公式證明如下：

$$= (x_1 + y_1) + (x_2 + y_2) + \cdots + (x_n + y_n)$$

$$= (x_1 + x_2 + \cdots + x_n) + (y_1 + y_2 + y_n)$$

$$= \sum_{i=1}^{n} x_i + \sum_{i=1}^{n} y_i$$

上述觀念同樣可以應用在減法。

$$\sum_{i=1}^{n}(x_i - y_i) = \sum_{i=1}^{n} x_i - \sum_{i=1}^{n} y_i$$

❑　規則 2

假設 c 是常數，下列公式成立。

$$\sum_{i=1}^{n} cx_i = c\sum_{i=1}^{n} x_i$$

上述公式證明如下：

$$\sum_{i=1}^{n} cx_i = cx_1 + cx_2 + \cdots + cx_n = c(x_1 + x_2 + \cdots + x_n) = c\sum_{i=1}^{n} x_i$$

❑　規則 3

假設 c 是常數，下列公式成立。

$$\sum_{i=1}^{n} c = nc$$

上述公式證明如下：

$$\sum_{i=1}^{n} c = \underbrace{c + c + \cdots + c}_{n\ \text{個}\ c} = nc$$

n 個 c

19-7　活用∑符號

台積電近 10 日的股價如下：

近 10 日編號	股價
1	252
2	251
3	258
4	255
5	248
6	253
7	253
8	255
9	252
10	253

假設我們想要心算上述平均價格，可能讀者會想使用下列方式計算平均價格。

(252+251+ … +251) / 10

上述的確是一個方法，但是不容易心算，其實碰上這類的問題可以設定一個基準值，將上述每個價格減去基準值，然後加總再求平均值，最後再將此平均值與基準值相加即可。

依據上述觀念，假設基準值是 250，我們可以重新建立下列表格。

近 10 日編號	股價	與基準值的差值
1	252	2
2	251	1
3	258	8
4	255	5
5	248	-2
6	253	3
7	253	3
8	255	5
9	252	2
10	253	3

現在我們可以很容易心算，如下所示：

= 250 + (2+1+8+5-2+3+3+5+2+3)/10
= 250 + 3
= 253

上述使用實際值減去基準值，再計算平均值，最後與基準值相加，顯然容易許多。計算平均值觀念若是以 $\sum$ 表達，公式如下：

$$\frac{1}{n}\sum_{i=1}^{n} x_i = c + \frac{1}{n}\sum_{i=1}^{n}(x_i - c)$$

上述公式證明如下：

$$c + \frac{1}{n}\sum_{i=1}^{n}(x_i - c) = c + \frac{1}{n}\left(\sum_{i=1}^{n} x_i - \sum_{i=1}^{n} c\right)$$

$$= c + \frac{1}{n}\sum_{i=1}^{n} x_i - \frac{1}{n}nc$$

$$= c + \frac{1}{n}\sum_{i=1}^{n} x_i - c$$

$$= \frac{1}{n}\sum_{i=1}^{n} x_i$$

19-8 迴歸分析

19-8-1 相關係數 (Correlation Coefficient)

在數據分析過程，我們計算兩組數據集之間相關係的程度，稱相關係數，相關係數值是在 -1 (含) 和 1 (含) 之間，有下列 3 種情況：

1：　>= 0，表示正相關，下列是正相關的散點圖。

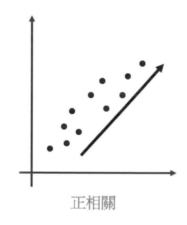

正相關

2：　= 0，表示無關，下列是無相關的散點圖。

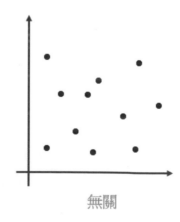

無關

3： <= 0，表示負相關，下列是負相關的散點圖。

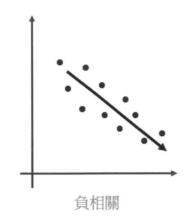

負相關

　　如果相關係數的絕對值小於 0.3 表示低度相關，介於 0.3 和 0.7 之間表示中度相關，大於 0.7 表示高度相關。

　　假設相關係數是 r，則此相關係數的數學公式如下：

$$r = \frac{\sum\limits_{i=1}^{n}(x_i - \overline{x})(y_i - \overline{y})}{\sqrt{\sum\limits_{i=1}^{n}(x_i - \overline{x})^2}\sqrt{\sum\limits_{i=1}^{n}(y_i - \overline{y})^2}}$$

Numpy 模組的 corrcoef( ) 函數回傳是一個矩陣，下列實例會做說明。

程式實例 ch19_15.py：天氣氣溫與冰品銷售的相關係數計算，第 8 行使用 round(2) 函數是計算到小數第 2 位。

```
1  # ch19_15.py
2  import numpy as np
3  import matplotlib.pyplot as plt
4
5  temperature = [25,31,28,22,27,30,29,33,32,26]          # 天氣溫度
6  rev = [900,1200,950,600,720,1000,1020,1500,1420,1100]  # 營業額
7
8  print(f"相關係數 = {np.corrcoef(temperature,rev).round(2)}")
9
10 plt.rcParams["font.family"] = ["Microsoft JhengHei"]   # 微軟正黑體
11 plt.scatter(temperature, rev)
12 plt.title('天氣溫度與冰品銷售')
```

```
13  plt.xlabel("溫度", fontsize=14)
14  plt.ylabel("營業額", fontsize=14)
15  plt.show()
```

執行結果

```
============ RESTART: D:\Python Math and Statistics\ch19\ch19_15.py ==========
相關係數 = [[1.    0.87]
 [0.87 1.  ]]
```

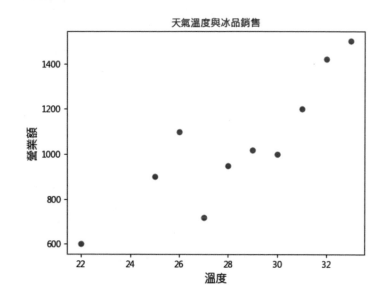

從上述圖表我們可以很明顯感受到，天氣溫度與冰品銷售呈現正相關，下列是筆者用表格顯示 Python Shell 視窗的數據。

Python Shell 視窗的數據	天氣溫度	冰品銷售營業額
天氣溫度	1	0.87
冰品銷售營業額	0.87	1

上述是一個 2 x 2 的矩陣，天氣溫度與冰品銷售營業額與自己的相關係數結果是 1，這是必然。天氣溫度與冰品銷售的相關係數是 0.87，這也表示彼此是高度相關。

19-8-2　建立線性回歸模型與數據預測

在 10-4 節筆者有簡單介紹 Numpy 模組的 polyfit( ) 函數建立迴歸直線，現在我們可以使用此函數建立前一小節的迴歸模型函數。這時我們還需要使用 Numpy 的 poly1d( ) 函數，這兩個函數用法如下：

```
coef = polyfit(temperature, rev, 1)        # 建立迴歸模型係數
reg = poly1d(coef)                         # 建立迴歸直線函數
```

程式實例 ch19_16.py：延續前一個程式，使用 ch19_15.py 的天氣溫度與冰品銷售數據，
建立迴歸直線方程式。

```
1  # ch19_16.py
2  import numpy as np
3
4  temperature = [25,31,28,22,27,30,29,33,32,26]     # 天氣溫度
5  rev = [900,1200,950,600,720,1000,1020,1500,1420,1100]  # 營業額
6
7  coef = np.polyfit(temperature, rev, 1)            # 迴歸直線係數
8  reg = np.poly1d(coef)                             # 線性迴歸方程式
9  print(coef.round(2))
10 print(reg)
```

執行結果
```
=========== RESTART: D:/Python Math and Statistics/ch19/ch19_16.py ===========
[  71.63 -986.22]

71.63 x - 986.2
```

從上述我們可以得到下列迴歸直線：

$$y = 71.63x - 986.2$$

有了迴歸方程式，就可以做數據預測。

程式實例 ch19_17.py：擴充前一個程式，預測當溫度是 35 度時，冰品銷售的業績。

```
1  # ch19_17.py
2  import numpy as np
3
4  temperature = [25,31,28,22,27,30,29,33,32,26]     # 天氣溫度
5  rev = [900,1200,950,600,720,1000,1020,1500,1420,1100]  # 營業額
6
7  coef = np.polyfit(temperature, rev, 1)            # 迴歸直線係數
8  reg = np.poly1d(coef)                             # 線性迴歸方程式
9  print(f"當溫度是 35 度時冰品銷售金額 = {reg(35).round(0)}")
```

執行結果
```
=========== RESTART: D:/Python Math and Statistics/ch19/ch19_17.py ===========
1520.94
```

當讀者瞭解上述迴歸觀念與銷售預測後，可以使用圖表表達，整個觀念可以更加
清楚。

程式實例 ch19_18.py：擴充前一個程式，使用圖表繪製散點圖與迴歸方程式。

```python
1   # ch19_18.py
2   import numpy as np
3   import matplotlib.pyplot as plt
4   temperature = [25,31,28,22,27,30,29,33,32,26]              # 天氣溫度
5   rev = [900,1200,950,600,720,1000,1020,1500,1420,1100]      # 營業額
6
7   coef = np.polyfit(temperature, rev, 1)                     # 迴歸直線係數
8   reg = np.poly1d(coef)                                      # 線性迴歸方程式
9
10  plt.rcParams["font.family"] = ["Microsoft JhengHei"]      # 微軟正黑體
11  plt.scatter(temperature, rev)
12  plt.plot(temperature,reg(temperature),color='red')
13  plt.title('天氣溫度與冰品銷售')
14  plt.xlabel("溫度", fontsize=14)
15  plt.ylabel("營業額", fontsize=14)
16  plt.show()
```

執行結果

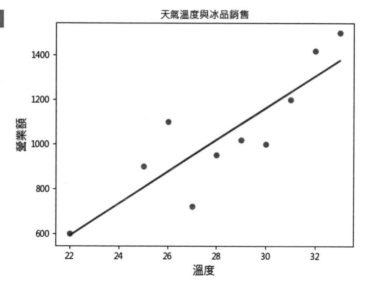

19-8-3　二次函數的迴歸模型

在 9-6-1 節筆者定義了一個臉書的行銷次數與增加業績銷售金額數據，9-6-2 節筆者使用了手工計算得到銷售迴歸二次函數如下：

$$y = -3.5x^2 + 18.5x - 5$$

在 19-8-2 節的 polyfit( ) 函數的第 3 個參數設定是 1，只要將此參數改為 2，就可以建立二次函數的迴歸模型，如下所示。

```
coef = polyfit(temperature, rev, 2)        # 建立二次函數的迴歸模型係數
reg = poly1d(coef)                         # 建立迴歸直線函數
```

程式實例 ch19_19.py：參考 9-6-1 節的臉書行銷數據，建立臉書行銷的二次函數，同時繪出二次函數的迴歸線。

```
1   # ch19_19.py
2   import numpy as np
3   import matplotlib.pyplot as plt
4   times = [1,2,3]                                    # 臉書行銷次數
5   rev = [10,18,19]                                   # 增加業績
6
7   coef = np.polyfit(times, rev, 2)                   # 二次函數係數
8   reg = np.poly1d(coef)                              # 二次函數迴歸方程式
9   print(reg)
10  plt.rcParams["font.family"] = ["Microsoft JhengHei"]   # 微軟正黑體
11  plt.scatter(times, rev)
12  plt.plot(times,reg(times),color='red')
13  plt.title('臉書行銷與業績增加金額')
14  plt.xlabel("臉書行銷次數", fontsize=14)
15  plt.ylabel("增加業績金額", fontsize=14)
16  plt.show()
```

執行結果　下列可以得到和 9-6-2 節一樣的二次函數。

```
============ RESTART: D:/Python Math and Statistics/ch19/ch19_19.py ============
       2
3.5 x + 18.5 x - 5
```

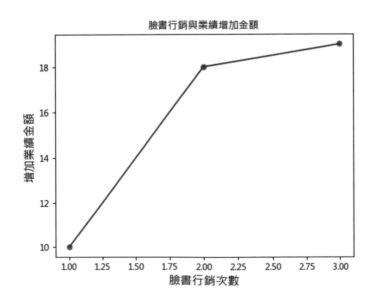

　　讀者可能會奇怪為何上述所繪的二次函數不是曲線，這是因為我們只有取樣 3 個點，所以看到的是折線。

　　當然二次函數的觀念也可以應用在天氣溫度與冰品的銷售，不過在繪製二次函數圖形時，必須先將數據依溫度重新編寫，否則所繪製的迴歸線條將有錯亂。

程式實例 ch19_20.py：建立天氣溫度與冰品銷售的二次函數與迴歸線條，註：下列數據有依溫度重新排序。

```
1   # ch19_20.py
2   import numpy as np
3   import matplotlib.pyplot as plt
4   temperature = [22,25,26,27,28,29,30,31,32,33]      # 天氣溫度
5   rev = [600,900,1100,720,950,1020,1000,1200,1420,1500]   # 營業額
6
7   coef = np.polyfit(temperature, rev, 2)             # 迴歸直線係數
8   reg = np.poly1d(coef)                              # 線性迴歸方程式
9   print(reg)
10  plt.rcParams["font.family"] = ["Microsoft JhengHei"]   # 微軟正黑體
11  plt.scatter(temperature, rev)
12  plt.plot(temperature,reg(temperature),color='red')
13  plt.title('天氣溫度與冰品銷售')
14  plt.xlabel("溫度", fontsize=14)
15  plt.ylabel("營業額", fontsize=14)
16  plt.show()
```

執行結果
```
=========== RESTART: D:\Python Math and Statistics\ch19\ch19_20.py ===========
         2
4.642 x - 185.7 x + 2531
```

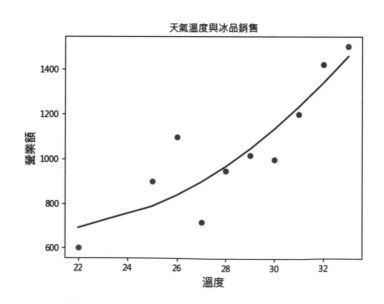

從上述執行結果可以得到天氣溫度與冰品銷售的二次函數如下：

$$y = 4.64x^2 - 187x + 2531$$

19-9　隨機函數的分佈

19-3 節筆者有介紹數據分布，Numpy 的隨機函數可以產生各種不同的隨機分佈數據，下表是常見的 Numpy 的隨機函數的隨機分佈：

函數名稱	說明
rand( )	均勻分布的隨機函數，可參考 13-10-1 節。
randint( )	整數的均勻分布函數，可參考 13-10-2 節。
randn( )	標準常態分佈函數
binomial( )	二項式分佈函數，可參考 14-10 節
normal( )	常態分佈 (Gaussian) 分佈函數
uniform( )	在 0(含) – 1(不含) 間均勻分布的隨機函數
beta( )	Beta 分布的隨機函數
chisquare( )	Chi-square 分布的隨機函數
gamma( )	Gamma 分布的隨機函數

上述筆者有說明常態分佈 (normal distribution)，常態分佈函數的數學公式如下：

$$f(x) = \frac{1}{\sigma\sqrt{2\pi}} * exp\left(\frac{-(x-\mu)^2}{2\sigma^2}\right)$$

常態分佈又稱高斯分佈 (Gaussian distribution)，上述標準差 σ 會決定分佈的幅度，平均值 μ 會決定數據分佈的位置，常態分佈的特色如下：

1：　平均數、中位數與眾數為相同數值。

2：　單峰的鐘型曲線，因為呈現鐘形，所以又稱鐘形曲線。

3：　左右對稱。

下列是常態分佈的圖形。

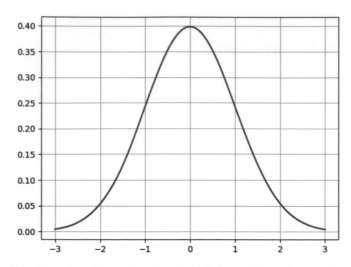

有關常態分佈進一步的觀念與證明，筆者將在機器學習彩色圖解 + 基礎微積分 + Python 實作做說明，請參考該書第 13 – 14 章。

19-9-1　randn( )

randn( ) 函數主要是產生一個或多個平均值 μ 是 0，標準差 σ 是 1 的常態分佈的隨機數。語法如下：

　　np.random.randn(d0, d1, …, dn)

如果省略參數，則回傳一個隨機數，dn 是維度，如果想要回傳 10000 個隨機數，可以使用 np.random.randn(10000)。

程式實例 ch19_21.py：使用 randn( ) 函數繪製 10000 個隨機函數的直方圖與常態分佈的曲線圖。

```
1  # ch19_21.py
2  import matplotlib.pyplot as plt
3  import numpy as np
4
5  mu = 0                                              # 平均值
6  sigma = 1                                           # 標準差
7  s = np.random.randn(10000)                          # 隨機數
8  print(s)
9
10 count, bins, ignored = plt.hist(s, 30, density=True)    # 直方圖
11 # 繪製曲線圖
12 plt.plot(bins, 1/(sigma * np.sqrt(2 * np.pi)) *
13             np.exp( - (bins - mu)**2 / (2 * sigma**2) ),
14          linewidth=2, color='r')
15 plt.show()
```

執行結果

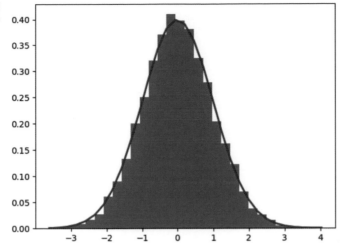

19-9-2　normal( )

雖然可以使用 randn( ) 產生常態分佈的隨機函數，一般數據科學家更常用的常態分佈函數是 normal( ) 函數，其語法如下：

　　np.random.normal(loc, scale, size)

loc：是平均值 μ，預設是 0，這也是隨機數分佈的中心。

scale：是標準差 σ，預設是 1，值越大圖形越矮胖，值越小圖形越瘦高。

size：預設是 None，表示產生一個隨機數，可由此設定隨機數的數量。

上述函數與 np.random.randn( ) 最大差異在於，此常態分佈的隨機函數可以自行設定平均值 μ、標準差 σ，所以應用範圍更廣。

程式實例 ch19_22.py：使用 normal( ) 函數重新設計 ch19_21.py。

```
1  # ch19_22.py
2  import matplotlib.pyplot as plt
3  import numpy as np
4
5  mu = 0                                               # 均值
6  sigma = 1                                            # 標準差
7  s = np.random.normal(mu, sigma, 10000)               # 隨機數
8
9  count, bins, ignored = plt.hist(s, 30, density=True) # 直方圖
10 # 繪製曲線圖
11 plt.plot(bins, 1/(sigma * np.sqrt(2 * np.pi)) *
12             np.exp( - (bins - mu)**2 / (2 * sigma**2) ),
13         linewidth=2, color='r')
14 plt.show()
```

執行結果

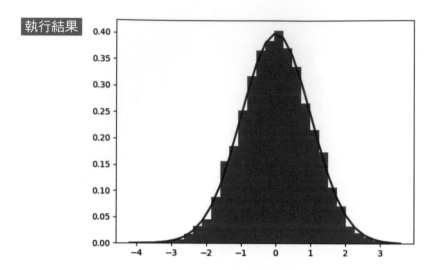

　　上述第 11 – 13 行是繪製常態分佈的曲線，在第 14 章筆者有介紹 seaborn 模組，在此模組可以使用 kdeplot( ) 函數繪製所產生的常態分佈曲線非常方便。

程式實例 ch19_23.py：使用 kdeplot( ) 函數繪製所產生的常態分佈曲線，重新設計 ch19_22.py，讀者可以參考第 12 行。

```
1   # ch19_23.py
2   import matplotlib.pyplot as plt
3   import numpy as np
4   import seaborn as sns
5
6   mu = 0                                              # 均值
7   sigma = 1                                           # 標準差
8   s = np.random.normal(mu, sigma, 10000)              # 隨機數
9
10  count, bins, ignored = plt.hist(s, 30, density=True)    # 直方圖
11  # 繪製曲線圖
12  sns.kdeplot(s)
13  plt.show()
```

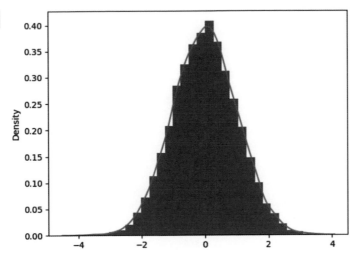

19-9-3　uniform( )

這是一個均勻分布的隨機函數，語法如下：

　　np.random.uniform(low, high, size)

low：預設是 0.0，隨機數的下限值。

high：預設是 1.0，隨機數的上限值。

size：預設是 1，產生隨機數的數量。

程式實例 ch19_24.py：產生 250 個均勻分布的隨機函數，同時繪製直方圖。

```
1  # ch19_24.py
2  import matplotlib.pyplot as plt
3  import numpy as np
4
5  s = np.random.uniform(0.0,5.0,size=250)     # 隨機數
6  plt.hist(s, 5)                              # 直方圖
7  plt.show()
```

執行結果

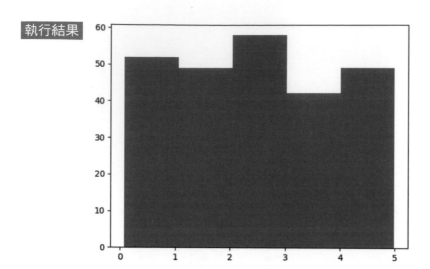

　　從上圖可以得到我們使用 5 個長條區塊代表區間值，第 1 個直方長條是 0 – 1 之間，第 2 個直方長條是 1 – 2 之間，第 3 個直方長條是 2 – 3 之間，第 4 個直方長條是 3 – 4 之間，第 5 個直方長條是 4 – 5 之間。從上圖可以得到下列結果：

1： 在 0 – 1 之間有 51 個數值。

2： 在 1 – 2 之間有 49 個數值。

3： 在 2 – 3 之間有 58 個數值。

4： 在 3 – 4 之間有 43 個數值。

5： 在 4 – 5 之間有 49 個數值。

程式實例 ch19_25.py：使用 uniform( ) 函數繪製 10000 個隨機函數的直方圖與使用 seaborn 模組的 kdeplot( ) 繪製均勻分佈的曲線圖。

```
1   # ch19_25.py
2   import matplotlib.pyplot as plt
3   import numpy as np
4   import seaborn as sns
5
6   s = np.random.uniform(size=10000)          # 隨機數
7
8   plt.hist(s, 30, density=True)              # 直方圖
9   # 繪製曲線圖
10  sns.kdeplot(s)
11  plt.show()
```

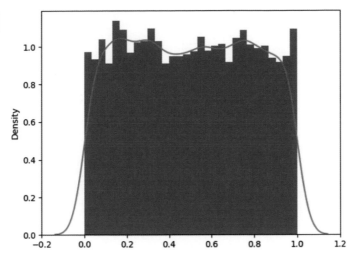

第20章

機器學習的向量

本章摘要

向量 (Vector) 一詞第一次出現是在高中數學，在機器學習中向量扮演非常重要的角色，本章節將詳細解說。

20-1 向量的基礎觀念

20-1-1 認識純量

單純的一個數字，沒有大小或方向，可以用實數表達，在數學領域稱純量 (Scalar)。例如：10，就是一個純量。純量的實例有，超商每位顧客每次購買金額、溫度、體積 … 等。

其實純量的稱呼主要是要和向量做區隔。

20-1-2 認識向量

過去向量一詞是數學、物理學常用的名詞，如今人工智慧、機器學習、深度學習興起，向量也成了這個領域很重要的名詞。

向量是一個同時具有大小與方向的物件。

以二維空間的平面座標而言，向量包含了 2 個元素分別是 x 軸橫坐標與 y 軸縱座標。對於三維空間的座標而言，向量則包含 3 個元素分別是 x 軸橫坐標、y 軸縱座標與 z 軸座標。

對我們而言二維、三維是可以看見與想像的事物，但是實務上，向量可以擴充到 n 維空間，這時一個向量的元素個數是 n 個，不過讀者不用擔心，筆者將詳細解說。

20-1-3 向量表示法

下列是以二維空間再逐步擴充至 n 維空間的向量表示法：

❑　以箭頭表示

向量可以使用含箭頭的線條表示，線條長度代表向量大小，箭頭表示向量方向，下列是大小與方向均不同的向量。

　　下列是大小與方向均相同的向量，不過位置不同，在數學領域不同位置沒關係，這是相同的向量，又稱等向量 (Identical vector)。

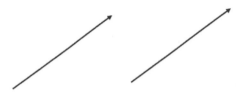

❏　文字表示

　　在數學領域有時候可以用英文字母上方加上向右箭頭代表向量，例如：下列是向量 $\vec{a}$：

❏　含起點與終點

　　有時候也可以用起點與終點的英文字母代表向量，當然英文字母上方需加上向右箭頭。

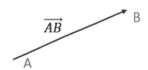

　　須留意向量是有方向性，所以向量 $\overrightarrow{AB}$ 不可以寫成 $\overrightarrow{BA}$。

❑　位置向量

在一個座標上有 2 個向量如下：

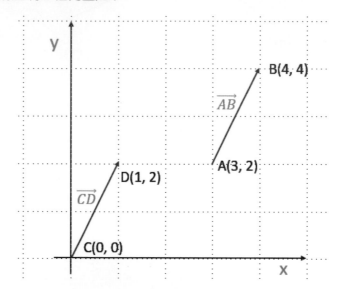

　　從座標點 A(3, 2) 至 B(4, 4) 是向量 $\overrightarrow{AB}$，如果我們現在說此向量是 (3, 2)、(4, 4)，是有一點複雜，假設我們現在將此向量平移至座標 (0, 0)，其實向量的位置是不重要的，所以我們可以將 $\overrightarrow{AB}$ 與 $\overrightarrow{CD}$ 視為是相同的向量，像這樣將起點移至座標原點 (0, 0) 的向量我們稱之為位置向量。

　　在位置向量中，我們以下列方式表達向量 $\overrightarrow{CD}$。

　　$\overrightarrow{CD} = (1, 2)$

或是不加逗點

　　$\overrightarrow{CD} = (1 \ 2)$

　　或是

　　$\overrightarrow{CD} = \begin{pmatrix} 1 \\ 2 \end{pmatrix}$

❑ 機器學習常見的向量表示法

機器學習常常需要處理 n 維空間的數學，如果使用含起點與終點的英文字母代表向量似乎太複雜，為了簡化常常只用一個英文字母表示向量，例如：a，不過這個文字母會用粗體顯示，如下所示：

a

若是以 a 表示向量 $\overrightarrow{CD}$ 為例，此向量的表示方式如下：

a = (1 2)

粗體顯示向量也有缺點，因為有時會不易辨別，所以本書對於向量部分，除了粗體另外會用藍色顯示。

❑ 向量的分量

在二維空間的座標軸的觀念中，x 和 y 座標就是此向量的分量。

❑ n 度空間向量

機器學習的 n 度空間向量表示法如下：

a = (a_1 a_2 ⋯ a_n)
b = (b_1 b_2 ⋯ b_n)
c = (c_1 c_2 ⋯ c_n)

❑ 零向量

向量的每一個元素皆是 0，稱零向量 (Zero vector)，可以用下列方式表示：

0 = (0 0 ⋯ 0)

或是

$\vec{0}$

有一點需要留意的是零向量仍是有方向性，但是方向不定。

20-1-4　計算向量分量

有一個二維座標的向量如下：

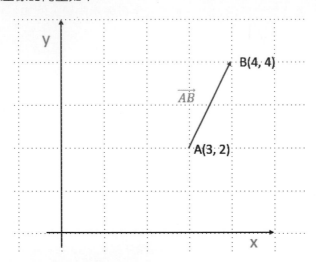

計算 $\overrightarrow{AB}$ 的分量，假設 A 座標是 (x1, y1)，B 座標是 (x2, y2)，可以使用下列方法：

(x2 y2) − (x1 y1)

運算方式如下：

(4 4) − (3 2) = (1 2)

其實上述 (1 2) 也就是此真實的位置向量，下列是 Python 實作。

```
>>> import numpy as np
>>> a = np.array([3, 2])
>>> b = np.array([4, 4])
>>> b - a
array([1, 2])
```

20-1-5 相對位置的向量

有一個座標圖形如下：

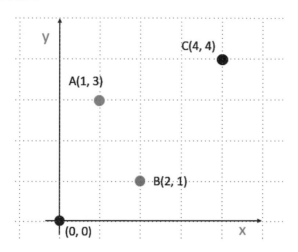

對於上述 A、B、C 等 3 個點而言，相較於原點，這些點的向量如下：

a = (1 3)
b = (2 1)
c = (4 4)

對於 A 點而言，從 A 到 B 的向量是 (2 1) − (1 3) = (1 -2)

對於 A 點而言，從 A 到 C 的向量是 (4 4) − (1 3) = (3 -1)

可以參考下圖：

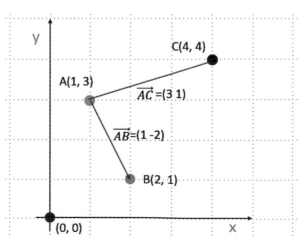

相同的觀念對於 B 點而言，從 B 到 C 的向量是 (4 4) – (2 1) = (2 3)

20-1-6　不同路徑的向量運算

沿用上一節的圖，假設現在從 A 經過 B 到 C，向量計算方式如下：

$$\vec{AB} + \vec{BC}$$

(1-2) + (2 3) = (3 1)

其實上述計算結果就是從 A 到 C 的向量，所以我們可以得到下列結果。

$$\vec{AB} + \vec{BC} = \vec{AC}$$

下列是 Python 實作。

```
>>> import numpy as np
>>> ab = np.array([1, -2])
>>> bc = np.array([2, 3])
>>> ab + bc
array([3, 1])
```

20-2　向量加法的規則

這一節將使用下列 n 維空間的向量做說明。

$a = (a_1\ a_2\ \cdots\ a_n)$
$b = (b_1\ b_2\ \cdots\ b_n)$
$c = (c_1\ c_2\ \cdots\ c_n)$

❑　相同維度的向量可以相加

所以 n 維空間的向量加法觀念如下：

$a + b = (a_1+b_1\ a_2+b_2\ \cdots\ a_3+b_3)$

不同維度的向量無法相加。

❑　向量加法符合交換律觀念

所謂的交換律 (Commutative property) 是常用的數學名詞，意義是改變順序不改變結果。

　　a + b = b + a

❑　向量加法符合結合律觀念

所謂的結合律 (Associative laws) 是常用的數學名詞，意義是一個含有 2 個以上可以結合的運算子表示公式，運算子的位置沒有變，運算順序不會改變結果。

　　(a + b) + c = a + (b + c)

讀者需留意，上述運算子位置沒有改變，下列就不符合結合律，因為 a 和 b 的位置互換了。

　　(a + b) + c = (b + a) + c

❑　向量與零向量相加結果不會改變

有一個向量相加公式如下：

　　a + z = a

則我們稱 **z** 是零向量，此 **z** 又可以標記為 **0**。

❑　向量與反向量相加結果是零向量

所謂的反向量 (Opposite vector) 一個大小相等，但是方向相反的向量。假設下列公式成立，則 a 與 b 互為反向量。

　　a + b = 0

有時候也可以用 **-a** 當作是 **a** 的反向量。

```
>>> import numpy as np
>>> a = np.array([3, 2])
>>> -a
array([-3, -2])
```

❑　向量與純量相乘

假設一個向量 **a** 與純量 c 相乘，相當於將 c 乘以每個向量元素，如下所示：

$$c * a = (ca_1\ ca_2\ \cdots\ ca_3)$$

```
>>> import numpy as np
>>> a = np.array([3, 2])
>>> 3 * a
array([9, 6])
```

❑　向量除以純量

可以想像成將向量乘以倒數的純量。

❑　向量相加再乘以純量或是純量相加再乘以向量

上述觀念的符合分配律規則，假設 x、y 是純量。

$$(x + y)*a = xa + ya$$
$$x(a + b) = xa + xb$$

❑　純量與向量相乘也符合結合律

上述觀念的符合分配律規則，假設 x、y 是純量。

$$(xy)a = x(ya)$$

❑　向量乘以 1

可以得到原來的向量。

$$a * 1 = a$$

❑　向量乘以 -1

可以得到原來的反向量。

$$a * (-1) = -a$$

下列是 Python 實例。

```
>>> import numpy as np
>>> a = np.array([3, 2])
>>> a * -1
array([-3, -2])
```

❑　向量乘以 0

可以得到零向量。

　　　a * 0 = 0

❑　向量相減

如果向量相減,相當於加上反向量。

　　　a – b = a + (-b)

下列是 Python 實例。

```
>>> import numpy as np
>>> a = np.array([3, 2])
>>> b = np.array([2, 1])
>>> a - b
array([1, 1])
```

20-3　向量的長度

向量的長度可以使用第 7 章的畢氏定理執行計算,有一個座標如下:

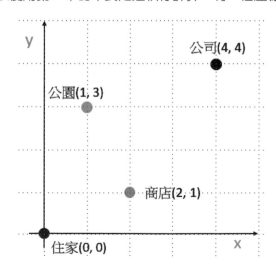

從住家到公園的距離 $= \sqrt{1^2 + 3^2} = \sqrt{10}$

從商店到公司的距離 $= \sqrt{(4-2)^2 + (4-1)^2} = \sqrt{2^2 + 3^2} = \sqrt{13}$

假設有一個向量 **a**，此向量長度的表示法如下：

$|a|$

或是

$\|a\|$

對於一個 n 維空間的向量 a 而言，此向量長度的計算方式如下：

$$\|a\| = \sqrt{a_1{}^2 + a_2{}^2 + \cdots + a_n{}^2}$$

有關向量長度可以使用 numpy 的 linalg 模組的 norm( ) 方法處理，下列是求住家到公園向量長度的實例。

```
>>> import numpy as np
>>> park = np.array([1, 3])
>>> norm_park = np.linalg.norm(park)
>>> norm_park
3.1622776601683795
```

下列是求商店到公司向量長度的實例。

```
>>> import numpy as np
>>> store = np.array([2, 1])
>>> office = np.array([4, 4])
>>> store_office = office - store
>>> norm_store_office = np.linalg.norm(store_office)
>>> norm_store_office
3.605551275463989
```

20-4 向量方程式

所謂的向量方程式是使用向量表示圖形的一個方程式，本節將詳細解說。

20-4-1　直線方程式

在先前觀念我們了解 2 個點可以構成一條線，對於向量而言所需要構成一條線是向量方向與一個點，可以參考下列圖例：

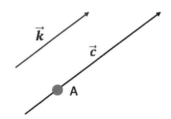

註 圖形用小寫加向右箭頭代表向量，下列文字用藍色、粗體、小寫代表向量。

上述是通過 A 點與向量 k 平行的線條，其實通過 A 點又和向量 k 平行的線條也只有這一條，這一條假設是向量 c，那麼這一條向量可以用 pk 表示，p 是常量。

c = pk

用座標軸考量上述圖形，可以得到下列結果。

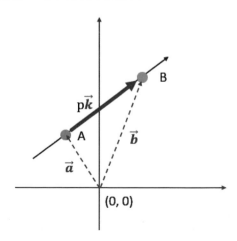

有了上述座標圖形，我們可以得到下列公式：

b = a + pk　　　　　　　　　# p 是常數

上述就是用向量代表直線的向量方程式。

假設 A 點與 B 點的座標分別是 (-1, 2) 和 (1, 4)，則上述座標圖形如下：

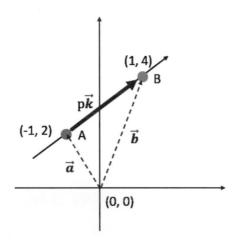

從上圖可以得到 k 向量如下，為了方便處理 x 和 y 軸係數，筆者使用下列方式表達向量：

$$k = \begin{pmatrix} 1 - (-1) \\ 4 - 2 \end{pmatrix} = \begin{pmatrix} 2 \\ 2 \end{pmatrix}$$

由於 a 向量是 (-1, 2)，可以用下列表示：

$$a = \begin{pmatrix} -1 \\ 2 \end{pmatrix}$$

將上述數值代入下列公式：

b = a + pk　　　　　　　　　# p 是常數

可以得到下列結果。

$$\begin{pmatrix} x \\ y \end{pmatrix} = \begin{pmatrix} -1 \\ 2 \end{pmatrix} + p \begin{pmatrix} 2 \\ 2 \end{pmatrix}$$

可以得到下列聯立方程式：

  x =-1 + 2p   # 公式 1
  y = 2 + 2p   # 公式 2

將公式 1 減去公式 2，可以得到下列結果。

  x − y =-3

推導可以得到：

  y = x + 3

這個就是直線方程式了，我們可以得到斜率是 1，y 節距是 3。

20-4-2　Python 實作連接 2 點的方程式

現在我們使用 Python 實作計算連接 (-1, 2) 和 (1, 4) 點座標的直線，將這 2 個點代入下列公式：

  y = ax + b

可以得到下列聯立方程式：

  2 =-a + b
  4 = a + b

程式實例 ch20_1.py：計算 a 和 b 的值。

```
1   # ch20_1.py
2   from sympy import Symbol, solve
3
4   a = Symbol('a')
5   b = Symbol('b')
6   eq1 = -a + b -2
7   eq2 = a + b - 4
8   ans = solve((eq1, eq2))
9   print('a = {}'.format(ans[a]))
10  print('b = {}'.format(ans[b]))
```

執行結果

```
=========== RESTART: D:/Python Machine Learning Math/ch20/ch20_1.py ===========
a = 1
b = 3
```

20-4-3　使用向量建立迴歸直線的理由

對於 2 維空間的線性方程式而言，我們已經熟悉了，假設是 3 維空間則線性方程式如下：

$$ax + by + cz + d = 0$$

公式計算會變得比較複雜，但是如果使用向量，所使用的公式完全相同。

$$\mathbf{b} = \mathbf{a} + p\mathbf{k} \qquad\qquad \text{\# p 是常數}$$

至於向量 $\mathbf{k}$ 則是增加一個分量，如下所示：

$$\mathbf{k} = \begin{pmatrix} x \\ y \\ z \end{pmatrix}$$

或是我們使用 20-2 節的表達方式：

$$\mathbf{k} = (k_1 \; k_2 \; k_3)$$

上述觀念可以擴展到 n 維空間。

20-5　向量內積

如果直接使用向量內積的定義，可以用 2 行外加公式就可以解釋。筆者年輕時候所讀的書籍皆是如此，當然這也導致筆者困惑許久，直至有一天才開竅。這一節筆者將一步一步解析向量內積的所有觀念。

20-5-1　協同工作的觀念

車子壞了 2 個人要拖這輛車子，相關圖形如下：

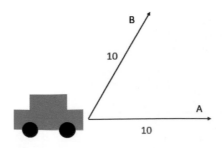

　　A 往水平方向用了 10 分的力氣在拖車，B 也是用了 10 分的力氣如上圖所示方向在拖車，其實如果 B 也是往水平方向在拖車，所使用的 10 分力氣就會完全貢獻給 A，那麼究竟 B 貢獻多少力氣給 A？

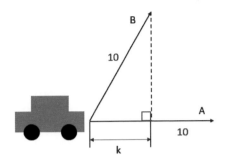

　　如果從 B 所花力氣繪一條垂直線，這時可以構成一個直角三角形，此三角形底邊的 K 的長度就是 B 所貢獻給 A 的力氣。在上述 B 協助拖車輛的圖形中，如果 B 所施力氣越靠近 A，K 值越長，對 A 的幫助越大，可以參考下圖。

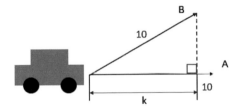

　　如果 B 所施力氣離 A 越遠，K 值越小，對 A 的幫助越小，可以參考下圖。

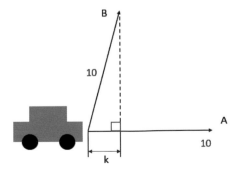

　　如果 B 的力氣方向與 A 方向是 90 度，則是完全沒有幫到忙，如果是超過 90 度，則是在幫倒忙，可以參考下圖。

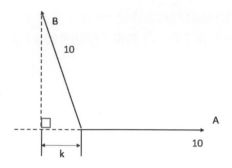

20-5-2　計算 B 所幫的忙

請參考下圖，假設 B 所使用的力氣是向量 **b**，則 B 所貢獻的力氣 k 的計算方式可以參考三角函數的 cos，如下所示：

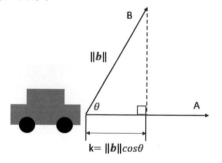

因為：

$$cos\theta = \frac{k}{\|b\|}$$

所以：

$$k = \|b\|cos\theta$$

假設 B 幫的忙所施力的方向與 A 施力的方向角度是 60 度，假設所施的力是 10，則可以用下列方式計算 k 值。

```
>>> import math
>>> 10 * math.cos(math.radians(60))
5.000000000000001
```

20-5-3　向量內積的定義

向量內積的英文是 inner product，數學表示方法如下：

$$a \cdot b$$

可以唸作 a dot b，向量內積的計算結果是純量。

❑ 幾何定義

幾何角度內積定義是兩個向量與他們夾角的餘弦值 (cos)，觀念如下：

$$\|a\|\|b\|cos\theta$$

請再看一次下列座標圖：

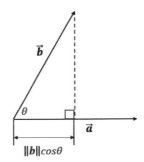

看了內積的幾何定義，我們可以了解向量內積另一層解釋是，第一個向量投影到第 2 個向量長度，乘以第 2 個向量的長度。

所以向量內積的公式如下：

$$a \cdot b = \|a\|\|b\|cos\theta$$

在應用上向量內積幾個規則是成立的：

1： 交換律成立

$$a \cdot b = b \cdot a$$

不論是向量 **a** 投影到向量 **b** 或是向量 **b** 投影到向量 **a**，都可以得到下列結果公式。

$$a \cdot b = b \cdot a = \|a\|\|b\|cos\theta$$

2：　分配律成立

$$a \cdot (b + c) = a \cdot b + a \cdot c$$

請參考下列圖形：

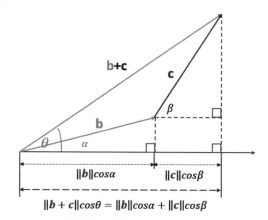

從上述圖形可以看到下列最重要的公式。

$$\|b + c\|cos\theta = \|b\|cos\alpha + \|c\|cos\beta$$

所以分配律成立。

❑　代數定義

　　代數定義的內積觀念是，對兩個等長的向量，每組對應的元素求積，然後再求和。假設向量 a 與 b 資料如下：

a = (a$_1$ a$_2$ ⋯ a$_n$)

b = (b$_1$ b$_2$ ⋯ b$_n$)

向量內積定義如下：

$$a \cdot b = \sum_{i=1}^{n} a_i b_i = a_1 b_1 + a_2 b_2 + \cdots + a_n b_n$$

如果是 2 維空間，相當於定義如下：

$$a \cdot b = a_1 b_1 + a_2 b_2$$

例如:假如 2 個向量是 (1 3)、(4 2),向量內積計算方式如下:

1*4 + 3*2 = 10

計算向量內積可以使用 numpy 模組的 dot( ) 方法,下列是使用相同數據計算的內積結果。

```
>>> import numpy as np
>>> a = np.array([1, 3])
>>> b = np.array([4, 2])
>>> np.dot(a, b)
10
```

❑ 代數定義與幾何定義是相同的

因為代數定義與幾何定義是相同的,所以可以得到下列公式:

$$a \cdot b = \|a\|\|b\|cos\theta = a_1b_1 + a_2b_2$$

接下來筆者要證明代數定義與幾何定義是相同的,假設有兩個向量 x(1 0) 與 y(0 1) 長度皆是 1。

從座標可以計算長度如下:

$$\|x\| = \sqrt{1^2 + 0^2} = 1$$
$$\|y\| = \sqrt{0^2 + 1^2} = 1$$

由於 x 與 y 的夾角是 90 度,所以可以得到下列推導結果:

$$x \cdot y = \|x\|\|y\|cos\frac{\pi}{2} = 1 \cdot 1 \cdot 0 = 0$$

角度90度轉弧度

上述觀念也可以用在 $y \cdot x$。

因為 x 與 x 的夾角是 0,所以可以得到下列結果。

$$x \cdot x = \|x\|\|x\|cos0 = 1 \cdot 1 \cdot 1 = 1$$

上述觀念也可以用在 $y \cdot y$。

現在使用下列方式表示向量 a 和 b。

$$a = (a_1\ a_2) = a_1x + a_2y$$
$$b = (b_1\ b_2) = b_1x + b_2y$$

接著可以執行推導：

$$a \cdot b = (a_1x + a_2y) \cdot (b_1x + b_2y)$$

展開可以得到下列結果：

$$= a_1b_1\underset{\uparrow}{x \cdot x} + a_1b_2\underset{\uparrow}{x \cdot y} + a_2b_1\underset{\uparrow}{y \cdot x} + a_2b_2\underset{\uparrow}{y \cdot y}$$
$$\quad\quad 1 \quad\quad\quad\quad 0 \quad\quad\quad\quad 0 \quad\quad\quad\quad 1$$

所以可以得到下列推導結果。

$$= a_1b_1 + a_2b_2$$

20-5-4　兩條直線的夾角

繼續推導前一節的公式可以得到下列公式：

$$cos\theta = \frac{a_1b_1 + a_2b_2}{\|a\|\|b\|}$$

有了上述公式，相當於座標上有 2 個向量，可以利用上述觀念計算這 2 個向量的夾角。

程式實例 ch20_2.py：假設座標平面有 A, B, C, D 個點，這 4 個點的座標如下：

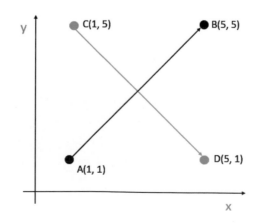

其中 AB 組成向量 **ab**，BC 組成向量 **cd**，請計算這兩個向量的夾角，

```python
1   # ch20_2.py
2   import numpy as np
3   import math
4
5   a = np.array([1, 1])
6   b = np.array([5, 5])
7   c = np.array([1, 5])
8   d = np.array([5, 1])
9
10  ab = b - a                          # 向量ab
11  cd = d - c                          # 向量bc
12
13  norm_a = np.linalg.norm(ab)         # 計算向量大小
14  norm_b = np.linalg.norm(cd)         # 計算向量大小
15
16  dot_ab = np.dot(ab, cd)             # 計算向量內積
17
18  cos_angle = dot_ab / (norm_a * norm_b)  # 計算cos值
19  rad = math.acos(cos_angle)          # acos轉成弧度
20  deg = math.degrees(rad)             # 轉成角度
21  print('角度是 = {}'.format(deg))
```

執行結果
```
========== RESTART: D:/Python Machine Learning Math/ch20/ch20_2.py ==========
角度是 = 90.0
```

上述第 18 行我們計算了 $cos\theta$，因為要計算角度，所以第 19 行使用 math 數學模組的 acos( ) 計算 $cos\theta$ 的弧度，第 20 行則是將弧度轉成角度。20-5-6 節筆者會更一步解說向量夾角的相關應用。

20-5-5　向量內積的性質

請再看一次下列公式：

$$cos\theta = \frac{a_1b_1 + a_2b_2}{\|a\|\|b\|}$$

上述分母是向量長度所以一定大於 0，上述可以推導得到下列關係：

向量內積是正值，兩向量的夾角小於 90 度。

向量內積是 0，兩向量的夾角等於 90 度。

向量內積是負值，兩向量的夾角大於 90 度。

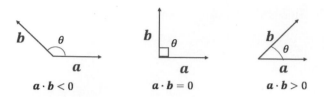

$$a \cdot b < 0 \qquad a \cdot b = 0 \qquad a \cdot b > 0$$

上述夾角常應用的功能是設計 3D 遊戲的時候，假設玩家觀測點在超過 90 度的角度才看得到角色動畫表情，可以繪製，這時當角度小於 90 度時表示玩家看不到角色動畫表情，表示可以不用繪製。

20-5-6　餘弦相似度

假設有 a、b 兩個向量可以參考下圖，假設 a 向量是水平方向往右。

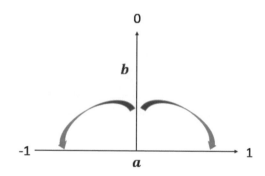

當 a 與 b 向量內積是 0 時，兩向量是垂直相交，也可以參考上圖。當向量內積值往 1 靠近時 b 向量方向則也會靠近 a 向量。如果向量內積是 1 時，表示兩個向量方向相同。如果向量內積是 -1，表示 a 與 b 兩個向量方向相反。使用這個特性判斷兩個向量的相似程度稱餘弦相似度 (cosine similarity)。

$$餘弦相似度\ (cosine\ similarity) = cos\theta = \frac{a_1 b_1 + a_2 b_2}{\|a\|\|b\|}$$

程式實例 ch20_3.py：判斷下列句子的相似度。

1：　機器與機械

2：　學習機器碼

3：　機器人學習

下表是每個單字出現的頻率。

編號	句子	機	器	與	械	學	習	碼	人
1	機器與機械	2	1	1	1	0	0	0	0
2	學習機器碼	1	1	0	0	1	1	1	0
3	機器人學習	1	1	0	0	1	1	0	1

這時可以建立下列向量：

a = (2 1 1 1 0 0 0 0)

b = (1 1 0 0 1 1 1 0)

c = (1 1 0 0 1 1 0 1)

```python
1  # ch20_3.py
2  import numpy as np
3
4  def cosine_similarity(va, vb):
5      norm_a = np.linalg.norm(va)          # 計算向量大小
6      norm_b = np.linalg.norm(vb)          # 計算向量大小
7      dot_ab = np.dot(va, vb)              # 計算向量內積
8      return (dot_ab / (norm_a * norm_b))  # 回傳相似度
9
10 a = np.array([2, 1, 1, 1, 0, 0, 0, 0])
11 b = np.array([1, 1, 0, 0, 1, 1, 1, 0])
12 c = np.array([1, 1, 0, 0, 1, 1, 0, 1])
13 print('a 和 b 相似度 = {0:5.3f}'.format(cosine_similarity(a, b)))
14 print('a 和 c 相似度 = {0:5.3f}'.format(cosine_similarity(a, c)))
15 print('b 和 c 相似度 = {0:5.3f}'.format(cosine_similarity(b, c)))
```

執行結果
```
========= RESTART: D:/Python Machine Learning Math/ch20/ch20_3.py =========
a 和 b 相似度 = 0.507
a 和 c 相似度 = 0.507
b 和 c 相似度 = 0.800
```

其實上述是 8 維向量的簡單應用，未來機器學習將擴展至幾百或更高維度。

20-6 皮爾遜相關係數

在統計學中皮爾遜相關係數 (Pearson correlation coefficient) 常用在度量兩個變數 x 和 y 之間的相關程度，此係數值範圍是在 -1 和 1 之間，基本觀念如下：

1： 係數值為 1：代表所有數據皆是在一條直線上，同時 y 值隨 x 值增加而增加。係數值越接近 1，代表 x 與 y 變數的正相關程度越高。

2： 係數值為 -1：代表所有數據皆是在一條直線上，同時 y 值隨 x 值增加而減少。係數越接近 -1，代表 x 與 y 變數的負相關程度越高。

3： 係數值為 0：代表兩個變數間沒有線性關係，也就是 y 值的變化與 x 值完全不相關。係數越接近 0，代表 x 與 y 變數的完全不相關程度越高。

下列是相關性係數常見的定義。

相關性	正	負
強	0.6 – 1.0	-1.0 – (-0.6)
中	0.3 – 0.6	-0.6 – (-0.3)
弱	0.1 – 0.3	-0.3 – (-0.1)
無	1.0 – 0.09	-0.09 – (-0.0)

20-6-1　皮爾遜相關係數定義

皮爾遜相關係數定義是兩個變數之間共變異數和標準差的商，一般常用 r 當作皮爾遜係數的變數，公式如下：

$$r = \frac{\sum_{i=1}^{n} (x_i - \overline{x})(y_i - \overline{y})}{\sqrt{\sum_{i=1}^{n} (x_i - \overline{x})^2} \sqrt{\sum_{i=1}^{n} (y_i - \overline{y})^2}}$$

20-6-2　網路購物問卷調查案例解說

一家網路購物公司在 2019 年 12 月做了一個問卷調查，詢問消費者對於整個購物的滿意度，同時在 2021 年 1 月再針對前一年調查對象詢問在 2020 年間繼續購買商品的次數。所獲得的數據如下：

問卷編號	滿意度	繼續購買次數
1	8	12
2	9	15
3	10	16
4	7	18
5	8	6
6	9	11
7	5	3
8	7	12
9	9	11
10	8	16

下列是計算下列數據的表格。

1： 滿意度 – 平均滿意度：經計算平均滿意度是 0

$$(x_i - \overline{x})$$

2： 再度購買次數 – 平均再度購買次數：經計算平均購買次數是 12

$$(y_i - \overline{y})$$

問卷編號	滿意度 – 平均滿意度	再度購買次數 – 平均再度購買次數
1	0	0
2	1	3
3	2	4
4	-1	6
5	0	-6
6	1	-1
7	-3	-9
8	-1	0
9	1	-1
10	0	4

將數據代入 20-6-1 節的皮爾遜係數公式，可以得到下列數據表格。

問卷編號	$(x_i - \overline{x})(y_i - \overline{y})$	$(x_i - \overline{x})^2$	$(y_i - \overline{y})^2$
1	0	0	0
2	3	1	9
3	8	4	16
4	-6	1	36
5	0	0	36
6	-1	1	1
7	27	9	81
8	0	1	0
9	-1	1	1
10	0	0	16
總計	30	18	196

將上述值代入皮爾遜公式，可以得到下列結果。

$$r = \frac{30}{\sqrt{18}\sqrt{196}} = 0.505$$

從上述執行結果可以看到消費滿意度與下次購買是有正相關，不過相關強度是中等。

程式實例 ch20_4.py：用 Python 程式驗證上述結果。

```
1   # ch20_4.py
2   import numpy as np
3
4   x = np.array([8, 9, 10, 7, 8, 9, 5, 7, 9, 8])
5   y = np.array([12, 15, 16, 18, 6, 11, 3, 12, 11, 16])
6   x_mean = np.mean(x)
7   y_mean = np.mean(y)
8
9   xi_x = [v - x_mean  for v in x]
10  yi_y = [v - y_mean  for v in y]
11
12  data1 = [0]*10
13  data2 = [0]*10
14  data3 = [0]*10
15  for i in range(len(x)):
```

```
16      data1[i] = xi_x[i] * yi_y[i]
17      data2[i] = xi_x[i]**2
18      data3[i] = yi_y[i]**2
19
20  v1 = np.sum(data1)
21  v2 = np.sum(data2)
22  v3 = np.sum(data3)
23  r = v1 / ((v2**0.5)*(v3**0.5))
24  print('coefficient = {}'.format(r))
```

執行結果

```
========== RESTART: D:\Python Machine Learning Math\ch20\ch20_4.py ==========
coefficient = 0.5050762722761054
```

程式實例 ch20_5.py：繪製消費滿意度與再購買次數的散佈圖。

```
1   # ch20_5.py
2   import numpy as np
3   import matplotlib.pyplot as plt
4
5   x = np.array([8, 9, 10, 7, 8, 9, 5, 7, 9, 8])
6   y = np.array([12, 15, 16, 18, 6, 11, 3, 12, 11, 16])
7   x_mean = np.mean(x)
8   y_mean = np.mean(y)
9   xpt1 = np.linspace(0, 12, 12)
10  ypt1 = [y_mean for xp in xpt1]          # 平均購買次數
11  ypt2 = np.linspace(0, 20, 20)
12  xpt2 = [x_mean for yp in ypt2]          # 平均滿意度
13
14  plt.scatter(x, y)                       # 滿意度 vs 購買次數
15  plt.plot(xpt1, ypt1, 'g')               # 平均購買次數
16  plt.plot(xpt2, ypt2, 'g')               # 平均滿意度
17  plt.grid()
18  plt.show()
```

執行結果

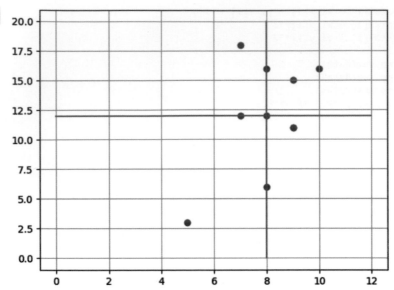

　　上述應該有 10 個點，但是有 (9, 11) 數據重疊，如果是高度相關應該是滿意度高購買次數也高，這表示數據在綠色交叉線的右上方。或是滿意度低，數據是在綠色交叉線的左下方。

20-6-3　向量內積計算係數

　　其實可以使用 x 和 y 與平均值的偏差距離當作是向量，然後由這兩個向量的內積計算夾角 θ，此 $cos\theta$ 值就是皮爾遜係數值。假設使用 a 與 b 向量，如下所示：

$$a = (x_1 - \bar{x} \quad x_2 - \bar{x} \quad ... \quad x_n - x)$$
$$b = (y_1 - \bar{y} \quad y_2 - \bar{y} \quad ... \quad y_n - y)$$

　　假設向量 a 與 b 的夾角是 θ，則皮爾遜相關係數計算公式如下：

$$r = cos\theta = \frac{\|a\|\|b\|cos\theta}{\|a\|\|b\|} = \frac{a \cdot b}{\|a\|\|b\|}$$

❑　向量內積推導皮爾遜相關係數的分子

　　下列是推導分子部分的過程與結果。

$$a \cdot b = (x_1 - \bar{x})(y_1 - \bar{y}) + (x_2 - \bar{x})(y_2 - \bar{y}) + \cdots + (x_n - \bar{x})(y_n - \bar{y})$$

$$= \sum_{i=1}^{n} (x_i - \bar{x})(y_i - \bar{y})$$

❑　向量內積推導皮爾遜相關係數的分母

$$\|a\| = \sqrt{(x_1 - \bar{x})^2 + (x_2 - \bar{x})^2 + \cdots + (x_n - \bar{x})^2}$$

$$= \sqrt{\sum_{i=1}^{n}(x_i - \bar{x})^2}$$

$$\|b\| = \sqrt{(y_1 - \bar{y})^2 + (y_2 - \bar{y})^2 + \cdots + (y_n - \bar{y})^2}$$

$$= \sqrt{\sum_{i=1}^{n}(y_i - \bar{y})^2}$$

❑　推導結果

最後將分子與分母組合可以得到下列皮爾遜相關係數推導結果。

$$\frac{a \cdot b}{\|a\|\|b\|} = \frac{\sum_{i=1}^{n}(x_i - \bar{x})(y_i - \bar{y})}{\sqrt{\sum_{i=1}^{n}(x_i - \bar{x})^2}\sqrt{\sum_{i=1}^{n}(y_i - \bar{y})^2}}$$

20-7　向量外積

向量外積又稱叉積 (Cross product) 或是向量積 (Vector product)，這是三維空間中對於兩個向量的二維運算。所以要執行 **a** 與 b 的外積運算首先要假設 a 與 b 是在同一平面上，兩個向量 **a** 與 **b** 執行外積，所使用的符號是 x，表示方法如下：

　　a x **b**

向量外積常被應用在數學、物理與機器學習。關於外積，讀者需瞭解下列 2 點：

1：　向量外積結果不是純量而是向量。

2：　對於 **a** 與 **b** 向量外積是垂直 2 個向量的向量，又稱法線向量。

3：　上述第 2 點法線向量的大小是 **a** 與 **b** 向量所組成平行四邊形的面積。

20-7-1　法線向量

a 與 b 向量外積是垂直 2 個向量的向量，可以參考下圖：

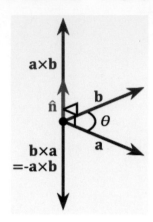

假設 a 與 b 向量內容如下：

$$a = \begin{pmatrix} a_1 \\ a_2 \\ a_3 \end{pmatrix} \quad b = \begin{pmatrix} b_1 \\ b_2 \\ b_3 \end{pmatrix}$$

向量 a 與 b 的外積計算公式如下：

$$a \times b = \begin{pmatrix} a_2 b_3 - a_3 b_2 \\ a_3 b_1 - a_1 b_3 \\ a_1 b_2 - a_2 b_1 \end{pmatrix}$$

由於法線向量值代表是平面朝那一個向量，在 3D 遊戲設計中常被用在角色背光照射的角度，然後計算與繪製陰影大小。

Numpy 模組有 cross( ) 方法可以執行此向量外積計算，可以參考下列實例。

```
>>> import numpy as np
>>> a = np.array([0, 1, 2])
>>> b = np.array([2, 0, 2])
>>> np.cross(a, b)
array([ 2,  4, -2])
```

20-7-2 計算面積

20-7 節第 3 點，法線向量大小等於兩個向量邊的平行四邊形面積，請參考下圖：

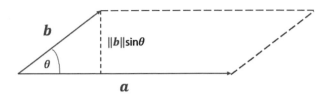

從上圖我們可以得到下列公式：

$$\|a \times b\| = \|a\|\|b\|sin\theta$$

程式實例 ch20_6.py：計算兩個向量組成的三角形面積，步驟觀念如下。

1： 計算兩個向量長度

2： 計算兩個向量的夾角，可以使用 ch20_2.py 觀念。

3： 套用上述公式，這是計算平行四邊形面積。

4： 將步驟 3 結果除以 2，即可得到兩個向量組成的三角形面積。

```python
1  # ch20_6.py
2  import numpy as np
3  import math
4
5  a = np.array([4, 2])
6  b = np.array([1, 3])
7
8  norm_a = np.linalg.norm(a)              # 計算向量大小
9  norm_b = np.linalg.norm(b)              # 計算向量大小
10
11 dot_ab = np.dot(a, b)                   # 計算向量內積
12
13 cos_angle = dot_ab / (norm_a * norm_b)  # 計算cos值
14 rad = math.acos(cos_angle)              # acos轉成弧度
15
16 area = norm_a * norm_b * math.sin(rad) / 2
17 print('area = {0:5.2f}'.format(area))
```

執行結果

```
========== RESTART: D:\Python Machine Learning Math\ch20\ch20_6.py ==========
area =  5.00
```

　　另一種計算三角形面積方式是採用先計算兩個向量的外積，可以使用 norm( ) 求此垂直向量的長度，最後除以 2，就可以得到兩個向量所組成三角形的面積。

程式實例 ch20_7.py：使用向量外積觀念計算兩向量所組成三角形的面積。

```
1   # ch20_7.py
2   import numpy as np
3
4   a = np.array([4, 2])
5   b = np.array([1, 3])
6
7   ab_cross = np.cross(a, b)              # 計算向量外積
8   area = np.linalg.norm(ab_cross) / 2    # 向量長度除以2
9
10  print('area = {0:5.2f}'.format(area))
```

執行結果

```
========== RESTART: D:\Python Machine Learning Math\ch20\ch20_7.py ==========
area =  5.00
```

第21章

機器學習的矩陣

平時看到一些人不論是等公車、上捷運、買便當，… 等。我們期待大家要排隊，如果將人改為數字，也就是數字排隊，這個就是矩陣 (matrix)。

21-1　矩陣的表達方式

21-1-1　矩陣的行與列方式

矩陣是由 row x col(column 的簡寫) 組成，下列是矩形定義。

$$
\begin{array}{ccc}
\text{第1行} & \text{第2行} & \text{第3行} \\
\downarrow & \downarrow & \downarrow
\end{array}
$$

$$
\begin{array}{l}
\text{第1列} \longrightarrow \\
\text{第2列} \longrightarrow \\
\text{第3列} \longrightarrow
\end{array}
\begin{pmatrix}
1 & 2 & 3 \\
4 & 5 & 6 \\
7 & 8 & 9
\end{pmatrix}
$$

在台灣 row 翻譯為列，col 翻譯為行。在大陸剛好相反 row 翻譯為行，col 翻譯為列。有時候看到敘述是 m x n 矩陣，m 是代表列 (row)，n 是代表行 (column)。所以上述是 3x3 矩陣，下列是 2 x 3 與 3 x 2 矩陣。

$$
\begin{pmatrix}
1 & 2 & 3 \\
4 & 5 & 6
\end{pmatrix}
\qquad\qquad
\begin{pmatrix}
1 & 4 \\
2 & 5 \\
3 & 6
\end{pmatrix}
$$

2x3矩陣 　　　　　　　　　　3x2矩陣

21-1-2　矩陣變數名稱

矩陣的變數名稱常用大寫英文字母，下列是設定矩陣的變數名稱是 A。

$$
A = \begin{pmatrix}
1 & 2 & 3 \\
4 & 5 & 6
\end{pmatrix}
$$

21-1-3 常見的矩陣表達方式

上述筆者用小括號表達矩陣，下列是其他矩陣表達格式。

$$\begin{bmatrix} 1 & 2 \\ 3 & 4 \end{bmatrix} \qquad \begin{vmatrix} 1 & 2 \\ 3 & 4 \end{vmatrix} \qquad \begin{Vmatrix} 1 & 2 \\ 3 & 4 \end{Vmatrix}$$

21-1-4 矩陣元素表達方式

矩陣元素常用下標表示，可以參考下列書寫方式：

a_{ij}

上述 i 是列號，j 是行號，所以常可以看到類似下列的矩陣，有的書籍在敘述下標時，省略下標間的逗號，可以參考下方右圖，這也是可以的。

$$\begin{pmatrix} a_{1,1} & a_{1,2} \\ a_{2,1} & a_{2,2} \end{pmatrix} \longrightarrow \begin{pmatrix} a_{11} & a_{12} \\ a_{21} & a_{22} \end{pmatrix}$$

下標間省略逗號也可以

如果是 mxn 矩陣，所看到的矩陣將如下所示：

$$\begin{pmatrix} a_{1,1} & \cdots & a_{1,n} \\ \vdots & \ddots & \vdots \\ a_{m,1} & \cdots & a_{m,n} \end{pmatrix}$$

21-2 矩陣相加與相減

21-2-1 基礎觀念

有 2 個矩陣如下：

$$A = \begin{pmatrix} a_{1,1} & \cdots & a_{1,n} \\ \vdots & \ddots & \vdots \\ a_{m,1} & \cdots & a_{m,n} \end{pmatrix} \qquad B = \begin{pmatrix} b_{1,1} & \cdots & b_{1,n} \\ \vdots & \ddots & \vdots \\ b_{m,1} & \cdots & b_{m,n} \end{pmatrix}$$

矩陣相加或相減，相當於相同位置的元素執行相加或是相減，所以不同大小的矩陣是無法執行相加減，如下所示：

$$A + B = \begin{pmatrix} a_{1,1} + b_{1,1} & \cdots & a_{1,n} + b_{1,n} \\ \vdots & \ddots & \vdots \\ a_{m,1} + b_{m,1} & \cdots & a_{m,n} + b_{m,n} \end{pmatrix}$$

$$A - B = \begin{pmatrix} a_{1,1} - b_{1,1} & \cdots & a_{1,n} - b_{1,n} \\ \vdots & \ddots & \vdots \\ a_{m,1} - b_{m,1} & \cdots & a_{m,n} - b_{m,n} \end{pmatrix}$$

矩陣加或減運算的交換律與結合律是成立的。

交換律：A + B = B + A

結合律：(A + B) + C = A + (B + C)

21-2-2　Python 實作

定義矩陣可以使用 Numpy 的 matrix( ) 方法，有一個矩陣如下：

$$A = \begin{pmatrix} 1 & 2 & 3 \\ 4 & 5 & 6 \end{pmatrix}$$

定義方式如下：

```
>>> import numpy as np
>>> A = np.matrix([[1, 2, 3], [4, 5, 6]])
>>> A
matrix([[1, 2, 3],
        [4, 5, 6]])
```

定義矩陣時也可分兩行定義。

```
>>> import numpy as np
>>> A = np.matrix([[1, 2, 3],
                   [4, 5, 6]])
>>> A
matrix([[1, 2, 3],
        [4, 5, 6]])
```

程式實例 ch21_1.py：矩陣相加與相減的應用。

```
1   # ch21_1.py
2   import numpy as np
3
4   A = np.matrix([[1, 2, 3], [4, 5, 6]])
5   B = np.matrix([[4, 5, 6], [7, 8, 9]])
6
7   print('A + B = {}'.format(A + B))
8   print('A - B = {}'.format(A - B))
```

執行結果

```
========= RESTART: D:\Python Machine Learning Math\ch21\ch21_1.py =========
A + B = [[ 5  7  9]
 [11 13 15]]
A - B = [[-3 -3 -3]
 [-3 -3 -3]]
```

21-3 矩陣乘以實數

矩陣可以乘以實數，操作方式是每個矩陣元素乘以該實數，下列是將矩陣乘以實數 k 的實例。

$$kA = \begin{pmatrix} ka_{1,1} & \cdots & ka_{1,n} \\ \vdots & \ddots & \vdots \\ ka_{m,1} & \cdots & ka_{m,n} \end{pmatrix}$$

矩陣乘以實數的交換律、結合律與分配律是成立的。

交換律：kA = Ak

結合律：jkA = j(kA)

分配律：(j + k)A = jA + kA

：k(A + B) = kA + kB

程式實例 ch21_2.py：矩陣乘以 2。

```
1   # ch21_2.py
2   import numpy as np
3
4   A = np.matrix([[1, 2, 3], [4, 5, 6]])
5
6   print('2 * A   = {}'.format(2 * A))
7   print('0.5 * A = {}'.format(0.5 * A))
```

執行結果

```
=========== RESTART: D:/Python Machine Learning Math/ch21/ch21_2.py ===========
2 * A  = [[ 2  4  6]
 [ 8 10 12]]
0.5 * A = [[0.5 1.  1.5]
 [2.  2.5 3. ]]
```

21-4　矩陣乘法

矩陣相乘很重要一點是，左側矩陣的行數與右側矩陣的列數要相同，才可以執行矩陣相乘。坦白說，矩陣乘法比較複雜，所以將分成多個小節說明。

21-4-1　乘法基本規則

有一個 m x n 的矩陣 A 要與 i x j 的矩陣 B 相乘，n 必須等於 i 才可以相乘，相乘結果是 m x j 的矩陣。

$$A = \begin{pmatrix} a_{1,1} & \cdots & a_{1,n} \\ \vdots & \ddots & \vdots \\ a_{m,1} & \cdots & a_{m,n} \end{pmatrix} \qquad B = \begin{pmatrix} b_{1,1} & \cdots & b_{1,j} \\ \vdots & \ddots & \vdots \\ b_{i,1} & \cdots & b_{i,j} \end{pmatrix}$$

假設 2 x 3 的矩陣 A 與 3 x 2 的矩陣 B 相乘，如下所示：

$$A = \begin{pmatrix} a_{1,1} & a_{1,2} & a_{1,3} \\ a_{2,1} & a_{2,2} & a_{2,3} \end{pmatrix} \qquad B = \begin{pmatrix} b_{1,1} & b_{1,2} \\ b_{2,1} & b_{2,2} \\ b_{3,1} & b_{3,2} \end{pmatrix}$$

計算規則如下：

$$AB = \begin{pmatrix} a_{1,1}b_{1,1} + a_{1,2}b_{2,1} + a_{1,3}b_{3,1} & a_{1,1}b_{1,2} + a_{1,2}b_{2,2} + a_{1,3}b_{3,2} \\ a_{2,1}b_{1,1} + a_{2,2}b_{2,1} + a_{2,3}b_{3,1} & a_{2,1}b_{1,2} + a_{2,2}b_{2,2} + a_{2,3}b_{3,2} \end{pmatrix}$$

矩陣可以用一般式表達，假設 A 矩陣是 i x j，B 矩陣是 j x k，同時可以得到下列結果：

$$AB_{ik} = \sum_{j=1}^{n} a_{i,j} b_{j,k}$$

下列是整個矩陣相乘的通式。

$$AB = \begin{pmatrix} a_{1,1} & a_{1,2} & \cdots & a_{1,j} \\ a_{2,1} & a_{2,2} & \cdots & a_{2,j} \\ & \vdots & \ddots & \vdots \\ a_{i,1} & a_{i,2} & \cdots & a_{i,j} \end{pmatrix} \begin{pmatrix} b_{1,1} & b_{1,2} & \cdots & b_{1,k} \\ b_{2,1} & b_{2,2} & \cdots & b_{2,k} \\ & \vdots & \ddots & \vdots \\ b_{j,1} & b_{j,2} & \cdots & b_{j,k} \end{pmatrix}$$

$$= \begin{pmatrix} \sum_{j=1}^{n} a_{1,j} b_{j1} & \sum_{j=1}^{n} a_{1,j} b_{j,2} & \cdots & \sum_{j=1}^{n} a_{1,j} b_{j,k} \\ \sum_{j=1}^{n} a_{2,j} b_{j,1} & \sum_{j=1}^{n} a_{2,j} b_{j,2} & & \sum_{j=1}^{n} a_{2,j} b_{j,k} \\ & \vdots & \ddots & \vdots \\ \sum_{j=1}^{n} a_{i,j} b_{j,1} & \sum_{j=1}^{n} a_{i,j} b_{j,2} & \cdots & \sum_{j=1}^{n} a_{i,j} b_{j,k} \end{pmatrix}$$

下列是數據代入的計算實例，假設 A 與 B 矩陣數據如下：

$$A = \begin{pmatrix} 1 & 0 & 2 \\ -1 & 3 & 1 \end{pmatrix} \qquad B = \begin{pmatrix} 3 & 1 \\ 2 & 1 \\ 1 & 0 \end{pmatrix}$$

下列是各元素的計算過程：

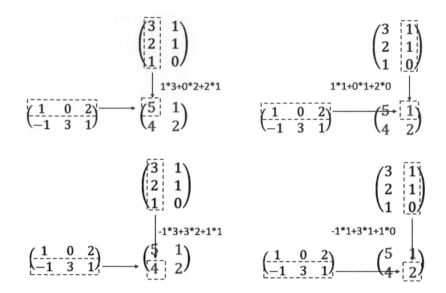

計算過程與結果如下：

$$AB = \begin{pmatrix} 1*3+0*2+2*1 & 1*1+0*1+2*0 \\ -1*3+3*2+1*1 & -1*1+3*1+1*0 \end{pmatrix} = \begin{pmatrix} 5 & 1 \\ 4 & 2 \end{pmatrix}$$

使用 Numpy 的模組，可以使用 * 或是 @ 運算子執行矩陣的乘法。

程式實例 ch21_3.py：執行矩陣運算，同時驗證上述結果，下列第 2 個矩陣運算就是上述的驗證。

```
1   # ch21_3.py
2   import numpy as np
3
4   A = np.matrix([[1, 2], [3, 4]])
5   B = np.matrix([[5, 6], [7, 8]])
6   print('A * B = {}'.format(A * B))
7
8   C = np.matrix([[1, 0, 2], [-1, 3, 1]])
9   D = np.matrix([[3, 1], [2, 1], [1, 0]])
10  print('C @ D = {}'.format(C @ D))
```

執行結果

```
=========== RESTART: D:/Python Machine Learning Math/ch21/ch21_3.py ===========
A * B = [[19 22]
 [43 50]]
C @ D = [[5 1]
 [4 2]]
```

21-4-2 乘法案例

下表是甲與乙要採買水果的數量：

名字	香蕉	芒果	蘋果
甲	2	3	1
乙	3	2	5

下表是超商與百貨公司的水果價格：

水果名稱	超商價格	百貨公司價格
香蕉	30	50
芒果	60	80
蘋果	50	60

程式實例 ch21_4.py：計算甲和乙在超商和百貨公司購買各需要多少金額。

```
1   # ch21_4.py
2   import numpy as np
3
4   A = np.matrix([[2, 3, 1], [3, 2, 5]])
5   B = np.matrix([[30, 50], [60, 80], [50, 60]])
6   print('A * B = {}'.format(A * B))
```

執行結果

```
========== RESTART: D:/Python Machine Learning Math/ch21/ch21_4.py ==========
A * B = [[290 400]
 [460 610]]
```

若是將上述計算結果用表格表達可以得到下列結果。

名字	超商	百貨公司
甲	290	400
乙	460	610

相當於如果甲在超商採購上述水果需要 290 元，在百貨公司採買相同水果需要 400 元。如果乙在超商採購上述水果需要 460 元，在百貨公司採買相同水果需要 610 元。

矩陣運算時，可能會有計算 1xm 矩陣與 mxn 矩陣的運算，相關寫法可以參考下列實例。

程式實例 ch21_5.py：假設各式水果熱量如下：

水果	熱量
香蕉	30 卡路里
芒果	50 卡路里
蘋果	20 卡路里

甲和乙各吃數量如下，請計算會產生多少卡路里。

名字	香蕉	芒果	蘋果
甲	1	2	1
乙	2	1	2

```
1  # ch21_5.py
2  import numpy as np
3
4  A = np.matrix([[1, 2, 1], [2, 1, 2]])
5  B = np.matrix([[30], [50], [20]])
6  print('A * B = {}'.format(A * B))
```

執行結果

```
=========== RESTART: D:/Python Machine Learning Math/ch21/ch21_5.py ===========
A * B = [[150]
 [150]]
```

若是將上述計算結果用表格表達可以得到下列結果。

名字	卡路里
甲	150
乙	150

21-4-3　矩陣乘法規則

矩陣運算時，結合律與分配律是成立的。

結合律：A x B x C = (A x B) x C = A x (B x C)

分配律：A x (B − C) = A x B − A x C

矩陣運算時，交換律是不成立的。

　　A x B 不等於 B x A

程式實例 ch21_6.py：驗證 A x B 不等於 B x A。

```
1  # ch21_6.py
2  import numpy as np
3
4  A = np.matrix([[1, 2], [3, 4]])
5  B = np.matrix([[5, 6], [7, 8]])
6  print('A * B = {}'.format(A * B))
7  print('B * A = {}'.format(B * A))
```

執行結果
```
========== RESTART: D:/Python Machine Learning Math/ch21/ch21_6.py ==========
A * B = [[19 22]
 [43 50]]
B * A = [[23 34]
 [31 46]]
```

21-5 方形矩陣

一個矩陣如果列數 (row) 等於行數 (column)，我們稱這是方形矩陣 (Square matrix)，例如：下方左圖，A 與 B 矩陣列數與行數皆是 2。下方右圖，A 與 B 矩陣列數與行數皆是 3。

$$A = \begin{pmatrix} 1 & 2 \\ 3 & 4 \end{pmatrix} \qquad B = \begin{pmatrix} 1 & 2 & 3 \\ 4 & 5 & 6 \\ 7 & 8 & 9 \end{pmatrix}$$

上述皆是方形矩陣。

21-6 單位矩陣

一個方形矩陣如果從左上至右下對角線的元素皆是 1，其他元素皆是 0，這個矩陣稱單位矩陣 (Identity matrix)，如下所示：

$$A = \begin{pmatrix} 1 & 0 \\ 0 & 1 \end{pmatrix} \qquad B = \begin{pmatrix} 1 & 0 & 0 \\ 0 & 1 & 0 \\ 0 & 0 & 1 \end{pmatrix}$$

單位矩陣有時用大寫英文 *E* 或 *I* 表示。

　　單位矩陣就類似阿拉伯數字 1，任何矩陣與單位矩陣相乘，結果皆是原來的矩陣，如下所示：

　　　A x E = A

　　　E x A = A

程式實例 ch21_7.py：驗證單位矩陣。

```
1   # ch21_7.py
2   import numpy as np
3
4   A = np.matrix([[1, 2], [3, 4]])
5   B = np.matrix([[1, 0], [0, 1]])
6   print('A * B = {}'.format(A * B))
7   print('B * A = {}'.format(B * A))
```

執行結果

```
========== RESTART: D:/Python Machine Learning Math/ch21/ch21_7.py ==========
A * B = [[1 2]
 [3 4]]
B * A = [[1 2]
 [3 4]]
```

21-7 反矩陣

21-7-1 基礎觀念

　　只有方形矩陣 (square matrix) 才可以有反矩陣 (Inverse matrix)，一個矩陣乘以它的反矩陣，可以得到單位矩陣 E，可以參考下列觀念。

　　　A x A^{-1} = E

或是

　　　A^{-1} x A = E

　　如果一個 2 x 2 的矩陣，它的反矩陣公式如下：

$$A = \begin{pmatrix} a_{1,1} & a_{1,2} \\ a_{2,1} & a_{2,2} \end{pmatrix} \qquad A^{-1} = \frac{1}{a_{1,1}a_{2,2} - a_{1,2}a_{2,1}} \begin{pmatrix} a_{2,2} & -a_{1,2} \\ -a_{2,1} & a_{1,1} \end{pmatrix}$$

反矩陣另一個存在條件是 $a_{1,1}a_{2,2} - a_{1,2}a_{2,1}$ 不等於 0。下列是一個矩陣 **A** 與反矩陣 A^{-1} 的實例。

$$A = \begin{pmatrix} 2 & 3 \\ 5 & 7 \end{pmatrix} \qquad A^{-1} = \frac{1}{14-15}\begin{pmatrix} 7 & -3 \\ -5 & 2 \end{pmatrix} = \begin{pmatrix} -7 & 3 \\ 5 & -2 \end{pmatrix}$$

21-7-2　Python 實作

導入 Numpy 模組，可以使用 inv( ) 方法計算反矩陣。

程式實例 ch21_8.py：計算反矩陣，驗證前一小節的運算。同時將矩陣乘以反矩陣，驗證這是單位矩陣。

```
1  # ch21_8.py
2  import numpy as np
3
4  A = np.matrix([[2, 3], [5, 7]])
5  B = np.linalg.inv(A)
6  print('A_inv = {}'.format(B))
7  print('E     = {}'.format((A * B).astype(np.int64)))
```

執行結果

```
========= RESTART: D:/Python Machine Learning Math/ch21/ch21_8.py =========
A_inv = [[-7.  3.]
 [ 5. -2.]]
E     = [[1 0]
 [0 1]]
```

上述 astype( ) 可以將計算結果轉成整數。

21-8　用反矩陣解聯立方程式

坦白說反矩陣是有一點麻煩，但是反矩陣可以用來解聯立方程式卻是非常簡單，假設有一個聯立方程式如下：

3x + 2y = 5
x + 2y = -1

可以將上述聯立方程式使用下列矩陣表達。

$$\begin{pmatrix} 3 & 2 \\ 1 & 2 \end{pmatrix}\begin{pmatrix} x \\ y \end{pmatrix} = \begin{pmatrix} 5 \\ -1 \end{pmatrix}$$

$\begin{pmatrix} 3 & 2 \\ 1 & 2 \end{pmatrix}$ 的反矩陣是 $\begin{pmatrix} 0.5 & -0.5 \\ -0.25 & 0.75 \end{pmatrix}$，請在等號兩邊乘以相同的反矩陣，可以得到下列結果。

$$\begin{pmatrix} 0.5 & -0.5 \\ -0.25 & 0.75 \end{pmatrix}\begin{pmatrix} 3 & 2 \\ 1 & 2 \end{pmatrix}\begin{pmatrix} x \\ y \end{pmatrix} = \begin{pmatrix} 0.5 & -0.5 \\ -0.25 & 0.75 \end{pmatrix}\begin{pmatrix} 5 \\ -1 \end{pmatrix}$$

上述推導可以得到下列結果。

$$\begin{pmatrix} x \\ y \end{pmatrix} = \begin{pmatrix} 3 \\ -2 \end{pmatrix}$$

可以得到上述聯立方程式的解是 x = 3，y = -2。

程式實例 ch21_9.py：使用反矩陣觀念驗證上述執行結果。

```
1  # ch21_9.py
2  import numpy as np
3
4  A = np.matrix([[3, 2], [1, 2]])
5  A_inv = np.linalg.inv(A)
6  B = np.matrix([[5], [-1]])
7  print('{}'.format(A_inv * B))
```

執行結果

```
========== RESTART: D:/Python Machine Learning Math/ch21/ch21_9.py ==========
[[ 3.]
 [-2.]]
```

21-9　張量 (Tensor)

在機器學習過程常可以看到張量 (Tensor)，所謂的張量其實就是數字的堆疊結構，可以參考下圖。

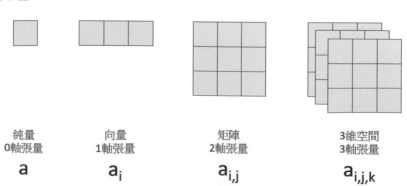

純量	向量	矩陣	3維空間
0軸張量	1軸張量	2軸張量	3軸張量
a	a_i	$a_{i,j}$	$a_{i,j,k}$

張量可以用軸空間表示，如果是純量則是 0 軸張量，向量稱 1 軸張量，矩陣稱 2 軸張量，3 維空間稱 3 軸張量，…，可依此類推。

我們已經看過定義矩陣方式，下列是定義 3 維可以使用 array( ) 方式，請參考下列實例。

程式實例 ch21_10.py：定義 3 維數據，同時使用 shape( ) 方法列出數據外形。

```
1  # ch21_10.py
2  import numpy as np
3
4  A = np.array([[[1, 2],
5                 [3, 4]],
6                [[5, 6],
7                 [7, 8]],
8                [[9, 10],
9                 [11, 12]]])
10
11 print('{}'.format(A))
12 print('shape = {}'.format(np.shape(A)))
```

執行結果

```
========== RESTART: D:/Python Machine Learning Math/ch21/ch21_10.py ==========
[[[ 1  2]
  [ 3  4]]

 [[ 5  6]
  [ 7  8]]

 [[ 9 10]
  [11 12]]]
shape = (3, 2, 2)
```

21-10　轉置矩陣

21-10-1　基礎觀念

轉置矩陣的觀念就是將矩陣內列的元素與行的元素對調，所以 n x m 的矩陣就可以轉成 m x n 的矩陣，例如有一個 2 x 4 的矩陣內如如下：

$$\begin{pmatrix} 0 & 2 & 4 & 6 \\ 1 & 3 & 5 & 7 \end{pmatrix}$$

經過轉置後可以到下列 4 x 2 的矩陣結果。

$$\begin{pmatrix} 0 & 1 \\ 2 & 3 \\ 4 & 5 \\ 6 & 7 \end{pmatrix}$$

假設矩陣是 A，轉置矩陣的表達方式是 A^T，我們也可以使用下列方式表達。

$$\begin{pmatrix} 0 & 2 & 4 & 6 \\ 1 & 3 & 5 & 6 \end{pmatrix}^T = \begin{pmatrix} 0 & 1 \\ 2 & 3 \\ 4 & 5 \\ 6 & 7 \end{pmatrix}$$

21-10-2　Python 實作

設計轉置矩陣時可以使用 numpy 模組的 transpose( ) 也可以使用 T，可以參考下列實例。

程式實例 ch21_11.py：轉置矩陣的應用。

```
1   # ch21_11.py
2   import numpy as np
3
4   A = np.array([[0, 2, 4, 6],
5                 [1, 3, 5, 7]])
6   B = A.T
7   print('{}'.format(B))
8   C = np.transpose(A)
9   print('{}'.format(C))
```

執行結果

```
========== RESTART: D:/Python Machine Learning Math/ch21/ch21_11.py ==========
[[0 1]
 [2 3]
 [4 5]
 [6 7]]
[[0 1]
 [2 3]
 [4 5]
 [6 7]]
```

21-10-3 轉置矩陣的規則

有關矩陣 A、B 與純量 c，相關轉置矩陣規則與特性如下。

❏ 轉置矩陣可以再轉置還原矩陣內容

$$(A^T)^T = A$$

❏ 矩陣相加再轉置等於各別矩陣轉置再相加

$$(A + B)^T = A^T + B^T$$

❏ 純量 c 乘矩陣再載轉置與先轉置再乘以純量結果相同

$$(cA)^T = cA^T$$

❏ 轉置矩陣後再做反矩陣等於反矩陣後轉置

$$(A^T)^{-1} = (A^{-1})^T$$

❏ 矩陣相乘再轉置，等於各別轉置次序交換再相乘

$$(AB)^T = B^T A^T$$

可以擴展到下列觀念。

$$(AB...YZ)^T = Z^T Y^T \cdots B^T A^T$$

21-10-4 轉置矩陣的應用

請參考 20-6-3 節向量內積計算：

$$a = (x_1 - \bar{x} \quad x_2 - \bar{x} \quad ... \quad x_n - \bar{x})$$
$$b = (y_1 - \bar{y} \quad y_2 - \bar{y} \quad ... \quad y_n - \bar{y})$$

皮爾遜相關係數計算如下：

$$r = cos\theta = \frac{\|\mathbf{a}\|\|\mathbf{b}\|cos\theta}{\|\mathbf{a}\|\|\mathbf{b}\|} = \frac{\mathbf{a} \cdot \mathbf{b}}{\|\mathbf{a}\|\|\mathbf{b}\|}$$

上述 $a \cdot b$ 其實是兩個向量做內積，如果要改為矩陣相乘，由於這兩個皆是 1 x n 矩陣 所以無法相乘。在線性代數觀念，我們先將向量 a 和 b 改寫如下：

$$a = \begin{pmatrix} x_1 - \bar{x} \\ x_2 - \bar{x} \\ \vdots \\ x_n - \bar{x} \end{pmatrix} \qquad b = \begin{pmatrix} y_1 - \bar{y} \\ y_2 - \bar{y} \\ \vdots \\ y_n - \bar{y} \end{pmatrix}$$

從矩陣觀念可以將 a 作轉置矩陣 a^T，這樣就可以相乘，如下所示：

$$a^T \cdot b = (x_1 - \bar{x} \quad x_2 - \bar{x} \quad \dots \quad x_n - \bar{x}) \begin{pmatrix} y_1 - \bar{y} \\ y_2 - \bar{y} \\ \vdots \\ y_n - \bar{y} \end{pmatrix}$$

上述是 1 x n 矩陣與 n x 1 矩陣，所以可以相乘然後得到純量或稱實數，所以皮爾遜相關係數可以改寫如下：

$$r = cos\theta = \frac{\|a\|\|b\|cos\theta}{\|a\|\|b\|} = \frac{a \cdot b}{\|a\|\|b\|} = \frac{a^T \cdot b}{\sqrt{a^T \cdot a} \cdot \sqrt{b^T \cdot b}}$$

第22章

向量、矩陣與多元線性回歸

本章摘要

第 10 章筆者講解了最小平方法，然後計算了迴歸直線，在真實世界往往收集了更多資訊，這一章要講解從更多元的數據中找尋誤差最小的線性迴歸。

22-1 向量應用在線性迴歸

請參考 10-2 節業務員銷售國際證照的數據，單純的線性方程式如下：

$y = ax + b$

x 代表每年的拜訪數據，y 是每年國際證照的銷售數據，如果資料量龐大收集了 n 年的資料，則可以使用向量表達此數據。

$x = (x_1\ x_2\ \cdots\ x_n)$　　　　# 下標代表第 n 年，第 n 年拜訪客戶次數

$y = (y_1\ y_2\ \cdots\ y_n)$　　　　# 下標代表第 n 年，第 n 年拜訪銷售考卷數

由於上述 x_n 和 y_n 代入 $y = ax + b$ 會有誤差 ε，所以可以為誤差加上下標，這樣誤差也可以使用誤差向量表示：

$$\varepsilon = (\varepsilon_1\ \varepsilon_2\ \ldots\ \varepsilon_n)$$

所以現在的線性方程式如下：

$$y = ax + b + \varepsilon$$

現在斜率 a 與截距 b 是純量，由於斜率 a 乘以向量 x 後會是 n 維向量，所以必須將純量 b 改為向量，如下所示：

$b = (b_1\ b_2\ \cdots\ b_n)$

所以整個線性方程式將如下所示，同時可以執行下列推導。

$$y = ax + b + \varepsilon$$

$$\varepsilon = y - ax - b$$

現在使用最小平方法計算誤差平方的總和,如下所示:

$$\varepsilon_i^2 = \sum_{i=1}^{n} \varepsilon_i^2$$

上述公式就是誤差向量 $\boldsymbol{\varepsilon}$ 的內積,所以推導公式如下:

$$\varepsilon_i^2 = \sum_{i=1}^{n} \varepsilon_i^2 = \|\boldsymbol{\varepsilon}\|^2$$

請使用下列公式:

$$\boldsymbol{\varepsilon} = \boldsymbol{y} - \mathrm{a}\boldsymbol{x} - \boldsymbol{b}$$

請執行誤差平方最小化,等同是計算向量內積,如下所示:

$$\boldsymbol{\varepsilon} \cdot \boldsymbol{\varepsilon} = (\boldsymbol{y} - \mathrm{a}\boldsymbol{x} - \boldsymbol{b}) \cdot (\boldsymbol{y} - \mathrm{a}\boldsymbol{x} - \boldsymbol{b})$$

接著只要計算出可以讓等號右邊最小的 a 和 b 值即可,上述是將線性迴歸轉成使用向量表示,上述可以使用微分很輕易解此方程式,這將是更進一步機器學習微積分篇的主題。

22-2　向量應用在多元線性迴歸

在先前的實例應用,我們使用了一位業務員的經歷建立了迴歸直線,在真實的公司內部數據一定累積了許多業務員的銷售資訊,例如:不同業務員的年資、男性或女性業務員、銷售地區,… 等。這時候相當於有許多自變數 x,假設自變數 x1,內含過去業務員的年資數據,內部有 (7 8 … 10) 年資的數據,那麼此字變數 x1 的數據將如下所示:

　　$x_1 = (7 \ 8 \ \cdots \ 10)$

用通式表達,假設有 m 個業務資料可以得到下列結果。

　　$x_1 = (x_{1,1} \ x_{2,1} \ \cdots \ x_{m,1})$

假設每個員工的自變數有 n 種，可以得到下列完整的自變數。

$$x_1 = (x_{1,1} \ x_{2,1} \ \cdots \ x_{m,1})$$
$$x_2 = (x_{1,2} \ x_{2,2} \ \cdots \ x_{m,2})$$
$$\cdots\cdots$$
$$x_n = (x_{1,n} \ x_{2,n} \ \cdots \ x_{m,n})$$

相當於每個業務員有 n 個自變數，如下所示：

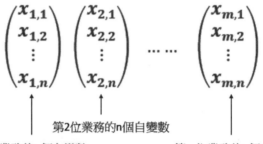

第2位業務的n個自變數

第1位業務的n個自變數　　　　　　　　第m位業務的n個自變數

在多元迴歸中，習慣會用 $\boldsymbol{\beta}$ 當作斜率的係數，截距則用 $\boldsymbol{\beta_0}$ 代替，所以整個多元迴歸通式可以使用下列公式代替。

$$y = \ \boldsymbol{\beta_1 x_1 + \beta_2 x_2 + \cdots + \beta_n x_n + \beta_0 + \varepsilon}$$

22-3　矩陣應用在多元線性迴歸

在第 21 章筆者介紹了矩陣，我們可以將 m 個 n 維向量使用下列表達。

$$\boldsymbol{X = (x_1 \ x_2 \ ... \ x_m)}$$

上述每個 x1, x2, $\cdots$ xn 皆是 n 維向量如下所示：

$$\boldsymbol{x_1} = \begin{pmatrix} x_{1,1} \\ x_{2,1} \\ \vdots \\ x_{m,1} \end{pmatrix}, \quad \boldsymbol{x_2} = \begin{pmatrix} x_{1,2} \\ x_{2,2} \\ \vdots \\ x_{m,2} \end{pmatrix} \quad \cdots\cdots \quad \boldsymbol{x_m} = \begin{pmatrix} x_{1,n} \\ x_{2,n} \\ \vdots \\ x_{m,n} \end{pmatrix}$$

上述 x1, x2, ⋯ xn 與先前一樣，不過是直向轉成橫向，下列是將之轉寫成矩陣 X，如下所示：

$$X = (x_1 \ x_2 \ ... \ x_m)$$

$$= \begin{pmatrix} x_{1,1} & x_{1,2} & \cdots & x_{1,n} \\ x_{2,1} & x_{2,2} & & x_{2,n} \\ & \vdots & \ddots & \vdots \\ x_{m,1} & x_{m,2} & \cdots & x_{m,n} \end{pmatrix}$$

然後將因變數 y 改寫成向量。

$$y = \begin{pmatrix} y_1 \\ y_2 \\ \vdots \\ y_m \end{pmatrix}$$

將斜率回歸係數 β 改寫成向量，同時將截距 β_0 也寫入。

$$\beta = \begin{pmatrix} \beta_0 \\ \beta_1 \\ \vdots \\ \beta_m \end{pmatrix}$$

然後將誤差 ε 改寫成向量。

$$\varepsilon = \begin{pmatrix} \varepsilon_1 \\ \varepsilon_2 \\ \vdots \\ \varepsilon_m \end{pmatrix}$$

現在可以將前一小節導出的多元線性迴歸公式改寫為以下比較簡潔的公式。

$$y = X\beta + \varepsilon$$

22-4　將截距放入矩陣

前一小節推導的公式 $X\beta$ 項目，由於截距多了 β_0，所以無法執行矩陣相乘，所以必須在原先定義 X 矩陣內多一行，這一行是要給截距 β_0 相乘的，此行可以放數字 1，如下所示：

$$X = \begin{pmatrix} 1 & x_{1,1} & x_{1,2} & \cdots & x_{1,n} \\ 1 & x_{2,1} & x_{2,2} & & x_{2,n} \\ \vdots & & & \ddots & \vdots \\ 1 & x_{m,1} & x_{m,2} & \cdots & x_{m,n} \end{pmatrix}$$

所以現在下列公式：

$$y = X\beta + \varepsilon$$

可以推導得到下列結果。

$$\begin{pmatrix} y_1 \\ y_2 \\ \vdots \\ y_m \end{pmatrix} = \begin{pmatrix} 1 & x_{1,1} & x_{1,2} & \cdots & x_{1,n} \\ 1 & x_{2,1} & x_{2,2} & & x_{2,n} \\ \vdots & & & \ddots & \vdots \\ 1 & x_{m,1} & x_{m,2} & \cdots & x_{m,n} \end{pmatrix} \begin{pmatrix} \beta_0 \\ \beta_1 \\ \vdots \\ \beta_n \end{pmatrix} + \begin{pmatrix} \varepsilon_1 \\ \varepsilon_2 \\ \vdots \\ \varepsilon_m \end{pmatrix}$$

將 X 和 β 相乘，可以得到下列結果。

$$\begin{pmatrix} y_1 \\ y_2 \\ \vdots \\ y_m \end{pmatrix} = \begin{pmatrix} \beta_0 + \beta_1 x_{1,1} + \cdots + \beta_n x_{1,n} \\ \beta_0 + \beta_1 x_{2,1} + \cdots + \beta_n x_{2,n} \\ \vdots \\ \beta_0 + \beta_1 x_{m,1} + \cdots + \beta_n x_{m,n} \end{pmatrix} + \begin{pmatrix} \varepsilon_1 \\ \varepsilon_2 \\ \vdots \\ \varepsilon_m \end{pmatrix}$$

我們可以將上述觀念與下列聯立方程式對照，彼此完全相同：

$$y_1 = \beta_0 + \beta_1 x_{1,1} + \cdots + \beta_n x_{1,n} + \varepsilon_1$$
$$y_2 = \beta_0 + \beta_1 x_{2,1} + \cdots + \beta_n x_{2,n} + \varepsilon_2$$
$$\cdots \cdots$$
$$y_m = \beta_0 + \beta_1 x_{m,1} + \cdots + \beta_n x_{m,n} + \varepsilon_m$$

從上述推導我們可以得到使用矩陣公式 $y = X\beta + \varepsilon$，整體簡潔許多。

22-5 簡單的線性迴歸

瞭解上述觀念後，也可以使用下列公式表達簡單的線性迴歸。

$$\begin{pmatrix} y_1 \\ y_2 \\ \vdots \\ y_m \end{pmatrix} = \begin{pmatrix} 1 & x_1 \\ 1 & x_2 \\ & \vdots \\ 1 & x_m \end{pmatrix} \begin{pmatrix} b \\ a \end{pmatrix} + \begin{pmatrix} \varepsilon_1 \\ \varepsilon_2 \\ \vdots \\ \varepsilon_m \end{pmatrix}$$

請記住因為線性迴歸是：

y = ax + b

b 是截距，所以上述是 $\begin{pmatrix} b \\ a \end{pmatrix}$。

後記：有關機器學習的數學，這一本書僅是基礎數學篇，筆者亦有撰寫微積分篇，有
興趣的讀者可以參考。

第23章

三次函數迴歸曲線的程式實作

本章摘要

有時候我們收集的數據資料不適合一次或二次線性函數，這時可以考慮更高次數的線性函數，以便可以找出適合的迴歸函數，可以參考下列圖形。

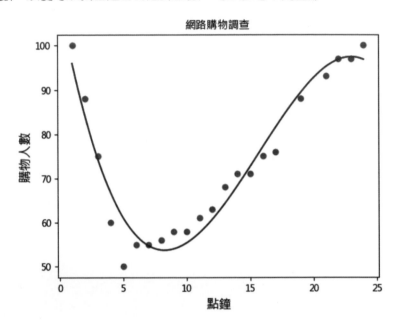

23-1　繪製數據的散點圖

這一小節筆者將從一天 24 小時，每小時網站購物人數，然後繪製散點圖說起。

程式實例 ch23_1.py：x 軸是點鐘，y 軸是購物人數，繪製散點圖。

點鐘	人數	點鐘	人數	點鐘	人數	點鐘	人數
1	100	7	55	13	68	19	88
2	88	8	56	14	71		
3	75	9	58	15	71	21	93
4	60	10	58	16	75	22	97
5	50	11	61	17	76	23	97
6	55	12	63			24	100

註　上述 18 點和 20 點有空白，這是本章未來要做預測之用。

```
1   # ch23_1.py
2   import matplotlib.pyplot as plt
3   import numpy as np
4
5   x = [1,2,3,4,5,6,7,8,9,10,11,12,13,14,15,16,17,19,21,22,23,24]
6   y = [100,88,75,60,50,55,55,56,58,58,61,63,68,71,71,75,76,88,93,97,97,100]
7
8   plt.rcParams["font.family"] = ["Microsoft JhengHei"]     # 微軟正黑體
9   plt.scatter(x,y)
10  plt.title('網路購物調查')
11  plt.xlabel("點鐘", fontsize=14)
12  plt.ylabel("購物人數", fontsize=14)
13  plt.show()
```

執行結果

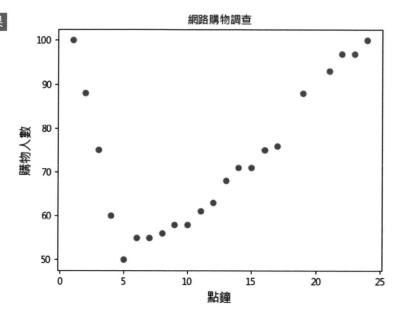

23-2 三次函數的迴歸曲線模型

在 19-8-3 節筆者介紹了二次函數的迴歸模型,如果要建立三次函數,主要是在 polyfit( ) 函數的第 3 個參數輸入 3,如下所示:

```
coef = polyfit(temperature, rev, 3)        # 建立二次函數的迴歸模型係數
reg = poly1d(coef)                          # 建立迴歸曲線函數
```

程式實例 ch23_2.py：擴充設計 ch23_1.py，建立該網購數據的三次函數，同時繪製此函數的迴歸曲線。

```
1   # ch23_2.py
2   import matplotlib.pyplot as plt
3   import numpy as np
4
5   x = [1,2,3,4,5,6,7,8,9,10,11,12,13,14,15,16,17,19,21,22,23,24]
6   y = [100,88,75,60,50,55,55,56,58,58,61,63,68,71,71,75,76,88,93,97,97,100]
7
8   coef = np.polyfit(x, y, 3)                              # 迴歸直線係數
9   model = np.poly1d(coef)                                 # 線性迴歸方程式
10  reg = np.linspace(1,24,100)
11
12  plt.rcParams["font.family"] = ["Microsoft JhengHei"]    # 微軟正黑體
13  plt.scatter(x,y)
14  plt.title('網路購物調查')
15  plt.xlabel("點鐘", fontsize=14)
16  plt.ylabel("購物人數", fontsize=14)
17  plt.plot(reg,model(reg),color='red')
18
19  plt.show()
```

執行結果

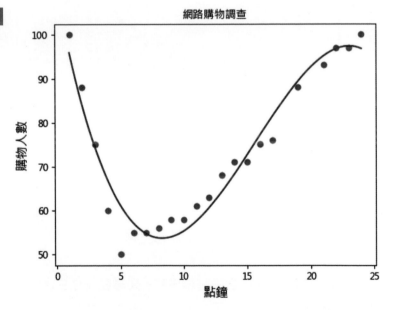

23-3 使用 scikit-learn 模組計算決定係數

23-3-1 安裝 scikit-learn

scikit-learn 是一個機器學習常用的模組,這一章和下一章筆者將簡單介紹此機器學習模組,使用此模組前需要安裝此模組,由於筆者電腦安裝多個 Python 版本,目前使用下列指令安裝此模組:

py —m pip install scikit-learn

如果你的電腦沒有安裝多個版本,可以只寫 pip install scikit-learn。

23-3-2 計算決定係數評估模型

23-2 節我們建立了三次函數的迴歸模型,究竟是好的或是不好的模型,有幾個評估指標,scikit-learn 有提供幾種評估指標的方法:

1: 平均值平方差 (mean square error)

2: 平均絕對值誤差 (mean absolute error)

3: 中位數絕對誤差 (median absolute error)

4: R 平方決定係數

本節將使用 R 平方決定係數 (coefficient of determination) 做評估,此方法簡單的說就是計算資料與迴歸線的貼近程度。此決定係數的範圍是 0 – 1 之間,0 表示無關,1 表示 100% 相關,相當於值越大此迴歸模型預測能力越好,此 R 平方決定係數公式如下:

$$R^2(y, \hat{y}) = 1 - \frac{\sum_{i=0}^{n-1}(y_i - \hat{y}_i)^2}{\sum_{i=0}^{n-1}(y_i - \bar{y})^2}$$

上述 n 是數據量,$\hat{y}_i$ 意義是迴歸函數的值,scikit-learn 模組的 R 平方決定係數函數是 r2_score(y 值 , 迴歸 y 值)。

程式實例 ch23_3.py：延續先前實例，計算決定係數。

```
1   # ch23_3.py
2   from sklearn.metrics import r2_score
3   import numpy as np
4
5   x = [1,2,3,4,5,6,7,8,9,10,11,12,13,14,15,16,17,19,21,22,23,24]
6   y = [100,88,75,60,50,55,55,56,58,58,61,63,68,71,71,75,76,88,93,97,97,100]
7
8   coef = np.polyfit(x, y, 3)                        # 迴歸直線係數
9   model = np.poly1d(coef)                           # 線性迴歸方程式
10  print(r2_score(y, model(x)).round(3))
```

原先 y 值
迴歸模型的y值

執行結果
```
============= RESTART: D:/Python Math and Statistics/ch23/ch23_3.py ============
0.944
```

從上述評估值可以得到 0.944，所以可以得到這是很好的迴歸模型。

23-4　預測未來值

有了好的迴歸模型，我們就可以使用此預測未來的值。

程式實例 ch23_4.py：預測 18 點和 20 點的值。

```
1   # ch23_4.py
2   from sklearn.metrics import r2_score
3   import numpy as np
4
5   x = [1,2,3,4,5,6,7,8,9,10,11,12,13,14,15,16,17,19,21,22,23,24]
6   y = [100,88,75,60,50,55,55,56,58,58,61,63,68,71,71,75,76,88,93,97,97,100]
7
8   coef = np.polyfit(x, y, 3)                        # 迴歸直線係數
9   model = np.poly1d(coef)                           # 線性迴歸方程式
10  print(f"18點購物人數預測 = {model(18).round(2)}")
11  print(f"20點購物人數預測 = {model(20).round(2)}")
```

執行結果
```
============= RESTART: D:/Python Math and Statistics/ch23/ch23_4.py ============
18點購物人數預測 = 85.63
20點購物人數預測 = 92.62
```

上述我們推估了 18 點和 20 點的購物人數，購物人數應該是整數，但是筆者保留小數，這是因為未來讀者所面對的數值會非常龐大，所以保留小數可以讓數據更真實。上述預測，如果繪圖表示，可以得到下列結果。

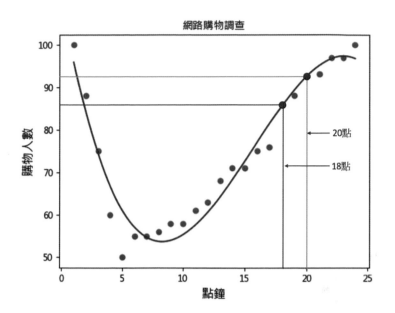

23-5 不適合的三次函數迴歸數據

其實並不是所有的數據皆可以使用三次函數求解迴歸模型，下列將直接以實例解說。

23-5-1 繪製三次函數迴歸線

程式實例 ch23_5.py：使用新的數據繪製三次函數迴歸曲線。

```
1   # ch23_5.py
2   import matplotlib.pyplot as plt
3   import numpy as np
4
5   x = [1,2,3,4,5,6,7,8,9,10,11,12,13,14,15,16,17,19,21,22,23,24]
6   y = [100,21,75,49,15,98,55,31,33,82,61,80,32,71,99,15,66,88,21,97,30,5]
7
8   coef = np.polyfit(x, y, 3)                              # 迴歸直線係數
9   model = np.poly1d(coef)                                 # 線性迴歸方程式
10  reg = np.linspace(1,24,100)
11
12  plt.rcParams["font.family"] = ["Microsoft JhengHei"]    # 微軟正黑體
13  plt.scatter(x,y)
14  plt.title('網路購物調查')
15  plt.xlabel("點鐘", fontsize=14)
16  plt.ylabel("購物人數", fontsize=14)
17  plt.plot(reg,model(reg),color='red')
18
19  plt.show()
```

執行結果

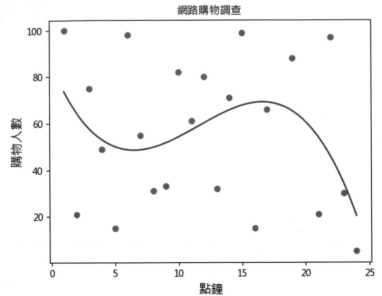

　　其實上述就是擬合度非常差的實例，如果針對此模型執行預測，將得到不是很精確的結果。

23-5-2　計算決定係數

　　從 ch23_5.py 實例我們得到一個不是太好的三次函數迴歸曲線模型，但是究竟有多差，可以使用決定係數做計算。

程式實例 ch23_6.py：計算前一個實例的決定係數。

```
1   # ch23_6.py
2   from sklearn.metrics import r2_score
3   import numpy as np
4
5   x = [1,2,3,4,5,6,7,8,9,10,11,12,13,14,15,16,17,19,21,22,23,24]
6   y = [100,21,75,49,15,98,55,31,33,82,61,80,32,71,99,15,66,88,21,97,30,5]
7
8   coef = np.polyfit(x, y, 3)                          # 迴歸直線係數
9   model = np.poly1d(coef)                             # 線性迴歸方程式
10  print(r2_score(y, model(x)).round(3))
```

執行結果

```
============= RESTART: D:/Python Math and Statistics/ch23/ch23_6.py =============
0.151
```

　　由計算結果可以得到決定係數的值是 0.151，所以更可以肯定三次函數的迴歸曲線模型不適合程式的數據。

第24章

機器學習使用scikit-learn入門

本章摘要

　　在本書 3-3-1 節筆者有介紹機器學習之監督學習，監督學習應用的範圍有許多，這一章將以 scikit-learn 模組迴歸做實例解說。在本書 3-3-2 節筆者介紹了機器學習之無監督學習，也將使用 scikit-learn 模組做群集分析。

24-1　認識 scikit-learn 數據模組 datasets

　　機器學習 scikit-learn 模組內有 datasets 模組，這個模組內含有許多適用於機器學習的數據集可以工作機器學習，例如：

load_boston：波士頓房價數據

load_iris：鳶尾花數據

load_diabetes：糖尿病數據

load_digits：數字及數據

load_linnerud：linnerud 物理鍛鍊數據

load_wine：葡萄酒數據

load_breast_cancer：乳癌數據

24-2　監督學習－線性迴歸

24-2-1　訓練數據與測試數據

　　在機器學習中，我們可以將實際觀測數據分為訓練數據與測試數據，一般常將 80%(或 70%) 數據用於訓練，20%(或 30%) 數據用於測試。在學習過程，我們可以使用 scikit-learn 模組內的 datasets 模組，直接使用這些數據。或是也可以使用 datasets 模組內的相關函數建立訓練數據與測試數據，後者是本章採用的方式。

　　簡單的說訓練數據是建立迴歸模型，測試數據是判斷所建立的迴歸模型是否足夠好。在前面的章節我們建立了迴歸模型，同時也做了數據預測，這一節我們將數據分為訓練數據與測試數據，訓練數據是建立迴歸模型，然後將測試數據代入迴歸模型，然後比對迴歸模型的結果與測試數據的結果，依此判斷此迴歸模型是否足夠好，可以參考下圖。

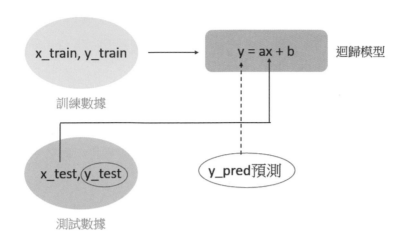

最後使用 R 平方決定係數函數計算 y_test 和 y_pred 預測數據，判斷所得到的迴歸模型是不是好的模型。上述函數須留意的是，迴歸模型不一定是 y = ax + b，我們也可以建立多次函數的迴歸模型，可以參考第 23-3 節內容。

24-2-2 使用 make_regression( ) 函數準備迴歸模型數據

我們也可以使用 datasets 模組內的 make_regression( ) 函數建立線性迴歸的數據，這個函數的數據也是本節實例的重點，這個函數參數如下：

參數	資料型態	預設值	說明
n_samples	int	100	樣本數
n_features	int	100	變數特徵數量
n_informative	int	10	線性模型的特徵數量
n_targets	int	1	建立線性模型的特徵數量
bias	float	0.0	偏置
effective_rank	int	None	解釋輸入數據所需奇異向量的數量
tail_strength	float	0.5	奇異值之相對重要性
noise	float	0.0	雜訊標準偏差
shuffle	bool	True	隨機排列是否打散
coef	bool	False	是否回傳基礎線性模型係數
random_state	int	None	是否使用隨機數的種子

程式實例 ch24_1.py：使用 make_regression( ) 函數，noise = 20，n_samples = 100(使用預設)，n_features = 1，同時使用 scatter( ) 散點圖繪製這些點，np.random.seed(3) 未來可以產生相同的隨機數數據。

```
1   # ch24_1.py
2   import matplotlib.pyplot as plt
3   import numpy as np
4   from sklearn import datasets
5
6   np.random.seed(3)                           # 設計隨機數種子
7   x, y = datasets.make_regression(n_features=1, noise=20)
8   plt.xlim(-3, 3)
9   plt.ylim(-150, 150)
10  plt.scatter(x,y)
11  plt.show()
```

 執行結果

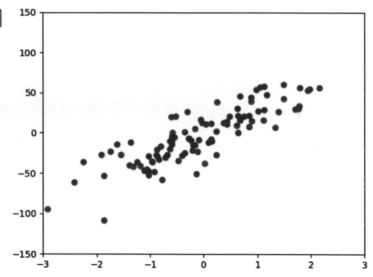

24-2-3　建立訓練數據與測試數據使用 train_test_split( )

有了數據後，可以使用 train_test_split( ) 函數將數據分成訓練數據與測試數據，這個函數常用參數如下：

> from sklearn.model_selection import train_test_split
> …
> train_test_split(x, y, train_size=None, shuffle=True)

上述 (x, y) 是要分割的數據，train_size 可以設定有多少比例是訓練數據，shuffle 則是設定數據是否打散重排預設是 True，上述函數所回傳的數據可以參考下列實例第 9 行。

程式實例 ch24_2.py：設定訓練數據是 80%，測試數據是 20%，繪製散點圖時用不同顏色顯示訓練數據與測試數據。

```
1   # ch24_2.py
2   import matplotlib.pyplot as plt
3   import numpy as np
4   from sklearn import datasets
5   from sklearn.model_selection import train_test_split
6
7   np.random.seed(3)                                    # 設計隨機數種子
8   x, y = datasets.make_regression(n_features=1, noise=20)
9   x_train, x_test, y_train, y_test = train_test_split(x, y, test_size=0.2)
10
11  plt.rcParams["font.family"] = ["Microsoft JhengHei"]   # 微軟正黑體
12  plt.rcParams["axes.unicode_minus"] = False             # 可以顯示負號
13  plt.xlim(-3, 3)
14  plt.ylim(-150, 150)
15  plt.scatter(x_train,y_train,label="訓練數據")
16  plt.scatter(x_test,y_test,label="測試數據")
17  plt.legend()
18  plt.show()
```

 執行結果

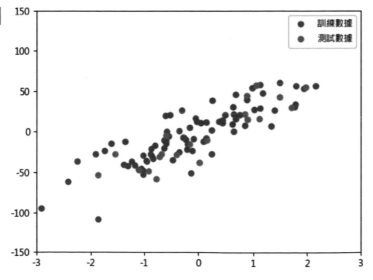

24-2-4　獲得線性函數的迴歸係數與截距

sickit-learn 模組內的 linear_model.LinearRegression 類別可以建立迴歸模型的物件，有了這個物件可以使用 fit( ) 函數取得線性函數的模型，然後使用下列屬性獲得迴歸係數 (可想成斜率) 與截距。

coef_ ：迴歸係數

intercept_ ：截距

瞭解了以上觀念，我們可以使用 linear_model.LinearRegression( ) 函數和 fit( ) 函數重新設計 ch10_5.py。註：有關 scikit-learn 模組的資料格式，讀者可以參考下列實例第 6 – 12 行。

程式實例 ch24_3.py：使用 linear_model.LinearRegression( ) 函數和 fit( ) 函數重新設計 ch10_5.py。

```
1   # ch24_3.py
2   import matplotlib.pyplot as plt
3   import numpy as np
4   from sklearn import linear_model
5
6   x = np.array([[22], [26], [23], [28], [27], [32], [30]])        # 溫度
7   y = np.array([[15], [35], [21], [62], [48], [101], [86]])        # 飲料銷售數量
8
9   e_model = linear_model.LinearRegression()         # 建立線性模組物件
10  e_model.fit(x, y)
11  a = e_model.coef_[0][0]                            # 取出斜率
12  b = e_model.intercept_[0]                          # 取出截距
13  print(f'斜率  = {a.round(2)}')
14  print(f'截距  = {b.round(2)}')
15
16  y2 = a*x + b
17  plt.scatter(x, y)                                  # 繪製散佈圖
18  plt.plot(x, y2)                                    # 繪製迴歸直線
19
20  sold = a*31 + b
21  print('氣溫31度時的銷量 = {}'.format(int(sold)))
22  plt.plot(31, int(sold), '-o')
23  plt.show()
```

執行結果

```
============ RESTART: D:/Python Math and Statistics/ch24/ch24_3.py ============
斜率  = 8.89
截距  = -186.3
氣溫31度時的銷量 = 89
```

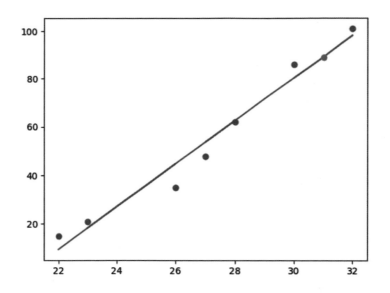

從上述可以得到和 ch10_5.py 相同的結果。下列實例則是延續 ch24_2.py 的數據建立訓練數據線性函數的迴歸係數與截距。

程式實例 ch24_4.py：擴充設計 ch24_2.py，建立訓練數據的迴歸模型，同時列出迴歸直線的迴歸係數 (可想成斜率) 與截距。

```
1   # ch24_4.py
2   import matplotlib.pyplot as plt
3   import numpy as np
4   from sklearn import datasets
5   from sklearn.model_selection import train_test_split
6   from sklearn import linear_model
7   from sklearn.metrics import r2_score
8
9   np.random.seed(3)                                      # 設計隨機數種子
10  x, y = datasets.make_regression(n_features=1, noise=20)
11  x_train, x_test, y_train, y_test = train_test_split(x, y, test_size=0.2)
12
13  e_model = linear_model.LinearRegression()              # 建立線性模組物件
14  e_model.fit(x_train, y_train)
15  print(f'斜率   = {e_model.coef_[0].round(2)}')
16  print(f'截距   = {e_model.intercept_.round(2)}')
```

執行結果

```
=========== RESTART: D:\Python Math and Statistics\ch24\ch24_4.py ===========
斜率   = 27.39
截距   = 0.33
```

24-2-5　predict( ) 函數

在 linear_model.LinearRegression 類別內的 predict( ) 函數，這個方法可以回傳預測的 y_pred 值，通常可以使用下列方法獲得迴歸模型測試數據的 y_pred 值。

　　　y_pred = e_model.predict(x_test)　　　　# e_model 是訓練數據的迴歸模型

x_test 是測試數據，上述可以得到預測的 y_pred 值。有了預測的 y_pred 值，可以參考 23-3-2 節的 R 平方決定係數，計算 y_test 和 y_pred 可以獲得決定係數，由這個決定係數可以判斷迴歸模型是否符合需求。

對照 23-3-2 節的 R 平方決定係數公式，y_pred = e_model.predict(x_test) 的結果 y_pred 就是 $\hat{y}_i$ 值。

24-2-6　迴歸模型判斷

程式實例 ch24_5.py：擴充 ch24_4.py 繪製 (x_test, y_pred) 的迴歸直線，同時計算決定係數。

```
1  # ch24_5.py
2  import matplotlib.pyplot as plt
3  import numpy as np
4  from sklearn import datasets
5  from sklearn.model_selection import train_test_split
6  from sklearn import linear_model
7  from sklearn.metrics import r2_score
8
9  np.random.seed(3)                                    # 設計隨機數種子
10 x, y = datasets.make_regression(n_features=1, noise=20)
11 x_train, x_test, y_train, y_test = train_test_split(x, y, test_size=0.2)
12
13 e_model = linear_model.LinearRegression()            # 建立線性模組物件
14 e_model.fit(x_train, y_train)
15 print(f'斜率　= {e_model.coef_[0].round(2)}')
16 print(f'截距　= {e_model.intercept_.round(2)}')
17
18 y_pred = e_model.predict(x_test)
19 plt.rcParams["font.family"] = ["Microsoft JhengHei"]  # 微軟正黑體
20 plt.rcParams["axes.unicode_minus"] = False            # 可以顯示負號
21 plt.xlim(-3, 3)
22 plt.ylim(-150, 150)
23 plt.scatter(x_train,y_train,label="訓練數據")
24 plt.scatter(x_test,y_test,label="測試數據")
25 # 使用測試數據 x_test 和此 x_test 預測的 y_pred 繪製迴歸直線
26 plt.plot(x_test, y_pred, color="red")
27
28 # 將測試的 y 與預測的 y_pred 計算決定係數
29 r2 = r2_score(y_test, y_pred)
30 print(f'決定係數 = {r2.round(2)}')
```

```
31
32  plt.legend()
33  plt.show()
```

執行結果

```
=========== RESTART: D:/Python Math and Statistics/ch24/ch24_5.py ===========
斜率   = 27.39
截距   = 0.33
決定係數 = 0.75
```

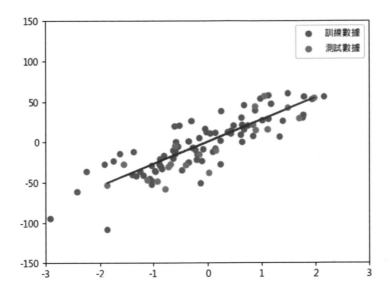

上述獲得了決定係數是 0.75，決定係數越接近 1，表示迴歸模型更好，由 0.75 可以得到這也是一個不錯的模型。

24-3 無監督學習 – 群集分析

在 3-3-2 節筆者已經簡單說明了無監督學習，這一節將使用 scikit-learn 模組做實例解說。

24-3-1 K-means 演算法

當數據很多時，可以將類似的數據分成不同的群集 (cluster)，這樣可以方便未來的操作。例如：一個班級有 50 個學生，可能有些人數學強、有些人英文好、有些人社會學科好，為了方便因才施教，可以根據成績將學生分群集上課。

在演算法的觀念中，K-means 可以將數據分群集，依據的是數據間的距離，這個距離可以使用畢氏定理計算，整個 K-means 演算法使用步驟如下：

1： 收集所有數據，假設有 100 個數據。

2： 決定分群集的數量，假設分成 3 個群集。

3： 可以使用隨機數方式產生 3 個群集中心的位置。

4： 將所有 100 個數據依照與群集中心的距離，可以使用畢氏定理計算距離，分到最近的群集中心，所以 100 個數據就分成 3 組了。

5： 重新計算各群組的群集中心位置，可以使用平均值。

6： 重複步驟 4 和 5，直到群集中心位置不再改變，其實在重複步驟 4 和 5 的過程又稱收斂過程，下列左圖和右圖分別是群集收斂過程的結果。

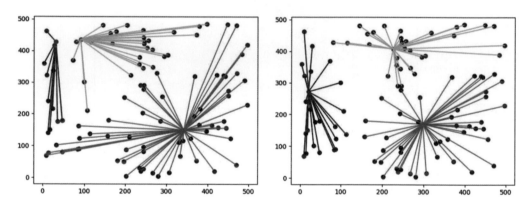

有關設計上述 K-means 演算法的硬工夫，讀者可以參考筆者所著演算法最強彩色圖鑑 + Python 程式實作。

24-3-2 使用 make_blobs( ) 函數準備群集數據

此外，我們也可以使用 make_blobs( ) 函數建立群集的數據，這個函數的數據也是本節實例的重點，這個函數參數如下：

參數	資料型態	預設值	說明
n_samples	int	100	樣本數
n_features	int	2	變數特徵數量
cluster_std	float	1.0	群集的標準偏差
center_box	float	(-10.0-10.0)	建立線性模型的特徵數量
shuffle	bool	True	隨機排列是否打散
random_state	int	None	是否使用隨機數的種子
return_centers	bool	False	如果是 True 會回傳每個群集中心

程式實例 ch24_6.py：使用 random.seed(5)，n_features = 2，產生 300 個群集點。

```
1   # ch24_6.py
2   import matplotlib.pyplot as plt
3   from sklearn import datasets
4   import numpy as np
5
6   np.random.seed(5)                                      # 設定隨機數種子值
7   # 建立 300 個點, n_features = 2
8   data, label = datasets.make_blobs(n_samples=300, n_features=2)
9
10  plt.rcParams["font.family"] = ["Microsoft JhengHei"]   # 微軟正黑體
11  plt.rcParams["axes.unicode_minus"] = False             # 可以顯示負號
12  # 繪圖點, 圓點用黑色外框
13  plt.scatter(data[:,0], data[:,1], marker="o", edgecolor="black")
14
15  plt.title("無監督學習")
16  plt.show()
```

執行結果

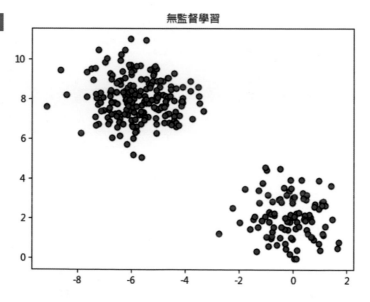

　　不同的 np.random.seed(n) 函數的 n 值，將產生明顯不同的群集數據點，下列是 ch24_6_1.py，筆者使用 np.random.seed(3) 所建立的群集數據點。

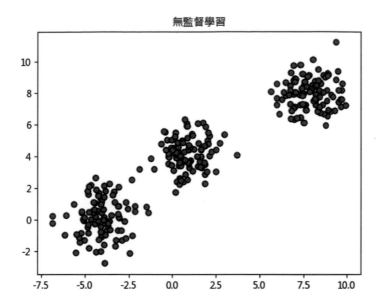

24-3-3　使用 cluster.KMeans( ) 和 fit( ) 函數作群集分析

在 scikit-learn 模組內的 cluster 模組內有 KMeans( ) 函數可以建立群集分析物件，這個函數最常用的參數是 n_clusters，這是標註群集中心的數量。例如：下列是建立 3 個群集中心的物件。

```
from sklearn import cluster
…
e = cluster.Kmean(n_clusters = 3)
```

上述可以回傳 e，接著使用 fit( ) 函數，將程式實例 ch24_6.py 第 8 行產生的 data 放入 fit( ) 函數作群集分析，如下：

```
e.fit(data)
```

上述分析完成後，可以使用屬性 labels_ 獲得每個數據點的群集類別標籤，可以使用 cluster_centers_ 獲得群集中心，觀念如下：

e.labels_：群集類別標籤

e.cluster_centers：群集中心

程式實例 ch24_7.py：繼續使用 ch24_6_1.py，建立 3 個群集，同時列出群集類別標籤和群集中心的點。

```
1   # ch24_7.py
2   import matplotlib.pyplot as plt
3   from sklearn import datasets
4   from sklearn import cluster
5   import numpy as np
6
7   np.random.seed(3)                          # 設定隨機數種子值
8   # 建立 300 個點, n_features = 2
9   data, label = datasets.make_blobs(n_samples=300, n_features=2)
10
11  e = cluster.KMeans(n_clusters=3)           # k-mean方法建立 3 個群集中心物件
12  e.fit(data)                                # 將數據帶入物件，做群集分析
13  print(e.labels_)                           # 列印群集類別標籤
14  print(e.cluster_centers_)                  # 列印群集中心
```

執行結果　　　　　　　　　這是標籤, 指出這個點是屬於哪一個群集

```
============= RESTART: D:\Python Math and Statistics\ch24\ch24_7.py =============
[1 1 0 2 1 0 0 0 0 2 0 2 1 1 0 2 2 0 0 2 1 2 1 0 0 1 0 1 1 2 0 0 2 1 0 1 0
 2 1 1 2 2 2 1 1 0 1 0 2 2 0 1 1 2 1 0 2 0 1 2 0 2 1 0 1 1 2 0 2 0 0 0 1 0
 0 2 1 1 0 1 2 0 2 1 1 2 2 2 0 0 0 2 2 1 1 0 1 0 2 0 2 0 0 0 1 0 0 1 1 1
 0 1 0 1 2 1 1 2 2 0 2 2 1 2 2 0 0 2 1 0 0 1 2 2 1 0 2 0 0 1 0 0 1 0 0 1 1
 1 0 1 2 0 2 1 0 0 0 2 2 1 2 0 1 0 1 0 0 2 2 0 2 0 2 1 0 1 1 0 2 1 0 1 2 0
 2 1 0 1 2 1 0 0 0 2 2 2 0 1 2 2 1 0 0 1 1 0 1 1 1 2 0 1 2 2 2 2 0 0 0 1 2
 0 1 0 2 2 0 1 0 2 2 1 2 0 1 2 0 1 0 0 1 0 0 2 2 1 1 0 1 0 1 1 1 2 0 1 2 0
 2 0 1 0 1 2 2 1 1 2 1 1 0 1 2 1 0 1 2 0 0 1 2 0 1 0 0 2 2 2 1 1 1 0 2 2 1
 0 1 2 2]
[[ 0.86365548  4.17204079]
 [ 7.89310196  7.98291804]          ←——— 群集中心點座標
 [-4.03900883  0.19275413]]
```

24-3-4　標記群集點和群集中心

　　這一節是講解標記各群集的點，下列是用圓點標記每一個點，標記的顏色使用群集類別標籤，顏色分別是 0、1 或 2，可以使用下列指令。

　　plt.scatter(data[:,0], data[:,1], marker="o", c=e.labels_)

將群集中心標記為紅色星號使用下列指令。

　　plt.scatter(e.cluster_centers_[:,0], e.cluster_centers_[:,1], marker="*",
　　　　　color="red")

程式實例 ch24_8.py：延續 ch24_7.py，使用不同顏色標記所有數據點，同時使用紅色星號標記群集中心。

```
1  # ch24_8.py
2  import matplotlib.pyplot as plt
3  from sklearn import datasets
4  from sklearn import cluster
5  import numpy as np
6
7  np.random.seed(3)                          # 設定隨機數種子值
8  # 建立 300 個點, n_features = 2
9  data, label = datasets.make_blobs(n_samples=300, n_features=2)
10
11 e = cluster.KMeans(n_clusters=3)           # k-mean方法建立 3 個群集中心物件
12 e.fit(data)                                # 將數據帶入物件，做群集分析
13 print(e.labels_)                           # 列印群集類別標籤
14 print(e.cluster_centers_)                  # 列印群集中心
15
16 plt.rcParams["font.family"] = ["Microsoft JhengHei"]   # 微軟正黑體
17 plt.rcParams["axes.unicode_minus"] = False             # 可以顯示負號
18 # 繪圖點，圓點用黑色外框，使用標籤 labels_ 區別顏色，
19 plt.scatter(data[:,0], data[:,1], marker="o", c=e.labels_)
20 # 用紅色標記群集中心
21 plt.scatter(e.cluster_centers_[:,0], e.cluster_centers_[:,1],marker="*",
22             color="red")
23 plt.title("無監督學習")
24 plt.show()
```

執行結果

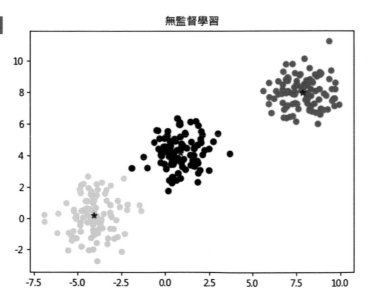

　　這一章節筆者介紹了 scikit-learn 入門，同時講解了監督學習與無監督學習，引導讀者入門。如果讀者要延伸閱讀機器學習，建議先閱讀筆者所著的機器學習微積分篇。

　　筆者在 24-1 節介紹了 datasets 內有許多數據集，這些都是機器學習的好材料，筆者也將在未來繼續撰寫機器學習程式設計類的書籍，敬請密切期待。

Note

Note

Note

Note